Webサイトパフォーマンス

 高速なWebページを
作りたいあなたに

Web Performance in Action
Building Fast Web Pages

Jeremy L. Wagner 著
武舎広幸、阿部和也、上西昌弘 訳・監修

本書内容に関するお問い合わせについて

このたびは翔泳社の書籍をお買い上げいただき、誠にありがとうございます。弊社では、読者の皆様からのお問い合わせに適切に対応させていただくため、以下のガイドラインへのご協力をお願い致しております。下記項目をお読みいただき、手順に従ってお問い合わせください。

●ご質問される前に

弊社Webサイトの「正誤表」をご参照ください。これまでに判明した正誤や追加情報を掲載しています。

正誤表　　　　　http://www.shoeisha.co.jp/book/errata/

●ご質問方法

弊社Webサイトの「刊行物Q&A」をご利用ください。

刊行物Q&A　　　http://www.shoeisha.co.jp/book/qa/

インターネットをご利用でない場合は、FAXまたは郵便にて、下記"愛読者サービスセンター"までお問い合わせください。

電話でのご質問は、お受けしておりません。

●回答について

回答は、ご質問いただいた手段によってご返事申し上げます。ご質問の内容によっては、回答に数日ないしはそれ以上の期間を要する場合があります。

●ご質問に際してのご注意

本書の対象を越えるもの、記述個所を特定されないもの、また読者固有の環境に起因するご質問等にはお答えできませんので、予めご了承ください。

●郵便物送付先およびFAX番号

送付先住所　　〒160-0006　東京都新宿区舟町5
FAX番号　　　03-5362-3818
宛先　　　　　（株）翔泳社　愛読者サービスセンター

※ 本書に記載されたURL等は予告なく変更される場合があります。
※ 本書の出版にあたっては正確な記述につとめましたが、著者や出版社などのいずれも、本書の内容に対してなんらかの保証をするものではなく、内容やサンプルに基づくいかなる運用結果に関してもいっさいの責任を負いません。
※ 本書に掲載されているサンプルプログラムやスクリプト、および実行結果を記した画面イメージなどは、特定の設定に基づいた環境にて再現される一例です。
※ 本書に記載されている会社名、製品名はそれぞれ各社の商標および登録商標です。
※ 本書ではTM、®、© は割愛させていただいております。

Web Performance in Action: Building Fast Web Pages
by Jeremy L. Wagner
ISBN 9781617293771

Original English language edition published by Manning Publications
Copyright © 2017 by Manning Publications
Japanese-language edition copyright © 2018 by SHOEISHA Co., LTD.
All rights reserved.
Japanese translation rights arranged with
Waterside Productions, Inc.
through Japan UNI Agency, Inc., Tokyo

監訳者のことば

　2008年に『ハイパフォーマンスWebサイト』（Steve Souders著、オライリー・ジャパン）を翻訳しました。当時、「Webの高速化」と聞くとほとんどの人はサーバー側の処理を速くすることだと考えていましたが、「フロントエンドでできることがたくさんある」ということを教えてくれた画期的な本でした。そのメッセージは簡潔でわかりやすかったせいもあって、いまだに版を重ねるロングセラーとなっています。本書の著者Wagner氏も、2017年5月19日付けのブログ（www.jeremywagner.me）で「10年近く前に出版されたにもかかわらず、まだまだ役に立つ部分が多い」と紹介しています。

　その本を読んだ翔泳社の方から、「Manning社からよさそうなパフォーマンス本が出る」と連絡をもらいました。それが本書です。読んでみると、フロントエンドのパフォーマンスに関わるさまざまなトピックが幅広く、そしてわかりやすく解説されており、「Web関係者なら誰が読んでも役に立ちそうなので翻訳させてください」とお願いして本書の制作が始まりました。

　本書の最大の特徴は、Node.jsのサーバーをローカル環境で動かし、GitHubからダウンロードできるサイトデータを実際に自分で触りながら読み進められるところでしょう。各章のトピックに合ったサンプルサイトが用意されており、プログラマーでなくても、手順どおり数個のコマンドを実行し、ファイルを編集していけば大丈夫。画像やテキスト、それにフォントなどのファイルを小さくする方法、配信の最適化方法、JavaScriptのロード時間や実行時間の削減方法などを、抽象的な議論だけでなく、手を動かしながら学べます。最後（第12章）のgulpの解説も秀逸で、この章の内容を身につければ、第11章までに説明している最適化処理を自動化できます。

　さて、コンピュータ関連の技術書は「文字にした途端に古くなってしまう」という宿命を負っていますが、本書も例外ではありません。このため翻訳に際して、原著者の意図を尊重しつつ、できる限り最新かつ正確な情報を反映するよう書き換えた部分があります。特に原著の第2章に詳しい説明があるGoogle Chromeの「デベロッパーツール」は、原著の執筆後に主要機能の名称などが変更されたため、翻訳時点の最新版に合わせて記述を変更しました。また、本書はWagner氏の「初めての著書」とは思えないほど実にていねいに書かれていますが、読んでいて少していねいすぎる（同じような説明が繰り返されている）と感じた箇所については、相談の上、簡潔な表現に改めました。内容を明確に伝えるのが技術書の役目だと思いますのでご了承ください。

　本書のすべてを反映したサイトを作れれば最高ですが、全体をザッと読んで、まずは自分のサイトで気になっている事柄や自分のサイトのパフォーマンス向上に効果が大きそうだと思われる点に焦点を当てて、改良作業を行ってみるだけでも十分役に立つのではないかと思います。JavaScriptに関する細かい話（第8章と第9章）はプログラミングの知識がないと難しいでしょうが、その他の章（画像やフォント、テキストファイルの最適化など）は、プログラマー以外の方々にも有用でしょう。『ハイパフォーマンスWebサイト』同様、10年たっても「まだまだ役に立つ」本になるのではないかと期待しています。

　最後になりますが、お声をおかけくださった片岡仁さんをはじめ、翔泳社の皆様に深く感謝いたします。私の最初の訳書『マッキントッシュ物語』もそうでしたが、また良い本をご紹介くださいました。

訳者代表
マーリンアームズ株式会社　**武舎 広幸**

 # 推薦のことば

　歴史的に興味深い時代とは、その時代に生きる人にとっては大変な出来事が頻発する時代です。平和な時代が歴史に残ることはあまりありません。この意味からすると、Web（ウェブ）の世界には常に興味深いことが起こっているようです。モバイル機器の種類は際限なく増え続けており、その多くは筆者がこれまでの人生で使ってきたほとんどのパソコンを上回るパワーを持ち合わせています。その一方で、長年使われ続けている古いシステムを無視することもできませんし、発展途上の「若い」市場では処理能力が高くはない安いモバイル機器も多くの人に使われています。

　つまり、いまだかつてないほど幅広い層のユーザーがネットを介してさまざまな情報にアクセスしているわけです。その反面、そうしたアクセスを可能にするインフラはさまざまな弱点を持っており、Webページをリクエストしたとき、さまざまな要因で「失敗」してしまいます。接続が途切れたり、ネットワークの遅延が大きすぎてページがロードできなかったり。さらには、今月分のパケットを使い切ってしまったり。

　われわれデザイナーはデジタルな体験を構築しています。レスポンシブなものもあり、そうでないものもありますが、Webの歴史においていまだかつてないほどすばらしい体験を提供しているのです。しかしパフォーマンスを考慮したデザインももっと重視されてしかるべきです。弱さを内包するネットワーク環境やデバイスの機能に対応するよう最適化されたサイトやサービスを構築する必要があるのです。

　皆さんが読み始めている本書は、まさにこの目的のために存在しています。Jeremy Wagner氏が、現代のWeb開発者にとって必携の参考書を書いてくれました。意味不明の専門用語をていねいに解説し、ゴチャゴチャした最適化テクニックを明確に分類しわかりやすくまとめてくれています。Webにとって非常に興味深い時代である今、本書は誰にとっても絶対に必要なガイドと言えるでしょう。この本のページを行き来することで、高速でかつ美しく、キビキビと動き、それでいてユーザーのパケットを浪費しないサイトを構築するための確固たる技術が身につくことでしょう。

デザイナー／『Responsive Web Design』著者
Ethan Marcotte
https://www.ethanmarcotte.com

まえがき

　本を執筆しようと思い始めるかなり前から、Webサイトの高速化は筆者の関与するプロジェクトにおける最優先事項の1つでした。私が思うに、遅いWebサイトは単に不便なだけではありません。パフォーマンスはユーザーエクスペリエンス（UX）の観点から見てもきわめて重要なものなのです。ユーザーが何かを体験するためにはページが表示されていなければなりません。読み込みにかかる時間が長ければ長いほど、ユーザーが抱くネガティブな感情も大きくなってしまいます。

　2015年に本書の出版をManning社に提案しましたが、そのときにはすでにこのトピックに関する本は何冊か出版されていました。この本の目的は、**今日の**Web開発者のための最新のガイドとなることです。先人の考え出してきた手法や概念をベースにして、これまで以上にWebサイトを高速にするために必要な知識を開発者の皆さんに提供することです。そして、私は本書でその目的を果たすことができたと自負しています。

　Webのパフォーマンスに関する議論は、企業業績と結び付けられて議論されることが多く、パフォーマンスが悪いWebサイトは売上や広告収入に悪影響を与えることはすでによく知られています。しかし、制約付きのデータプランのユーザーにとって、そのようなサイトがどのような悪影響を与えているのかといった事柄については十分な議論がなされていないようです。また、さまざまな事情により時代遅れのネット環境を利用せざるを得ないユーザーについても同様です。そういった人々にとって、遅いWebサイトは大きな障壁になっています。世界に目を向ければ、そのような地域はまだまだたくさん残っています。インフラは徐々に整備されつつありますが、開発者である我々はパフォーマンスを強く意識したサイト構築ができる立場にあります。

　私は開発者の皆さんの目的達成を助けるために本書を執筆し、Manning社の方々が磨きをかけてくれました。Webがますます複雑になってきている現在、この問題への対処が今ほど求められているときはありません。この本が皆さんが望む場所に到達するための助けとなると信じています。

Jeremy Wagner

謝　辞

　一冊の本を完成させるには、著者の他に数多くの人の力が必要です。Manning社の方々は本書を単なる提案から現在の形にするまでに、非常に大きな役割を果たしてくれました。深く感謝します。

　まず最初に話をした企画担当編集者のFrank Pohlmannに感謝したいと思います。本書は提案段階でかなりの時間を要しました。Pohlmannは何をするべきか、そして何をするべきではないかを教えてくれました。最も重要なのは、自分が何をしたいのかをはっきりと私にわからせてくれたことです。Pohlmann、ありがとう。この本を出版することができたのはあなたのおかげです。

　本書は私の初めての著書です。この機会を与えてくださったManning社の経営者Marjan Baceに深く感謝します。どんな本であっても出版にはリスクが伴います。特に、未経験の著者の企画にゴーサインを出すのはある意味「冒険」だったと思いますが、その冒険をあえてしてくれました。

　すべての著者には必ず後ろから背中を押してくれる編集者がついています。本書の担当編集者であるSusanna Klineには心から感謝します。Klineの適切なガイドがなければ、このプロジェクトは途中で頓挫してしまっていたことでしょう。

　Klineは編集者としての仕事だけでなく、私の心理的なサポート役もしてくれました。特に当初感じていた筆者の不安に対して適切なアドバイスをし、筆者を導いてくれました。先導役としてこのプロジェクトの成功に不可欠な存在でした。本当にありがとう。

　技術書にはテクニカルエディターの存在が欠かせません。この本に関してはNick Wattsがこの役割を演じてくれました。Wattsの視点、貴重な指摘、筆者の考えに対するチャレンジの姿勢、そして物の見方は、最終的な質を上げるためにかなりの貢献をしてくれたと思います。ありがとう。

　次の各氏には、各段階においてさまざまな意見をもらいました。皆さんのフィードバックは、本書が読者にどのように読まれるかに関して貴重な洞察となりました。自分だけで書くよりもはるかに良い内容にできたのは皆さんの意見のおかげです。名前を記して感謝します —— Alexey Galiullin、Amit Lamba、Birnou Sebarte、Daniel Vasquez、John Huffman、Justin Calleja、Kevin Liao、Matt Harting、Michael Martinsson、Michael Sperber、Narayanan Jayaratchagan、Noreen Dertinger、Omer Faruk Celebi、Simone Cafiero、William Ross（敬称略）。

仕上げもとても大切です。David Fombella Pombalは、原稿の内容に関して筆者が見逃していた問題を指摘してくれました。Sharon Wilkeyは最終版の原稿にていねいに目を通し、本書の質の向上に貢献してくれました。ありがとう。

　Elizabeth Martinは細かくチェックし、最後の仕上げを手伝ってくれました。Kevin Sullivanはプロジェクト全体の進行役をそつなくこなしてくれました。二人ともありがとう。皆さんの最後の一押しが大きな助けとなりました。

　Ethan Marcotteは、私のWeb開発に関して大きな影響を与えてくれた人です。Marcotteに「推薦のことば」をお願いしたとき、それを引き受けてくれただけでなく、本書全体に目を通してくれました。本書を推薦してくれるということは、Marcotteが内容に関してお墨付きを与えてくれたということです。私の技術者としてのキャリアにおいて、このような光栄な瞬間はありませんでした。深く感謝します。

　父Luckと母Geogiaは私がこれまで行った（ときには無茶無茶な）こと、行おうとしたことを温かく見守ってくれました。兄Lucusは、自分の背中で私に進むべき道を示唆してくれました。一生懸命に打ち込めば何ができるのかを示して私を導いてくれました。いつもありがとう。

　最後に私の妻Alexandriaに感謝の言葉を。妻が自分のことを後回しにしてまで私を助け、いつもいつも励ましてくれたおかげで、この一大プロジェクトが完遂しました。ありがとう。

　この他にも、名前をあげるのを忘れている人がいるかもしれません。そのような方にも「ありがとうございました」。

# 本書について

　本書の目的は読者の皆さんに、高速なWebサイトの構築方法を教えることです。本書で紹介する手法は、既存のWebサイトのパフォーマンス改善にもすぐに役に立つはずです。

対象読者

　本書はWebのクライアントサイドのパフォーマンス向上に関する本です。したがって、HTML、CSS、JavaScriptに関して十分な知識を持つフロントエンド開発者を対象に書かれています。

　必要に応じてサーバーサイドの技術に言及する場合があります。たとえば、PHPによるサーバーサイドのコードなどです。こうした例は概念の描写や議論しているトピックの周辺知識を提供する意図で使われます。第10章はサーバー側の圧縮についての章です。サーバーサイドのトピックであるBrotli（ブロトリ）圧縮アルゴリズムについて説明しています。第11章はHTTP/2に関する章です。比較的新しいプロトコルであるHTTP/2がサイトの最適化にどう影響を与えるかを説明します。

　コマンドラインについてもある程度の知識が必要ですが、あまり経験がなくても記載されているとおりに入力することで必要な処理を行うことができます。

本書の構成

- 【第 1 章】　Webパフォーマンスに関する基本的な事柄を説明します。縮小化（ミニフィケーション）、サーバー圧縮、などといった基本的な内容です。パフォーマンスに関してある程度の知識を持っているなら、すでに知っている内容も多いでしょう。Webのパフォーマンスという概念に今までほとんど接したことのないフロントエンド開発者を念頭において書いたものです。
- 【第 2 章】　パフォーマンスの評価ツールに関する解説です。オンラインのものとブラウザを使うものがありますが、本書では主にGoogle Chromeの開発者用ツールを用います。

　続く2つの章ではCSSの最適化について解説します。

- 【第 3 章】　CSSを「軽い」ものにするための方法を説明し、よりレスポンシブな度合いの高いWebサイトを実現するためのCSSの記述法を説明します。
- 【第 4 章】　クリティカルCSSに関する章です。このテクニックを用いるとレンダリングのパフォーマンスを1レベル引き上げることができます。

続く3つの章は画像とフォントの最適化に関する章です。

【第 5 章】 画像の各種形式とその用途に関して詳しく解説するとともに、CSSおよびHTMLを用いてそうした画像の各種の機器への配信を最適化する方法も紹介します。

【第 6 章】 画像のファイルサイズの削減方法について説明します。CSSスプライトの自動生成、WebP形式、画像の遅延ロードなどについて解説します。

【第 7 章】 フォントの最適化に関して議論します。最適なフォントカスケードの作成、フォントのサブセット化、CSSのunicode-rangeプロパティ、古い形式のフォントのサーバー上での圧縮、CSSやJavaScriptによるフォントの読み込みや表示の制御などのトピックを採り上げます。

続く2つの章の主題はJavaScriptです。

【第 8 章】 jQueryなどのライブラリを利用しないで素のJavaScriptの利用によるスクリプトの軽量化について触れます。どうしてもjQueryを使わざるを得ないケースで用いるjQuery互換のライブラリについても検討します。こうしたライブラリはjQueryを部分的にしか置き換えてはくれませんが、サイズは（かなり）小さくなります。この章では<script>タグを置くべき位置、async属性の指定、メソッドrequestAnimationFrameを使ったアニメーションの作成などについても議論します。

【第 9 章】 サービスワーカーについて解説します。この章では、オフラインのユーザーにコンテンツを提供する方法と、サービスワーカーを使用してオンラインユーザーのページのパフォーマンスを向上させる方法について学びます。

残りの3つの章は発展的な内容を扱います。

【第 10 章】 サーバー圧縮をうまく設定しなかった場合の問題、Brotli圧縮アルゴリズム、リソースヒント、キャッシュの設定、CDNの利用などについて採り上げます。

【第 11 章】 HTTP/2について解説します。HTTP/2でパフォーマンスに関して何が解決されるのか、HTTP/1のときと最適化に関して何が変わるのか、サーバープッシュをどう使うか、HTTP/1とHTTP/2の両バージョンに対応するにはどうすればよいのかといった事柄の説明です。

【第 12 章】 タスクランナーのgulpに関する章です。第11章までに説明した最適化を自動的に行う際に有用なツールです。gulpを使うことで、さまざまな最適化処理を自動的に行い、時間を節約できます。

本書には2つの付録が付いています。

【付 録 A】 ツールのリファレンスです。

【付 録 B】 jQueryの関数に対応する機能を素のJavaScriptでどのように実現するか解説します。

本書で用いているツール

本書の例を試すには、テキストエディタとターミナルが必要です。その他、次の2つのツールもこの本全体を通して利用することになります。

▼ Node.js

Node.js（Node）はJavaScriptの実行環境で、ブラウザなしでJavaScriptを実行可能にしてくれます。以前はJavaScriptでできるとは思われていなかったさまざまなことを実現してくれるすばらしい環境です。タスクランナー、画像処理、そしてWebサーバーも実現されています。こうしたツールはいずれもnpm（Node Package Manager）と呼ばれるツールを使ってインストール可能です。

本書を通して、Node（および関連ツール）を利用して、さまざまな形の最適化を行っていくことになります。また、本書の例題を実行するための、ローカル環境のWebサーバーにもNodeを使います。Expressフレームワークを利用することでこれが実現されます。また、ローカル環境でHTTP/2を実行するのにもこれを使います（第11章）。さらには、画像の一括処理（第6章）やgulpを使った最適化処理の自動化（第12章）にもNodeを利用することになります。すべての章でNodeの何らかの機能を利用しています。

このため、本書の例題を試すにはNodeのインストールが欠かせません。https://nodejs.orgからインストーラをダウンロードしてインストールしてください。Nodeを使ったことがなくても心配はいりません。詳しい手順が書かれていますので、それに従えば大丈夫です。なお、Nodeについて詳しく知りたい場合は『Node.js in Action』（https://www.manning.com/books/node-js-in-action）がおすすめです。

▼ Git

Gitはバージョンコントロールシステムと呼ばれるもので、プログラムなどのバージョンを管理して変更点を記録してくれるシステムです。使用経験のある人も多いでしょうが、未経験の人はhttps://git-scm.comからインストールしておいてください。本書で使う例題は、以下のGitHubのレポジトリで公開しています。

https://github.com/webopt

例題用に、zipファイルをダウンロードするのではなくGitを使うのは、1つにはコマンドラインでGitを使うほうが素早い操作が可能だからです。そして、もう1つ大きな利点は、途中で飛ばして最終結果を見たくなったり、うまくいかなくなってしまってリセットしたりしたいときに、簡単な操作を行うだけでよいことです。

Gitを使ったことがなくても心配する必要はありません。詳しい手順が書かれていますのでそれに従ってください。「そうは言っても、やっぱり不安」という人は、https://github.com/weboptからzip

ファイルをダウンロードできますので、ご安心を。

なお、Gitと同時にインストールされる「Git Bash」を使うと、WindowsでもUnix系OSと同じコマンドを使うことができます。本書では主にUnix系のコマンドで操作を説明します。

その他のツール

本書で使うツールのほとんどはNodeのパッケージマネージャnpmでインストールできます。ただし、次にあげている2つのツールはNodeを用いません。

第3章のCSSの例題で、Rubyベースのツールであるcsscssを用います。macOSやその他のUnix系のOSを利用している人は、Rubyはすでにインストールされていると思います。Windowsを使っている場合はhttp://rubyinstaller.orgからRubyをダウンロードしてください。

第7章でフォントのサブセットを作りますが、ここではPythonベースのpyftsubsetというツールを利用します。Ruby同様、PythonもほとんどのUnix系システムにはインストールされていますが、Windowsの人はhttps://www.python.orgからインストールしてください。

コードの表記

本書のコード例は、開発者にとってなじみのある形式で書かれていると思いますが、ひととおり説明しておきましょう。ソースコードは等幅フォントで表記されています。多くのコード例には注釈が付けられており、詳しく説明されています。コードの一部が変更されている場合、その部分を太字にしてあります。

また、紙面の都合によりコードを途中で折り返している箇所があります。1行のコードを折り返す場合は、改行マーク ➡ を行末につけています。

本書の例題のソースコードは、以下のGitHubで公開されています。

https://github.com/webopt

著者紹介

Jeremy Wagner（ジェレミー・ワグナー）はフロントエンドのWeb開発者として10年以上の経験を持っています。Webパフォーマンスに関するの執筆活動の他、Web開発関連のカンファレンスでさまざまなトピックに関する講演を行っています。

著者Webサイト：https://jeremywagner.me
Twitter：@malchata

CONTENTS

本書について　　viii

CHAPTER 1　Webパフォーマンス概説

　　この章の内容　　002
1.1　パフォーマンスの重要性　　002
　　1.1.1　WebパフォーマンスとUX　　002
1.2　ブラウザとサーバーの通信方法　　004
　　1.2.1　HTTP　　004
　　1.2.2　Webページのロード方法　　006
1.3　最適化のための準備　　007
　　1.3.1　Node.jsとGitのインストール　　007
　　1.3.2　サンプルサイトのダウンロードと実行　　008
　　　　MEMO Unix系OSにおけるパーミッションの問題　　009
　　1.3.3　ネットワーク接続のシミュレーション　　010
1.4　Google Chromeのネットワークツール　　011
1.5　サンプルサイトの最適化　　013
　　　　COLUMN 飛ばして先に行きたいときは　　013
　　1.5.1　テキストファイルの縮小化　　014
　　　　CSSの縮小化　　014
　　　　JavaScriptの縮小化　　015
　　　　HTMLファイルの縮小化　　015
　　　　注意! HTMLファイルの最小化による意図しない変更　　016
　　1.5.2　サーバーの圧縮機能　　017
　　1.5.3　画像の最適化　　019
1.6　全体の成果　　022
1.7　まとめ　　022

CHAPTER 2　パフォーマンス評価ツールの利用

　　この章の内容　　026
2.1　Google PageSpeed Insights　　026
　　2.1.1　Webパフォーマンスの評価　　026
　　2.1.2　Googleアナリティクスを使った複数ページのレポート　　029
　　　　注意! 法的問題　　029
2.2　ブラウザ組み込みのパフォーマンス評価ツール　　030

- 2.3 ネットワークリクエストの分析　030
  - 2.3.1 タイミング情報の表示　031
    - MEMO DNSルックアップ　032
  - 2.3.2 HTTPのヘッダー情報の表示　033
- 2.4 レンダリングのパフォーマンスのチェック　035
  - 2.4.1 ブラウザによるページのレンダリング　035
  - 2.4.2 Google ChromeのPerformanceパネル　036
    - スクリーンショットの表示と範囲の指定　038
    - レンダリング状況の確認　038
  - 2.4.3 他のブラウザを使った場合　040
- 2.5 ChromeにおけるJavaScriptのベンチマーキング　040
  - MEMO ベンチマークの際の留意点　041
- 2.6 デバイスのシミュレーションやモニタリング　042
  - 2.6.1 パソコンのブラウザを使ったデバイスのシミュレーション　042
  - 2.6.2 Android機器のPCからのデバッグ　043
  - 2.6.3 iOS機器で表示されているWebページのデバッグ　045
- 2.7 ネットワーク接続のカスタマイズ　045
- 2.8 まとめ　047

CHAPTER 3　CSSの最適化

- この章の内容　050
- 3.1 簡潔な表現を用いて繰り返しを避ける　050
  - 3.1.1 CSS短縮形で書く　050
    - MEMO 短縮形プロパティの上書き　053
  - 3.1.2 浅いCSSセレクタを使う　053
  - 3.1.3 浅いセレクタの拾い出し　054
  - 3.1.4 LESSやSASSを利用する際の留意点　055
  - 3.1.5 繰り返しの排除　056
  - 3.1.6 csscssで冗長な箇所を見つける　057
  - 3.1.7 CSSのセグメント化　059
  - 3.1.8 CSSフレームワークのカスタマイズ　061
- 3.2 モバイルファーストはユーザーファースト　061
  - 3.2.1 モバイルファーストとデスクトップファースト　062
    - MEMO emとremに関する注意点　064
    - MEMO ブレークポイントの選択に関する注意　065
  - 3.2.2 モバイルゲドン　065
  - 3.2.3 Googleのモバイルフレンドリーガイドライン　066
  - 3.2.4 モバイルフレンドリーかどうかの検証　067

3.3	CSSのチューニング	068
	3.3.1 @importを使わない	068
	MEMO LESS/SASSファイル内での@importの意味	069
	3.3.2 CSSは<head>内に置く	069
	3.3.3 より速いセレクタの利用	071
	ベンチマークの作成と実行	071
	MEMO テストの詳細（テストページのベンチマーク）	072
	ベンチマーク結果の解析	072
	3.3.4 flexboxの利用	073
	ボックスモデルとflexboxスタイルの比較	073
	MEMO テストの詳細（ボックスモデルとflexboxスタイルの比較）	074
	MEMO flexboxについてさらに学ぶには	075
	ベンチマーク結果の検討	075
3.4	CSSトランジション	076
	3.4.1 CSSトランジションの概要	076
	3.4.2 CSSトランジションのパフォーマンス	078
	3.4.3 will-changeを使ったトランジションの最適化	078
3.5	まとめ	080

CHAPTER 4　クリティカルCSS

	この章の内容	082
4.1	クリティカルCSSが解決する問題	082
	4.1.1 スクロールの要否を分ける境界	082
	4.1.2 レンダリングのブロック	083
	MEMO インライン展開とHTTP/2	084
4.2	クリティカルCSSの仕組み	085
	4.2.1 境界より上の部分のスタイルの読み込み	085
	4.2.2 スクロールが必要な部分のスタイルの読み込み	086
4.3	クリティカルCSSの実装	087
	4.3.1 サンプルのレシピサイト	087
	MEMO SASSユーザーへ	087
	ダウンロードと表示	087
	サイトの構造	088
	4.3.2 クリティカルCSSの抽出	089
	境界の調査	089
	クリティカルな部分の抽出	090
	MEMO 作業の自動化	092
	クリティカルCSSの分離	092

4.3.3	境界より下のCSSの読み込み	094
	preloadによるCSSの非同期的読み込み	095
	preloadのポリフィル	095
4.4	メリットの計測	096
4.5	保守を容易に	097
4.6	複数ページからなるWebサイト	098
4.7	まとめ	099

CHAPTER 5　画像のレスポンシブ対応

	この章の内容	102
5.1	最適な画像を提供しなければならない理由	102
5.2	画像の形式と用途	104
	5.2.1　ラスター画像の扱い	104
	非可逆圧縮画像	104
	可逆圧縮画像	106
	5.2.2　SVG画像	107
	5.2.3　画像形式の選択	107
5.3	CSSによる画像の指定	108
	5.3.1　メディアクエリを使ったCSS内での画像の選択	109
	5.3.2　高DPIディスプレイへの対応	111
	5.3.3　CSSでのSVG画像の指定	114
5.4	HTMLによる画像の指定	114
	5.4.1　画像全般に適用するmax-widthの指定	114
	5.4.2　srcset	115
	srcsetによる画像の指定	115
	sizesによる詳細指定	117
	5.4.3　<picture>の利用	118
	<picture>を使った画像の切り替え	119
	高DPIディスプレイへの対応	120
	属性typeによるデフォルト画像の指定	121
	5.4.4　Picturefillを使った画像の代替	122
	Picturefillの使用	122
	Modernizrを使ったPicturefillの条件付き読み込み	122
	5.4.5　HTML内でのSVGの利用	123
5.5	まとめ	125

CHAPTER 6　さまざまな画像最適化手法

この章の内容	128
6.1　スプライトの利用	128
6.1.1　ツールの準備	129
6.1.2　スプライトの生成	129
6.1.3　生成されたスプライトの指定	131
6.1.4　スプライトに関する考慮点	132
6.1.5　Grumpiconを使った代替ラスター画像の利用	133
6.2　画像の軽量化	134
MEMO 画像軽量化の自動化	134
6.2.1　imageminを使ったラスター画像の軽量化	135
JPEG画像の最適化	135
PNG画像の最適化	138
6.2.2　SVG画像の最適化	139
6.3　WebP画像	142
6.3.1　imageminを用いた不可逆圧縮WebP画像の作成	142
6.3.2　imageminを用いた可逆圧縮WebP画像の作成	144
6.3.3　WebPをサポートしないブラウザのサポート	145
6.4　画像の遅延読み込み	147
6.4.1　HTMLの設定	148
6.4.2　遅延ローダーの作成	150
土台の作成	150
イニシャライザとデストラクタの作成	150
ドキュメントからの画像の抽出	151
遅延読み込みの核となるメソッドの作成	152
スイッチを入れてスクリプトを実行	155
6.4.3　JavaScriptなしのユーザーへの対応	156
MEMO HTML要素からクラスを削除する際の注意点	158
6.5　まとめ	158

CHAPTER 7　フォントの最適化

この章の内容	162
7.1　フォントの賢い使い方	162
7.1.1　フォントとフォントバリアントの選択	163
7.1.2　独自の@font-faceカスケードの作成	164
フォントの変換	165
注意! 利用規約に注意!	165

		MEMO Unix系システム（Git Bashを含む）とWindowsシステム	166
		@font-faceカスケードの構築	166
		MEMO SVGフォントに関する注意	166
7.2	EOTおよびTTFの圧縮		169
7.3	フォントのサブセット化		170
	7.3.1	手作業によるサブセット化	171
		Unicodeの範囲	171
		MEMO 他のUnicode文字コード範囲の探し方	172
		fonttoolsのインストール	172
		pyftsubsetを使ったフォントのサブセット化	173
		MEMO 特殊記号について	174
	7.3.2	属性unicode-rangeを使ったフォントサブセットの配信	175
		キリル文字フォントサブセットの生成	176
		unicode-rangeの指定	176
		古いブラウザ向けの代替手段	179
7.4	フォント読み込みの最適化		181
	7.4.1	フォント読み込みに関する問題	182
	7.4.2	CSS属性font-displayの使用	183
		フォントを表示する方法とタイミングの制御	184
	7.4.3	Font Loading APIの利用	185
		リピーター向けの最適化	187
		JavaScriptを無効化しているユーザーへの対処	189
	7.4.4	Font Face Observerの利用	189
		外部スクリプトの条件付き読み込み	190
		フォント読み込みスクリプトの作成	191
7.5	まとめ		191

CHAPTER 8　JavaScriptの最適化

	この章の内容		194
8.1	スクリプトのロード時間の削減		194
	8.1.1	<script>要素の配置	194
	8.1.2	スクリプトの非同期的な読み込み	196
	8.1.3	async属性の指定	197
	8.1.4	複数のスクリプトでasync属性を安全に使う	198
		MEMO Alamedaはモダンブラウザが前提	200
8.2	コンパクトで高速なjQuery互換ライブラリの利用		200
	8.2.1	代替ライブラリの比較	200
	8.2.2	互換ライブラリの紹介	201

xvii

		8.2.3	ファイルサイズの比較	201
		8.2.4	処理性能の比較	202
		8.2.5	代替ライブラリの利用	204
		8.2.6	Zepto	204
		8.2.7	ShoestringまたはSprintを使う場合の注意点	204
	8.3	JavaScriptのネイティブメソッドの利用		205
		8.3.1	DOMのレディ状態の確認	205
		8.3.2	要素の選択とイベントのバインド	206
		8.3.3	classListを使った要素のクラス操作	208
		8.3.4	要素の属性や内容の取得と設定	209
		8.3.5	Fetch APIによるAJAXリクエストの送信	212
		8.3.6	Fetch APIの利用	212
		8.3.7	Fetch APIのポリフィル	213
	8.4	requestAnimationFrameによるアニメーション		215
		8.4.1	requestAnimationFrameの概要	215
		8.4.2	タイマー関数によるアニメーションとrequestAnimationFrame	215
		8.4.3	性能の比較	216
		8.4.4	requestAnimationFrameの利用	217
		8.4.5	Velocity.jsの利用	219
	8.5	まとめ		221

CHAPTER 9 　サービスワーカーによるパフォーマンス向上

	この章の内容			224
9.1	サービスワーカーとは			224
9.2	サービスワーカーの記述			226
		注意!	サービスワーカーにはHTTPSが必要！	226
		9.2.1	サービスワーカーのインストール	226
		9.2.2	サービスワーカーの登録	227
		MEMO	サービスワーカーのスコープ	227
			サービスワーカーのインストールイベントの記述	228
			サービスワーカーのキャッシュの確認	229
		9.2.3	ネットワークリクエストの横取りとキャッシュ	231
		9.2.4	パフォーマンス上の利点の測定	233
		9.2.5	ネットワークリクエストの横取り処理の調整	234
		MEMO	サービスワーカーとCDNでホストされるアセット	237
9.3	サービスワーカーの更新			237
		9.3.1	ファイルのバージョン管理	238
		MEMO	ブラウザキャッシュの場合のクエリ文字列	238

	9.3.2	古いキャッシュのクリア	239
	COLUMN	より高度なサービスワーカーの利用	240
9.4	まとめ		241

CHAPTER 10　アセット配信のチューニング

		この章の内容	244
10.1	リソースの圧縮		244
	10.1.1	圧縮のガイドライン	245
		圧縮レベルの設定	245
		圧縮するファイルの選択	247
	10.1.2	Brotli圧縮	248
		Brotli圧縮のサポートの確認	248
		NodeサーバーでのBrotliへの対応	249
		MEMO セキュリティ上の例外設定	250
		Brotliとgzipの性能比較	250
		MEMO 圧縮とキャッシュ	252
10.2	キャッシュの利用		252
	10.2.1	キャッシュの仕組み	252
		Cache-Controlヘッダーのmax-ageディレクティブ	254
		アセット再検証の制御（no-cache、no-store、stale-while-revalidate）	255
		Cache-ControlとCDN	256
	10.2.2	最適なキャッシュ戦略の策定	257
		アセットの分類	257
		キャッシュ戦略の実装	258
	10.2.3	キャッシュに格納したアセットの無効化	260
		CSSおよびJavaScriptのアセットの無効化	261
		メディアファイルの無効化	261
10.3	CDNアセットの利用		262
	10.3.1	CDNに置いたアセットの利用	262
		CDNアセットの参照	263
		jQuery以外のアセット	264
	10.3.2	CDNがダウンした場合	264
	10.3.3	CDNアセットの検証	266
		SRIの利用	267
		独自チェックサムの生成	267
10.4	リソースヒント		268
	10.4.1	preconnect	268
		MEMO リソースヒントdns-prefetch	269

	10.4.2　prefetchとpreload	269
	prefetch	269
	MEMO　prefetchをテストするためのヒント	271
	preload	271
10.5	まとめ	272

CHAPTER 11　HTTP/2の利用

	この章の内容	276
11.1	なぜHTTP/2が必要なのか	276
	11.1.1　HTTP/1の問題点	276
	HOLブロッキング	277
	非圧縮ヘッダー	278
	安全でないWebサイト	279
	11.1.2　HTTP/2によるHTTP/1の問題の解決	279
	HOLブロッキングの対策	280
	ヘッダー圧縮	281
	HTTPSは安全保証付き	282
	MEMO　SSLのオーバーヘッド	282
	11.1.3　NodeによるシンプルなHTTP/2サーバーの構築	282
	11.1.4　HTTP/2の長所の確認	284
11.2	HTTP/2に対応して変わる最適化テクニック	286
	11.2.1　アセットの粒度とキャッシュの有効性	287
	11.2.2　HTTP/2の場合の性能に関するアンチパターン	288
	CSSおよびJavaScript	288
	スプライト	288
	アセットのインライン化	288
11.3	サーバープッシュによるアセットの先行送信	289
	11.3.1　サーバープッシュの仕組み	290
	11.3.2　サーバーへの実装	290
	サーバープッシュの一般的な実行方法	291
	MEMO　他のプッシュコンテンツのタイプをブラウザに知らせる	291
	Nodeでの記述方法	292
	11.3.3　サーバープッシュの性能の測定	293
11.4	HTTP/1とHTTP/2の両方のための最適化	295
	11.4.1　非対応ブラウザに対するHTTP/2サーバーの対応	295
	11.4.2　ユーザー層の確認	296
	11.4.3　ブラウザの機能に応じたアセットの提供	297
	HTTPプロトコルのバージョンの検出	297

			HTTP/1を示すクラスの付加	298
			HTTP/1ユーザーのための連結スクリプトによる置換	299
			考慮事項	301
	11.5	まとめ		302

CHAPTER 12　gulpを使った自動化

			この章の内容	304
12.1	gulp入門			304
	12.1.1	なぜビルドシステムを使うのか		304
	12.1.2	gulpの動作		305
			ストリームの役割	305
			gulpのタスク	306
12.2	基本レイアウト			307
	12.2.1	プロジェクトのフォルダ構成		307
	12.2.2	gulpとプラグインのインストール		308
			gulp本体のインストール	309
			必須プラグインのインストール	309
			HTML縮小化プラグイン	309
			CSS関連のプラグイン	310
			JavaScript関連のプラグイン	310
			画像処理用プラグイン	310
12.3	gulpタスクの作成			311
	12.3.1	gulpタスクの構造		311
			ソースファイルの読み込み	311
			ストリームを介したデータの変換	312
			ディスクへのデータの書き込み	312
	12.3.2	gulpfileの作成		313
			モジュールのインポート	313
			全体の構造	313
			HTMLの縮小化	314
			LESS関連ファイルのビルドとPOSTCSSの利用	315
			JavaScriptファイルの難読化と連結	316
			画像の最適化	317
	12.3.3	ユーティリティタスクの作成		319
			ウォッチタスクの作成	319
			ビルドタスクの作成	321
			クリーンタスクの作成	321
12.4	その他のgulpプラグイン			322

12.5 まとめ　　323

APPENDIX

A　ツールのリファレンス　　325
    A.1　Webベースのツール　　326
    A.2　Node.jsベースのツール　　327
        A.2.1　Webサービスおよび関連のミドルウェア　　327
        A.2.2　画像の処理および最適化　　327
        A.2.3　縮小化およびファイルサイズ削減　　328
        A.2.4　フォント変換ツール　　328
        A.2.5　gulpおよびプラグイン　　328
        A.2.6　PostCSSおよびそのプラグイン　　329
    A.3　その他のツール　　329

B　よく使われるjQueryの機能と同等のJavaScriptネイティブの機能　　331
    B.1　要素の選択　　332
    B.2　DOMのレディ状態の確認　　333
    B.3　イベントのバインド　　334
        B.3.1　イベントの単純なバインド　　334
        B.3.2　プログラムからのイベント起動　　335
        B.3.3　まだ存在しない要素をターゲットにする　　335
        B.3.4　バインドされたイベントの削除　　336
    B.4　複数要素のイテレーション　　337
    B.5　要素のクラスの操作　　337
    B.6　スタイルの取得と変更　　339
    B.7　属性の取得と設定　　340
    B.8　要素の内容の取得と設定　　341
    B.9　要素の置き換え　　342
    B.10　要素の表示と非表示　　343
    B.11　要素の削除　　343
    B.12　さらに先へ　　344

INDEX　　345

01

Webパフォーマンス概説

1.1 パフォーマンスの重要性
    1.1.1 WebパフォーマンスとUX
1.2 ブラウザとサーバーの通信方法
    1.2.1 HTTP
    1.2.2 Webページのロード方法
1.3 最適化のための準備
    1.3.1 Node.jsとGitのインストール
    1.3.2 サンプルサイトのダウンロードと実行
    1.3.3 ネットワーク接続のシミュレーション
1.4 Google Chromeのネットワークツール
1.5 サンプルサイトの最適化
    1.5.1 テキストファイルの縮小化
    1.5.2 サーバーの圧縮機能
    1.5.3 画像の最適化
1.6 全体の成果
1.7 まとめ

CHAPTER 1　この章の内容

- Webパフォーマンスが重要な理由
- ブラウザとサーバーとのデータのやり取りの方法
- 遅いWebサイトがUXに及ぼす悪影響
- 基本的なパフォーマンス向上テクニック

　Webサイトに関して「パフォーマンス」という言葉を聞いたことがあると思いますが、そもそも「Webサイトのパフォーマンス」（略して「Webパフォーマンス」）とは何を指すのでしょうか。そして、なぜパフォーマンスを気にする必要があるのでしょうか。Webパフォーマンスとは、多くの場合「Webサイトのロード（読み込み）の速度」つまり「Webサイトを構成する各ページの表示速度」を意味します。あるサイトを構成するページのロードが速ければ、つまりロード時間が短ければ、そのサイトは「パフォーマンスが良い」ということになります。

　これがなぜ重要かといえば、ロード時間が短ければ、どのような接続手段を使ってサイトを訪問しているユーザーでも快適にページを閲覧できるからです。つまり、よりよいUX（User Experience）が得られます。サイトのコンテンツをより多くのユーザーが実際に見ることになり、この結果、訪問者が増加し、コンテンツを読む人も増加し、商品の購入などWebサイトのオーナーが望む行動をユーザーがとってくれる可能性が高くなるのです。遅いサイトはユーザーに忍耐を強いることになります。その結果、コンテンツを（ほとんど、あるいはまったく）見ずにサイトを去ってしまうユーザーが増えてしまいます。

　Webサイトが主な収入源になっているのなら、パフォーマンスはとても重要です。たとえば、ショッピングサイトを運営していたり、ポータルサイトの運営で広告収入を得ていたりするのならば、パフォーマンスは収益に大きな影響を与えるのです。

1.1　パフォーマンスの重要性

　本書では初心者にも経験豊富な人にも役に立つよう、Webサイトのパフォーマンスに関する基礎的な知識以外に、パフォーマンス向上のために使われるテクニック、そしてそうしたテクニックを自分のWebサイトで利用するための手法を紹介します。

　その第一歩として、Webパフォーマンスに関してどういった課題があるのか理解していきましょう。

1.1.1　WebパフォーマンスとUX

　Webサイトのパフォーマンスが良ければUXも良くなります。コンテンツの転送が速くなることで、UX

が改善されるのです。さらにWebサイトが十分速ければ、ユーザーが表示される内容に関心を払う可能性が高くなります。内容がスムーズにロードされなければ、ユーザーはページの中身を読んでさえくれないのです。

ユーザーエンゲージメント（ユーザーとの「つながり」の度合い）に対してもパフォーマンスが影響します。特にショッピングサイトではユーザーの半分近くが、2秒以内にページがロードされることを望んでいます。そして40%のユーザーは3秒以上かかるようなら、他のサイトに移動してしまいます。表示が1秒遅くなるだけで、ユーザーが購入などの行動を起こしてくれる可能性が7%減ってしまうという調査結果もあります（https://blog.kissmetrics.com/loading-time）。単にページビューが少なくなってしまうだけではなく、収入が減ってしまうのです。

Webサイトのパフォーマンスはユーザーのウェに影響を与えるだけでなく、Google検索などのランキングにも影響を与えます。Googleは2010年（あるいはそれ以前）からページの表示速度（ページスピード）を検索結果のランキングを決める際の1つの指標としています。もちろんページの内容が最重要であることは間違いのないところですが、ページスピードもランクを決める1つの要因となっているのです。

比較的人気が高いブログ「Legendary Tones」を例に、ランキングとページスピードの関係を見てみましょう。ギターや関連器材に関して興味深い記事が書かれているブログで、毎月のユニークユーザー数は約2万人です。このサイトではほとんどのトラフィックが普通の検索（オーガニック検索）から生じています。図1.1は2015年のある月について、ページの表示速度とランキングとの関係を示したものです。当時はGoogleアナリティクスを利用することでページの表示速度とランキングの関係を見ることができました。

検索ランキングは比較的安定していますが、クロールに1秒以上かかるとランクが下がってしまう傾向があることがわかります。パフォーマンスは重要なのです。ブログなどコンテンツが重要なサイトを運営しているのならば、オーガニック検索のランキングはサイトの成否に大きな影響を与えます。ロード時間の短縮は成功につながる一歩なのです。

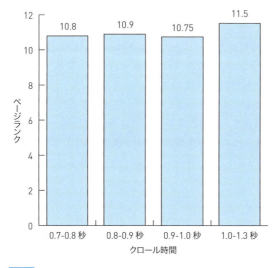

図1.1　Legendary TonesのWebサイトのページランクとダウンロード時間の関係

このようにWebサイトにとってパフォーマンスはとても重要です。それでは、どのようにすればパフォーマンスを上げられるのでしょうか。そのテクニックを紹介する前に、まず次の節で基礎的な知識を身につけましょう。何がWebサイトを遅くする原因となるのかを知るために、Webサーバーがどのように通信するのか説明します。

1.2 ブラウザとサーバーの通信方法

Webの最適化を行うためには、問題がどこにあるかを知らなければなりません。そのためにはブラウザとサーバーがどのように通信を行うかを知っている必要があります。図1.2にこの概要を示します。

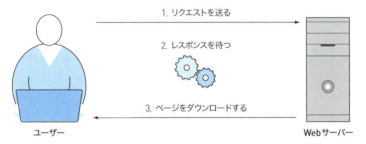

ユーザーはブラウザを介してWebページを表示するための要求（リクエスト）をサーバーに送信するが、サーバーが応答（レスポンス）を準備して送信してくるまでの間、ブラウザは待ち状態になる。サーバーからの応答が届くとブラウザはそれを処理してWebページの内容を表示する

図1.2 ブラウザとサーバーの通信の様子

　Webサイトのロードを速くするという場合、焦点はロード時間の短縮に当てられます。単純に言えば、ロード時間とはユーザーがリクエストをした時点からユーザーの画面にページ全体が現れるまでの時間を指します。したがって、ユーザーによるコンテンツのリクエスト後、サーバーのレスポンスがユーザーに到着するまでの時間をどのように短縮するかが問題になるわけです。

　この過程は、喫茶店に入ってコーヒーを注文する場合と似ています。注文をすると、しばらく待ち時間があって、それから1杯のコーヒーが出てきます。基本的なレベルではWebサーバーへのリクエストもさして変わりません。利用者（ブラウザ）はWebページをリクエスト（要求）し、しばらくすると、そのWebページのデータを受け取ることになります。

1.2.1　HTTP

　ブラウザがWebページをリクエストする際にはHTTP（Hypertext Transfer Protocol）と呼ばれる言語を使ってサーバーと通信を行います。ブラウザはHTTPのリクエストを送り、WebサーバーはHTTPの

レスポンスを返します。そしてこのレスポンスにはリクエストした情報の他に「ステータスコード」が含まれています。

図1.3はexample.comというサイトに対するリクエストの例です（余談ですがexample.comというサイトは実在しています）。動詞GETはサーバーに/index.htmlというファイルの送信を依頼するものです。HTTPにはいくつかのバージョンがあり、どのバージョンを使うのかを明示する必要があるため、プロトコル部分にそのバージョンを指定します。この場合はHTTP/1.1が指定されています。末尾（図の2行目）にあるのが送ってほしいファイル（リソース）があるホストの指定です。

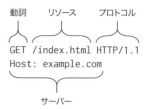

図1.3　example.comへのHTTPリクエストの要素

リクエストの送信後しばらくするとレスポンス（応答）が返ってきます。レスポンスの先頭には「レスポンスコード」が書かれており、この例の場合はリクエストしたリソース（ファイル）が存在することを示す、「200 OK」というレスポンスコードを受信します。そのレスポンスコードに続いて、/index.htmlの中身が送られてきますので、ブラウザはそれを解析してブラウザの画面に表示します。

上で説明した各ステップに「遅延（レイテンシ）」が伴います。リクエストがWebサーバーに到着するまでの時間、Webサーバーが送信するデータを準備しそのデータを送信するまでにかかる時間、送信したレスポンスがクライアントマシンに到着するまでの時間、そしてブラウザがレスポンスを受信し表示するのにかかる時間です。各ステップで発生する遅延をできるだけ小さくすることで、最終的にレスポンスを受信するまでの時間が短くなり、パフォーマンスが向上することになります。

上の例のように1つのリクエストだけで済めば単純です。しかしWebページを表示するのに、リクエストを一度送るだけで済むことはめったにありません。必要なリクエストの数が増えれば増えるほど、遅延の要因が増えていきます。

HTTP/1のサーバーとブラウザのやり取りにおいて、ブラウザが一度にできるリクエストの数は（通常は6に）制限されています。そして、前のリクエストが処理されているとそれが終わるまで新しいリクエストはブロックされます。これによってページのロード時間も増えてしまうことになります。

HTTP/2という新しいHTTPの規格では基本的にこの問題は解消されており、しかもこの規格は多くのブラウザでサポートされています。しかしそのプロトコルをサーバーが実装していなければ、ブラウザが対応していてもユーザーはその恩恵を受けることはできません。2017年12月現在で、全サーバーのうち、23.1％のサーバーがHTTP/2を利用しているにすぎません（https://w3techs.com/technologies/details/ce-http2/all/all）。HTTP/2では、これをサポートしないブラウザのためにHTTP/1での通信も可能になっているので、HTTP/1しかサポートしないブラウザとも通信は可能ですが、旧プロトコルの欠点の影響を受け続けることになります。また、逆にHTTP/1のサーバーと通信をする場合は、HTTP/2をサポートしているブラウザであってもHTTP/1の欠点の影響を受けてしまうことになります。

このような状況にあるため、しばらくはHTTPの2つのバージョンに対応しなければなりません。この章ではまずHTTP/1用のサイトの最適化について議論します（したがって、HTTP/2のサーバーではあまり役に立たない手法についても触れることになります）。なお、第11章でHTTP/2を含む各バージョンでの最適化について詳しく説明しています。

次項ではWebサイトがどのようにレスポンスを準備し送り返すか、そしてこれがどのようにWebサイ

トのパフォーマンスに関連するかを見ていきます。

1.2.2　Webページのロード方法

　`example.com`のような単純なWebサイト（画像もJavaScriptもなくスタイル指定もごく限られたものしかないサイト）も中にはありますが、ほとんどのWebサイトの構成はもっと複雑です。コンテンツに関連する画像や動画、ブランドイメージなどを表現するためのスタイルシート、パソコンのアプリケーション並みの動作を実現するJavaScriptなど、さまざまな要素から構成されています。こうした要素は、使いやすく見映えのするページには必須のものですが、パフォーマンス面では足を引っ張ってしまうことも多いのです。

　例を見てみましょう。図1.4は、あるWebサーバーの`index.html`ファイルをリクエストしたときの様子を示したものです。

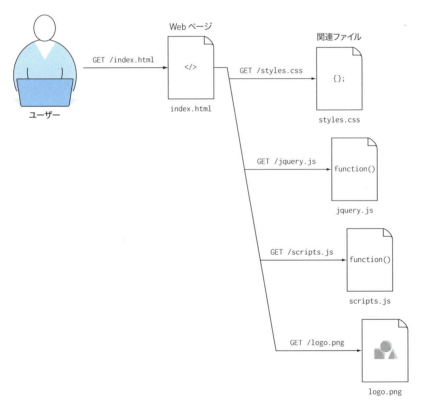

図1.4　Webサーバーから`index.html`を取得するためのステップ

　`index.html`をダウンロードしてファイルの中身を見てみると、スタイルシートを指定する`<link>`タグやJavaScriptを指定する`<script>`タグ、それに画像を指定する`<img>`タグがあることがわかります。ブラウザがこうした他のファイルへの参照を見つけると、新たなHTTPリクエストを送って、そうしたファ

イルの取得を試みます。その結果、`index.html`を表示するためだけに合計で5つのリクエストが送られることになるのです。

　5つ程度ならばたいしたことはありませんが、この何倍ものリクエスト（場合によっては100以上のリクエスト）が送られることも珍しくはありません。通常はリクエストの数が増えるに伴って、ダウンロードされるデータも増えることになります。そしてデータ量の増加に伴って、ページのロード時間も増えてしまうのです。

　機能豊富なWebページを実現しつつ、できるだけロード時間を短くするために、Webサイトのパフォーマンス改善の必要があるのです。パフォーマンス向上のテクニックを知らなければ、「ユーザーにコンテンツを提供する」という最低限保証されるべきUXの基本が満たされないことになってしまいます。

1.3　最適化のための準備

　Webのパフォーマンスに関する問題の多くはフロントエンドのアーキテクチャ（HTMLファイルや、そこから参照されているCSSやJavaScript、それに画像などのファイルの中身や構成）にその原因があります。この章の残りの部分では、よくあるパフォーマンス関連の問題の原因を探る方法を、1ページだけのWebサイトを例にして説明します。たった1ページですが、改良を積み重ねることでパフォーマンスが少しずつ改善されていきます。

> **MEMO**　バックエンドの処理が原因でパフォーマンスが良くないというケースも中にはありますが、本書ではバックエンドの処理（たとえばPHPや.NETなどを利用した処理）については扱いません。

　それでは実際の例を見ていきましょう。米国中西部にあるCoyle Appliance Repairという名前の修理専門の会社のWebサイトです。この会社の社長が「サイトを速くしてくれないか」と依頼してきました。この章が終わるまでに、このサイトのロードに必要な時間を70%減らしましょう。

　この章では、ローカル環境（自分のパソコン）でNode.jsとGitを使って実践してみます。また、リモートサーバーへのネットワーク接続をシミュレートし、作業結果の測定をするためにGoogle Chromeを使います。

1.3.1　Node.jsとGitのインストール

　以前はJavaScriptのプログラムのほとんどがブラウザで実行されていましたが、Node.js（Node）を使うことでブラウザなしで簡単にJavaScriptのプログラムを実行できるようになりました。Nodeにはさまざまな用途がありますが、ここではローカルのWebサーバーを実行する小さなNodeプログラムを

使ってWebページを表示します。また、最適化をするためにいくつかのNodeのモジュール（ライブラリ）も使います。

　Apacheなどの従来よく使われていたWebサーバーではなく、Nodeで書かれたWebサーバーを使うことにします。このサーバーは構築が簡単で、さまざまな設定を試すのに適しています。Nodeをまったく使ったことがない人でも、簡単に動かすことができますので安心してください。

　Nodeをインストールするには`http://nodejs.org`から自分の環境に合ったインストーラをダウンロードするのが簡単です。「Recommended for Most Users」と書いてあるバージョンをクリックしてダウンロードし、インストールしてください。

　Nodeをインストールするとnpm（Node Package Manager）も同時にインストールされます。npmを使うことで`http://npmjs.com`で公開されている膨大な数のNodeの「パッケージ」が簡単に使えるようになります。そのうちのいくつかをこの章で利用します（パッケージは、その内容によって「モジュール」「フレームワーク」などと呼ばれる場合もあります。いずれの場合もインストールにはnpmを使います）。

　Node以外にGitもインストールしてください。Gitを使ってこの章で使うサンプルをダウンロードします。Gitに関しても説明しながら進めるので予備知識は不要です。`https://git-scm.com/downloads`から自分の環境に合ったGitのインストーラをダウンロードし、実行してインストールしてください。

1.3.2　サンプルサイトのダウンロードと実行

　この章で説明するサンプルサイト（Coyle Appliance Repair）で使う各種ファイルは、GitHubからダウンロードできます。ターミナルを起動して次のコマンドを実行して、GitHubの「リポジトリ」にあるディレクトリ（フォルダ）をダウンロードしてください[1]。

```
git clone https://github.com/malchata/ch1-coyle.git
cd ch1-coyle
```

　これでコマンドを実行したディレクトリの下にch1-coyleというディレクトリができます。なお、Gitのインストールがうまくいかなかった場合は、`https://github.com/webopt/ch1-coyle`を表示して、[Clone or download] → [Download ZIP] の順にクリックすることで、ZIPファイルをダウンロードできます。

　サンプル用のファイルのダウンロードが終わったら、今度はnpmを使ってWebサーバーを実行するためのパッケージをダウンロードします。ディレクトリch1-coyleで次のコマンドを実行してください。接続速度にも依存しますが、10秒程度でインストールが完了します。

```
npm install express
```

　このコマンドによってExpressというフレームワークがカレントディレクトリにインストールされます。Expressを使うとWebサーバーをローカルで簡単に実行できます。本書ではExpressを単にローカルでサーバーを動かすためだけに利用します。

---

[1] ［訳注］WindowsではGitと同時にインストールされる「Git Bash」を使って実行してください。コマンドプロンプトを使う場合は、「`npm bin`」を実行して表示されるパスを通したりする必要があります。

> **MEMO** **Unix系OSにおけるパーミッションの問題**
>
> 上にあげたnpmのコマンドは問題なく実行できると思いますが、Macやその他のUnix系のOSでnpmの実行時に問題が起こった場合は、コマンドの前にsudoを付けて実行してみてください。管理者権限で実行すればファイルの権限に関する問題を回避できます。Windowsでは管理者（administrator）としてコマンドラインを開くことで問題が解決できるはずです。

インストールが終わったら次のコマンドを実行することで、ローカルのWebサーバーが起動されます（Windowsで「ファイアウォールでブロックされます」というメッセージが出たら、［アクセスを許可する］を選択してください）。

```
node http.js
```

続いてWebブラウザで`http://localhost:8080`にアクセスすると、図1.5のようなページが表示されるはずです。

図1.5　ローカルマシンでサーバーを起動しサンプルページを表示

もしポート8080で他のサービスを実行している場合は、ファイルhttp.jsをテキストエディタで開いて、最後の行のポート番号8080を他のものに変更してください。また、サーバーを停止するにはターミナル上で Ctrl + C キーを押してください（Ctrl あるいは control と書いてあるキーを押しながら C のキーを押します）。

1.3.3 ネットワーク接続のシミュレーション

上の例ではサーバーをローカルで実行しているため遅延は生じません。遅延がなければ、パフォーマンス上の問題点は発見できないので少し工夫が必要になります。

1つの方法は実際にリモートWebサーバーにファイルを置いて試すことですが、話が複雑になりここでの目的には適しません。Google Chromeの「デベロッパーツール（Developer ToolsあるいはDev Tools）」を使うことで、もっと簡単に実験を行えます。

Google Chrome（以下、Chrome）を起動して、デベロッパーツールを開きます。Windowsでは F12 キーを押してください。Macでは command ＋ option ＋ I キーを押すか、［表示］→［開発/管理］→［デベロッパーツール］の順に選択します。

> **MEMO** WindowsでもMacでも、ウィンドウ内で右クリック（Macの標準では control ＋クリック）をして［検証］を選択してもDeveloper Toolsを開くことができます。

これでデベロッパーツールの（サブ）ウィンドウが開くはずです（すでにデベロッパーツールを使ったことがある場合は、レイアウトや表示内容が異なることがあります）。続いてデベロッパーツールで［Network］のタブ（Networkパネル）を選択します（図1.6）。

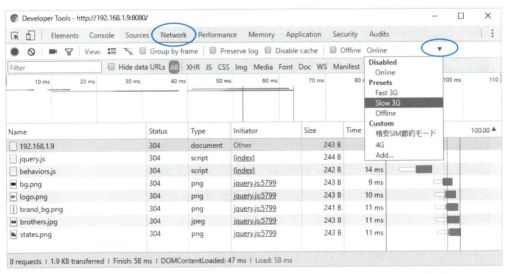

図1.6 Google Chromeのデベロッパーツールで［Network］のタブを選択してNetworkパネルを表示。［Online］の右にある▼をクリックすると［Fast 3G］［Slow 3G］など速度を変えてネット接続をシミュレートできる

［Online］の右に表示されている▼をクリックすることで、ネットワークの接続速度を調整できます。ここでは［Slow 3G］を選択して遅めのネットワーク接続をシミュレートしましょう。

> **注意!** Webサイトの最適化が終わったら、[Online]を選択して普通の速度に戻すことを忘れないようにしてください。元に戻すまでは接続が遅くなってしまいます。

これで、サンプルサイトを監視して「ウォーターフォールチャート」を作る準備ができました。

1.4 Google Chromeのネットワークツール

　Webサイトを最適化するにはどこを改善すればよいかを特定する必要があります。ページを表示するのに必要なリクエストを分析し、そのページに含まれるデータの量を分析し、そのページがロードされるのに必要な時間を見積もります。この目的にChromeのツールが便利です。この節ではウォーターフォールチャートの作り方と、クライアントのWebサイトに関するさまざまなデータを収集する方法を学びます。

　ここで利用するChromeのツールは、先ほど回線の速度を指定した▼と同じ行にあります。あるサイトのプロファイルをとるには、[Disable cache]ボタンをチェックしてから一番左の記録ボタンをオン（赤）にしておきます（図1.7）。

図1.7　記録ボタンをオン（赤）にしてウォーターフォールチャートを作成。その前に[Disable cache]をオンにして再ロードの際にキャッシュされたデータが使われないようにする

　[Disable cache]をオンにすることを忘れないでください。ページを最初に表示したときの、どのファイルもキャッシュされていない状態を再現したいのです。[Disable cache]をオンにしないと、2回目以降はキャッシュのデータを使って表示されてしまいます。キャッシュを使ったほうが速くロードされますが、今再現したいのは最初の訪問時の状態です。

　では図1.7のように記録ボタンがオンになっていることを確認して、先ほど表示したページを再読み込みしてください（まだ、表示していなかったら`http://localhost:8080`にアクセスしてください）。ページのロードが終わると結果を見ることができます。図1.8がサンプルサイトのウォーターフォールチャートです。

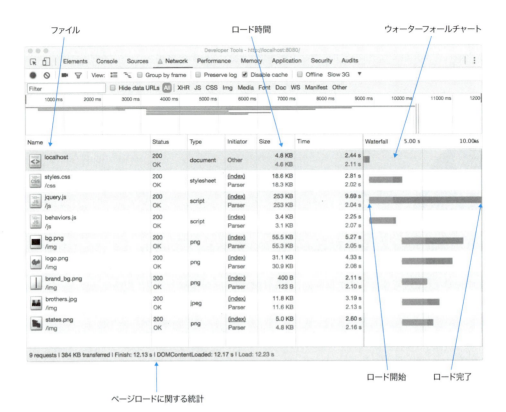

図1.8 サンプルサイトから生成されたウォーターフォールチャート。一番上に表示されているのがindex.htmlのリクエストで、続いてCSS、JavaScript、そして画像ファイルのリクエストが表示されている。右側に表示されているバーの左端がダウンロードの開始時、右端がダウンロードの完了時を示す。バーの長さが長いほどそのファイルのダウンロードに時間がかかったことを意味する

ウィンドウ最下部に表示されているように、このチャートには9個のリクエストが表示されています。リクエストの数がとても多いとは言えませんが、この程度の小さな規模のサイトとしては384Kバイトのデータはやや多すぎると言えるでしょう。このデータ量のため、ロード時間が12.23秒かかっています。低速のモバイルネットワークの利用者にとっては待つのがつらいページと言えるでしょう。

これはさまざまなデバイスに対応した「レスポンシブ」なサイトなので、ロード時間の違いをいろいろなデバイスで確認することが大切です。CSSファイル内で記述された「メディアクエリ」という機構を使って、画面サイズに従って表示が変わるようになっています。

メディアクエリについては第3章で詳しく説明しますが、ここではデバイスの種類によって外観が異なる点に注意してください。パソコン、タブレット、スマートフォンのそれぞれで表示が異なるのです。

違っているのは画面サイズだけではありません。解像度（画素密度）などにも違いがあります。たとえばApple製品では高解像度のディスプレイが使われているモデルがあります。こういったディスプレイで質の高い画像を表示しようとすると、標準的なディスプレイよりも解像度の高い画像を用意する必要があります。第5章でこうした高解像度（高精細）ディスプレイへの対応について説明します。

この章ではCSSのメディアクエリや画面サイズなどについて詳しく理解する必要はありません。今のところはネットワーク接続の速度だけでなく、「デバイスの種類によってもロード時間が異なる」ということ

を覚えておいてください。サイトによっては、高解像度のデバイスで見たときのほうが標準的なデバイスで見たときよりもダウンロードされるデータ量が多くなるのです。表1.1にデバイスの種類とディスプレイの解像度によって、転送されるデータの量やロードにかかる時間がどのように変化するか、その例を示します。

表1.1 デバイスごとのページロード時間の比較。データ量やデバイスのディスプレイの解像度により変わる

デバイスの種類	ディスプレイの解像度	ページのデータ量	ロード時間
スマートフォンおよびタブレット	標準	378KB	4.46秒
スマートフォンおよびタブレット	高解像度	526KB	6.01秒
パソコン	標準	383KB	4.51秒
パソコン	高解像度	536KB	6.15秒

これから行っていくチューニングによって、サンプルサイトのロード時間や転送されるデータ量が減っていく様子がわかると思います。それでは具体的な作業に入っていきましょう。

1.5 サンプルサイトの最適化

　Webサイトのパフォーマンスを上げる最も単純な方法はデータの転送量を減らすことです。データの量を減らせば、どのデバイスに対してもロード時間を減らすことができます。サーバーがHTTP/1でもHTTP/2でも「転送量が少なければ素早くロードされる」というのは常に成り立つ事実です。
　リクエストの削減も効果があります。第3章以降でいくつかの方法を紹介しますが、リクエストの削減は特にHTTP/1のサーバーに対して大きな効果を持ちます。なお、この章のサンプルサイトについてはリクエスト数は十分少ないので、この方法による効果はあまり得られません。
　まず、各種のテキストファイル（CSS、JavaScript、HTML）を縮小化（minify）することから始めます（「縮小化」は「ミニファイ」あるいは「圧縮（化）」などとも呼ばれます）。続く節でWebサーバーによるテキストの圧縮や画像の最適化の方法も説明します。

> **COLUMN　飛ばして先に行きたいときは**
>
> このサイトの改良について途中でわからなくなってしまったり、最終的なコードを見たいと思ったりしたら、gitコマンドを使って最終結果をダウンロードしてください。このプロジェクトのルートフォルダで次のコマンドを実行します。
>
> ```
> git checkout -f optimized
> ```
>
> ただし上のコマンドを実行すると、このコマンドを実行する前に行った変更は上書きされてしまいます。必要ならば他の場所にあらかじめコピーしておいてください。

1.5.1 テキストファイルの縮小化

縮小化（ミニフィケーション）とはテキストファイル内の空白文字など、削除しても影響のない文字を取り払うことを意味します。図1.9にCSSに対して縮小化を実行した場合の様子を示します。

CSSやJavaScriptなど開発者が自分で作成するファイルには数多くの空白文字が含まれているのが普通です。CSSやJavaScriptを読みやすくするために、改行を入れたりインデント（字下げ）をしたりします。また、説明のためのコメントを書くこともあります。

Webブラウザにとってはそうした情報は不要です。こうした文字が少なければそれだけダウンロードや解析に必要な時間が少なくなるわけです。

> **MEMO** ファイルの縮小化をする際には、オリジナルのソース（縮小化前のソース）を残しておくことが重要です。縮小したあとで、再度変更したくなることがあるのが普通です。これに関しては第12章で詳しく説明します。

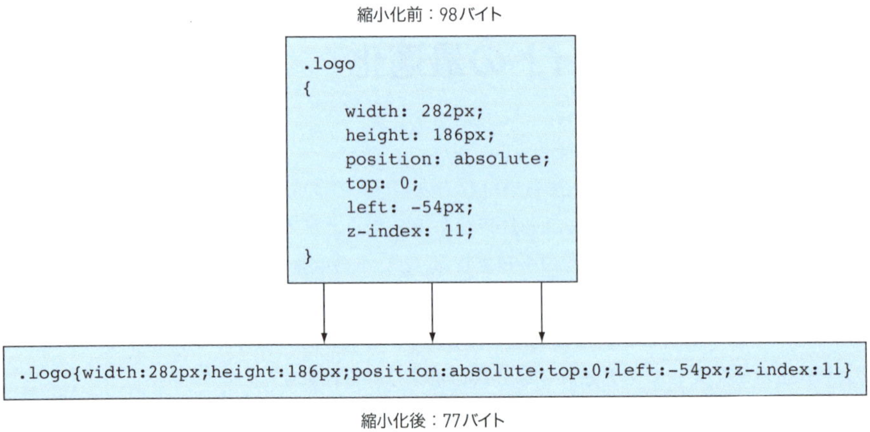

縮小化前：98バイト

```
.logo
{
    width: 282px;
    height: 186px;
    position: absolute;
    top: 0;
    left: -54px;
    z-index: 11;
}
```

```
.logo{width:282px;height:186px;position:absolute;top:0;left:-54px;z-index:11}
```

縮小化後：77バイト

図1.9 CSSの縮小化の例。この例では98バイトのCSSコードが77バイトになっている。21%以上小さくなったことになる。このような変換をすべてのテキストファイルに対して行うと、かなりの削減になる

この節では、まずCSS、続いてJavaScript、それからHTMLの順に縮小化を行います。まず、いくつかパッケージをインストールしてください。次のコマンドを実行します。

```
npm -g install minifier html-minify
```

これを使ってファイルを縮小化しますが、最終的には全体のサイズを173Kバイトに削減します。

CSSの縮小化

CSSの縮小化には2つのステップが必要です。まず、縮小化のコマンドを実行し、それからHTMLファイルから縮小化されたファイルを指すようにします。

ではまず次のコマンド[2]でCSSを縮小化します（`css`ディレクトリに移動してから実行してください）。

```
minify -o styles.min.css styles.css
```

このコマンドでは`-o`オプションで出力ファイル（`styles.min.css`）を指定します。これに続いて入力ファイル名（`styles.css`）を指定します。コマンドを実行したら出力ファイルの大きさを確認しましょう。15.7Kバイトになっています。14％程度の削減です。大きな差とは言えないかもしれませんが、悪くない結果です。それでは`index.html`の`<link>`タグを変えて次のように`styles.min.css`を指すようにしましょう。

```
<link rel="stylesheet" type="text/css" href="css/styles.min.css">
```

次にブラウザでページを表示してスタイルに問題がないか確認します。ウォーターフォールチャートを見ることで`styles.min.css`がロードされていることを確認できます。これでCSSの縮小化が完了しました。

JavaScriptの縮小化

このサイトのJavaScript（JS）ファイルのサイズはCSSファイルのサイズよりもはるかに大きくなっています。JSファイルは`jquery.js`（jQueryライブラリ）と`behaviors.js`（jQueryを利用するファイル）の2つでそれぞれ252.6Kバイトと3.1Kバイトです。この2つのファイルの縮小化もCSSと同じように行います。

```
minify -o jquery.min.js jquery.js
minify -o behaviors.min.js behaviors.js
```

縮小化が終わったらファイルサイズを比較してみてください。`behaviors.js`は46％削減されて1.66Kバイトに、`jquery.js`は66％削減されて84.4Kバイトになります。（この節の最後に詳しく見ますが）JSの縮小化の効果は大きいのです。

それでは`index.html`からこの2つのファイルへの参照を書き換えましょう。`<script>`タグを見つけて、名前を変更します。

```
<script src="js/jquery.min.js"></script>
<script src="js/behaviors.min.js"></script>
```

ページを再読み込みして［Network］タブをクリックして縮小化したファイルが参照されていることを確認してください。

HTMLファイルの縮小化

JSファイルほどではありませんが、HTMLファイルも縮小化することで転送量を減らすことができます。今度は`minify`ではなく`htmlminify`というコマンドを使います。

---

[2] ［訳注］動作しない場合はGit Bashやターミナルを再起動してみてください。それでも動作しない場合は「`npm bin`」あるいは「`npm bin -g`」でPathを確認してください。

> **注意!** **HTMLファイルの縮小化による意図しない変更**
>
> HTMLの縮小化によってレイアウトに若干の違いが生ずる場合があります。CSSのinlineやinline-blockなど、ホワイトスペースの影響を受けるレイアウト要素によるものです。HTMLコードをインデントしている場合、CSS要素によって削除されたホワイトスペースに影響を受けることがあります。その影響が大きい場合、CSSの変更が必要になるかもしれません。また、CSSのwhite-spaceプロパティやHTMLの<pre>タグなど、ホワイトスペースに依存したレイアウトを行っている場合も注意が必要です。

　HTMLファイルを縮小化する前に、あらかじめコピーをとっておいて、変更を確認する必要があります。たとえば次のコマンドで index.src.html にコピーを作成できます。

```
cp -p index.html index.src.html
```

　コピーをとったら次のコマンドで縮小化を実行します。

```
htmlminify -o index.html index.src.html
```

　これで4.57Kバイトから3.71Kバイトに約19％小さくなりました。歯磨きチューブから残りをしぼり出すようなものかもしれませんが、コマンドを1回実行するだけなので、たいした労力ではありません。

　以上の3種類のファイルの縮小化によって合計173Kバイト小さくなりました。どのデバイスで表示しても、ここで削減した分だけパフォーマンスが上がることになります。図1.10に表1.1に示した各デバイスごとの、ロード時間の比較を示します。

　デバイスによって異なりますが、ロード時間は31〜41％削減されました。これだけでもかなり違いますが、さらにロード時間を短くできます。次の節ではサーバーによる圧縮機能を有効にすることで、さらにテキストの転送時間を削減します。

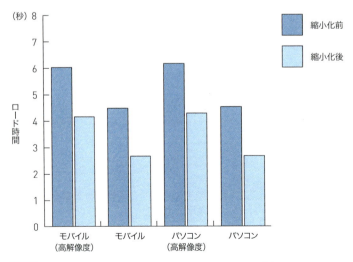

図1.10　3Gネットワークを使った場合のロード時間の縮小化前と縮小化後の比較。デバイスにもよるが31％から41％改善される

1.5.2　サーバーの圧縮機能

　メールで複数のファイルを送りたいときに1つのファイルに圧縮してから送信することがあります。サーバーとの通信においても同じような手法でデータの転送量を減らすことができます。図1.11はこの様子を示したものです。

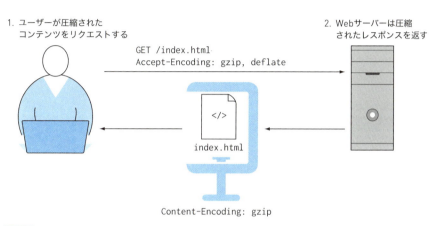

図1.11　サーバーによるデータ圧縮

　サーバーによる圧縮は次のように行われます。

1. ユーザーがWebページをリクエストする。このときブラウザが対応している圧縮形式を`Accept-Encoding`というヘッダーによって伝える
2. サーバーが`Accept-Encoding`に指定されたエンコーディングに対応していれば、`Content-Encoding`ヘッダー付きで圧縮されたコンテンツを送り返す

　サーバーからダウンロードされるコンテンツはテキスト形式の場合が多いので、圧縮率は比較的高くなります。圧縮形式としてはgzipがほとんどのブラウザでサポートされており、この形式ではテキストをかなり圧縮できます。この圧縮を有効にするにはサーバー側の設定が必要になりますが、この設定を行うことで、今検討中の例の場合、さらに70Kバイトの「減量」が可能になり、デバイスによって18%～32%のロード時間の削減になります。これを試してみましょう。まず Ctrl + C キーを押して、上で起動したWebサーバーを停止します。続いて、次のコマンドを実行して圧縮モジュールをインストールします。

```
npm install compression
```

　インストールが完了したら`http.js`をテキストエディタで開いて、リスト1.1の太字の行を加えます。

リスト1.1　NodeのHTTPサーバーで圧縮を有効にする

```
var express = require("express");
var compression = require("compression"); // compressionモジュールのインポート
var app = express();

// サーバーの起動
app.use(compression()); // Webサーバーで圧縮モジュールを有効にする
app.use(express.static(__dirname));
app.listen(8080);
//
```

　変更したらWebサーバーを再起動してページを再読み込みし、ウォーターフォールチャートを見てください。表1.2に圧縮前と後のテキスト関連のファイルの比較を示します。

表1.2　Webサーバーによるテキストファイルの圧縮

ファイル名	圧縮前	圧縮後	削減量
index.html	4.0Kバイト	1.8Kバイト	55%
styles.min.css	15.9Kバイト	3.1Kバイト	80.5%
jquery.min.js	84.7Kバイト	30Kバイト	64.5%
behaviors.min.js	1.9Kバイト	1.1Kバイト	42.1%
合計	106.5Kバイト	36Kバイト	66.2%

　ファイルの圧縮はかなり効果的です。圧縮前の合計は106.5Kバイトでしたが、圧縮後は66%減って、36Kバイトになりました。これがロード時間に及ぼす影響はどの程度のものでしょうか。図1.12は各デバイスのロード時間を示したものです。

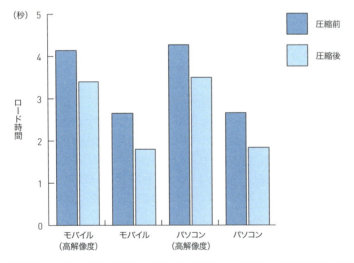

図1.12　サーバーによる圧縮の効果。通常の3G回線を使った場合のロード時間の比較。デバイスによって18%〜32%のロード時間の削減になる

このようにサーバーによる圧縮を指定するだけでロード時間にかなりの差ができてしまいます。ここで注意が必要なのは、サーバーによって圧縮のための作業が異なることです。Webサーバーとして Apache を使っている場合は設定ファイル httpd.conf でリスト1.2のようなコードを追加します。

リスト1.2　Apache Web サーバーで圧縮を有効にする

```
<IfModule mod_deflate.c>     ← mod_deflate がロードされているかチェック
    AddOutputFilterByType DEFLATE text/html text/css text/javascript     ← 指定のタイプのファイルを圧縮
</IfModule>
```

Microsoft Internet Information Services（IIS）では、inetmgr の admin パネルを使って設定できます。サイトを指定して、圧縮の設定を編集します。サーバーによっては詳しい設定ができる場合がありますが、圧縮の効果はさほど変わりません。

これでテキスト関連の最適化が終わったので、次に画像の最適化に行きましょう。

> **MEMO**　JPEG ファイルや MP3 ファイルを zip してみたことはあるでしょうか。この種のファイルを zip してもファイルのサイズは小さくはなりません（大きくなってしまう場合さえあります）。この種のファイルはすでに圧縮されているのです。JPEG、PNG、GIF などの画像や、WOFF、WOFF2 などのフォントのファイルはすでに圧縮されているので、さらに圧縮しようとしても効果はありません。

1.5.3　画像の最適化

画像ファイルの圧縮に関しては長年研究がなされてきました。このため外見を（ほとんど）変えずにかなりファイルサイズを小さくできるようになっています。図1.13の2つの画像は最適化前と後の画像です。

最適化前　　　　　　　　　　　最適化後
(30.87 KB)　　　　　　　　　　(11.69 KB)

図1.13　PNG 画像の最適化前と最適化後。画像から一部のデータを除くことで画像サイズを小さくしているが、見た目ではほとんど区別できない

この図の2つの画像に違いはほとんど感じられないのではないでしょうか。不要なデータを削除しつつ見た目はほとんど変えないような変換を行っているのです。

しかし、ファイルサイズを小さくしようとしすぎると画像の質が犠牲になってしまいます。第6章ではPNGだけでなく、JPEGやSVGの画像についても説明しますが、最終結果がオリジナルと比較して満足できる品質かどうかで判断するのがよいでしょう。

画像圧縮をするツールやサイトはさまざまありますが、図1.14のTinyPNG（http://tinypng.com）ではとても簡単に最適化が行えます（第6章と第12章でコマンドラインのツールを紹介します）。

このサイトの名前にはPNGと入っていますが、PNG画像だけでなくJPEG画像の圧縮も可能です。デバイスによりますが、デスクトップビューでは4種類の画像が、モバイルビューでは3種類の画像が表示されます。（AppleのRetinaディスプレイなど）高解像度の画面では大きな画像を使ったほうがきれいに表示されますが、標準的な解像度の画面では小さな画像を使っても問題はありません。画面のサイズや解像度ごとにロードされる画像を変更する方法については第5章で詳しく説明します。ここではひとまずimgフォルダにある画像を、TinyPNGを使って最適化してみましょう。

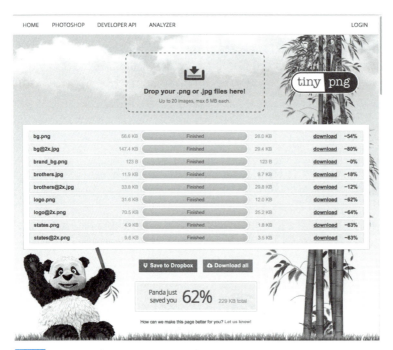

図1.14　TinyPNGを使えばサンプルサイトの画像のデータ量を61%減らせる

画像ファイルをTinyPNGのサイトにアップロード（ドラッグ＆ドロップ）すると自動的に最適化してくれます。処理が終わったら、すべてのファイルをダウンロードしてimgフォルダに入れましょう（比較したい人は別のフォルダに前のファイルを保存しておきましょう）。ファイルの最適化が終わったらChromeで再読み込みをしてデベロッパーツールのウォーターフォールチャートを見てみましょう。表1.3は最適化前と最適化後の画像サイズを一覧にしたものです。

表1.3　TinyPNGによる最適化前と最適化後の画像サイズの比較

ファイル名	圧縮前	圧縮後	削減量
bg.png	56599	25973	−54%
bg@2x.jpg	147365	29368	−80%
brothers.jpg	11852	9741	−18%
brothers@2x.jpg	33774	29770	−12%
logo.png	31606	11970	−62%
logo@2x.png	70527	25220	−64%
states.png	4882	1824	−63%
states@2x.png	9590	3546	−63%

これを見ると、画像によって減少の割合がだいぶ違うことがわかります。とはいえ問題なのは、ページのロードにかかる時間です。図1.15にロード時間を画像の最適化の前と後で比較したグラフを示します。画像の最適化によって、ロード時間がかなり削減されていることがわかります。どのデバイスでも2秒以内でロードされるようになっています。遅い回線の場合はかなり大きな違いになります。

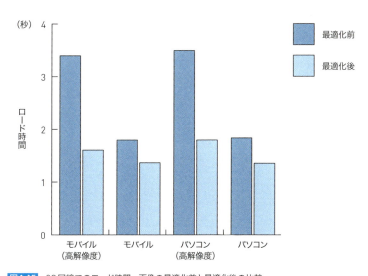

図1.15　3G回線でのロード時間。画像の最適化前と最適化後の比較

それでは、次の節でこの章全体の成果を見てみましょう。

1.6 全体の成果

表1.4に、前の節までに行った処理により最終的にデータ転送量がどの程度削減されたかを示します。

表1.4 サンプルサイトのデバイスごとの総データ量の比較

デバイスの種類		ページのデータ量（前）	ページのデータ量（後）	削減率
モバイル	高解像度	526Kバイト	118Kバイト	77.5%
モバイル	標準	378Kバイト	87.4Kバイト	76.8%
パソコン	高解像度	536Kバイト	121Kバイト	77.4%
パソコン	標準	383Kバイト	89.5Kバイト	77.6%

それではロード時間の変化も見てみましょう。図1.16に示します。

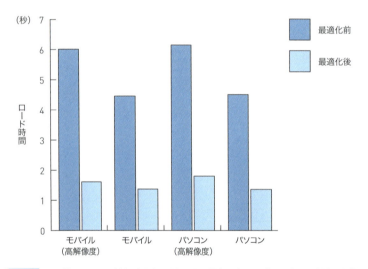

図1.16 3G回線でのロード時間。何も処理を行わない場合とすべての処理を行った場合の比較。すべてのデバイスでロード時間が大幅に削減されている

1.7 まとめ

この章ではまず、Webサイトのパフォーマンスがなぜ重要なのか、その理由を説明し、続いて小規模なサイトの例を使って、次のようなパフォーマンス改善のための基本的なテクニックを紹介しました。

- ページの転送量をGoogle Chromeのデベロッパーツールを用いて分析する方法
- テキストファイルのサイズを縮小化（機能的に影響のないホワイトスペースの削除）によって削減する方法
- サーバーの圧縮機能を用いてテキストファイルの転送量を削減する方法
- 画像の最適化の方法

　この章で紹介したのはごく基本的なものですが、これ以降の章でさらに詳しくさまざまな方法を紹介していきます。次の章では、その準備として各種のブラウザで開発者用のツールを使ってパフォーマンスを計測する方法を見ていきましょう。

2

パフォーマンス評価ツールの利用

2.1 Google PageSpeed Insights
    2.1.1 Webパフォーマンスの評価
    2.1.2 Googleアナリティクスを使った複数ページのレポート
2.2 ブラウザ組み込みのパフォーマンス評価ツール
2.3 ネットワークリクエストの分析
    2.3.1 タイミング情報の表示
    2.3.2 HTTPのヘッダー情報の表示
2.4 レンダリングのパフォーマンスのチェック
    2.4.1 ブラウザによるページのレンダリング
    2.4.2 Google ChromeのPerformanceパネル
    2.4.3 他のブラウザを使った場合
2.5 ChromeにおけるJavaScriptのベンチマーキング
2.6 デバイスのシミュレーションやモニタリング
    2.6.1 パソコンのブラウザを使ったデバイスのシミュレーション
    2.6.2 Android機器のPCからのデバッグ
    2.6.3 iOS機器で表示されているWebページのデバッグ
2.7 ネットワーク接続のカスタマイズ
2.8 まとめ

CHAPTER 2 この章の内容

- Google PageSpeed Insights の利用
- ブラウザのツールを使ったネットワークリクエストの分析
- レンダリング処理のパフォーマンスの分析
- JavaScript のベンチマーク
- モバイル機器や遅いインターネット接続のパフォーマンスチェックのためのツール

前の章で Web パフォーマンスとは何を意味するのかを説明し、単純なサンプルサイトを用いて最も基本的な最適化の技法を紹介しました。この章ではもう少し細かく見ていきますが、まずパフォーマンス関連の問題を特定するためのツールについて説明します。オンラインのツールもブラウザに組み込まれているツールもありますが、ここではまず Google の PageSpeed Insights を紹介し、続いて Google Chrome などパソコンのブラウザで利用できるツールを紹介します。

2.1 Google PageSpeed Insights

Google が Web パフォーマンスに関心を持っていると聞いて驚く人は誰もいません。2010 年のブログ記事で Google は、オーガニック検索の結果においてパフォーマンスが 1 つの判断材料であることを明らかにしています。「コンテンツ重視型で、主な流入元が検索エンジン」というサイトを運営している人ならば、このことは無視できないでしょう。このような人のために Google は、PageSpeed Insights というパフォーマンス評価用のツールを提供しています。

2.1.1 Web パフォーマンスの評価

Google PageSpeed Insights（`https://developers.google.com/speed/pagespeed/insights/`）は Web サイトを分析して、パフォーマンスや UX を改善するための提案をしてくれます。分析の結果はモバイルユーザー用とパソコンユーザー用の 2 つに分かれて表示されます。

このツールは「スクロールせずに見えるコンテンツ」のロードにかかる時間と、「ページ全体」のロードにかかる時間（図2.1）の 2 つの観点からパフォーマンスを分析します。Google の説明では「スクロールせずに見えるコンテンツ」という用語を使っていますが、この本では少し簡潔にして「スクロール不要コンテンツ[1]」と呼ぶことにしましょう。

---

[1] ［訳注］ 英語では above-the-fold content と呼ばれます。fold は「折り目」の意で、元々は新聞をたたんで机上に置いたときに表示される部分を指します。

図2.1 Google PageSpeed Insightsは、スクロールせずに見えるコンテンツ（above-the-fold content）と、ページ全体の2種類のロード時間を分析してくれる

　このツールは、モバイル用とパソコン用それぞれについて最適化の度合いを示す0から100のスコアを表示します。また、データが得られている場合は、速度に関する評価も表示します。図2.2にレポートの例を示します。このレポートには、ファイルの縮小化、Webサーバーによる圧縮の有効化、画像の最適化など第1章で見た内容の指摘も含まれていますが、それ以外にもさまざまな内容が書かれます。そうした事柄については、第3章以降で詳しく説明していきます。

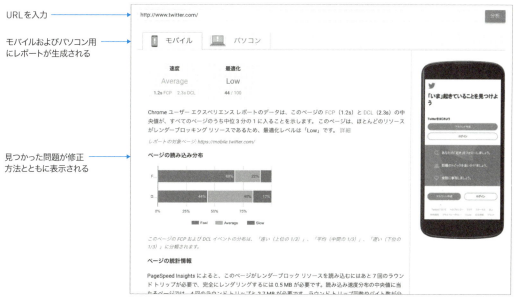

図2.2 Google PageSpeed Insightsの分析結果。モバイルとパソコンの2つに分けてパフォーマンスを分析してくれる

では第1章で見たサンプルサイトを試してみましょう。ローカルマシンのページを指定することはできませんので、筆者が公開した次のページのURLを入力して試してみてください。

- http://jlwagner.net/webopt/ch01-exercise-pre-optimization 　最適化前
- http://jlwagner.net/webopt/ch01-exercise-post-optimization 　最適化後

URLを入力してボタンを押すと数秒で結果が表示され、［モバイル］と［パソコン］の2つのタブが表示され、それぞれの評価を見ることができます（図2.3）。

最適化前

最適化後

図2.3　第1章のサンプルに対するPageSpeed Insightsの分析結果

すでに第1章で対応した点（HTML、CSS、JavaScriptの縮小化やサーバーによる圧縮など）がこのレポートでも指摘されています。

中にはまだ対策を立てていないものも含まれているため、100点にはなっていません。`<link>`タグが使われているのですが、これによりスタイルシートがロードされるまでページのレンダリングができないのです。これを直すにはCSSをHTMLファイルの`<style>`タグの中にインライン化する必要があります。こうすることでHTMLとCSSが一緒にダウンロードされます。

インライン化するとキャッシュが効かなくなりますが、HTTPリクエスト数を減らせるので、HTTP/1のサーバーにとっては効果的で、レンダリング速度が上がります。

第4章ではレンダリング速度を上げる「クリティカルCSS」と呼ばれるテクニックを紹介します（これはHTTP/1で使うには効果的ですが、HTTP/2ではサーバープッシュという機能があるため使う必要がありません。詳しくは第10章および第11章を参照）。

2.1.2　Googleアナリティクスを使った複数ページのレポート

　Web開発者ならば「Googleアナリティクス」を使って、流入元、滞在時間、訪問者の居住地など、各種の統計を見たことがあるでしょう。この項では、PageSpeed InsightsのデータをGoogleアナリティクスを使って確認してみましょう。

　Googleアナリティクスのアカウントを持っている人はログインしてください。もしまだ使ったことがないのなら、https://www.google.com/analyticsで登録して指示に従ってください。各Webページに小さなJavaScriptのコード（トラッキングコード）を入れる必要がありますし、意味のある結果を見るためにはデータを集める必要があるため何日か準備期間が必要です。

> **注意!　法的問題**
>
> Googleアナリティクスの利用は法的な問題の原因となる場合があります。トラッキングコードをインストールする際には利用規約を受け入れることになります。自分一人が所有しているサイトならば問題はないでしょうが、他に所有者がいる場合はその人の了承が必要になります。大きな組織の一員である場合は、社内の法的な手続きを経る必要があるかもしれません。

　ログインすると通常「ダッシュボード」が表示されます。左列のメニューから［行動］→［サイトの速度］→［速度についての提案］をクリックしてください（図2.4）。

　すると図2.5のようなパフォーマンスに関する統計が表示されます。指定の期間におけるこのサイトの全訪問者の平均ロード時間のグラフが上に、また以下のデータが下に一覧表示されます。

- ページ —— ページのURL
- ページビュー数 —— 指定期間のページビュー（デフォルトは1か月間）
- 平均読み込み時間（秒）—— ロードにかかった時間の平均
- **PageSpeedの提案** —— 改善提案の数。クリックすると新しいウィンドウが開きPageSpeed Insightsのレポートが見られる
- **PageSpeedスコア** —— PageSpeed Insightsによるスコア（1〜100。100がベスト）

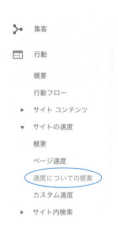

図2.4　Googleアナリティクスで左列のメニューから［速度についての提案］を選択するとPageSpeed Insightsのレポートが表示される

PageSpeed Insightsによるレポートへのリンク

PageSpeed Insightsによるスコア

	ページ	ページビュー数 ↓	平均読み込み時間（秒）	PageSpeedの提案	PageSpeedスコア
1.	/index.html	4,511	7.80	合計 5 個	72
2.	/yakugo/index.html	1,894	1.11	合計 6 個	74
3.	/ecostock/index.html	1,377	1.20	合計 6 個	74
4.	/ruigo/index.html	230	0.00	合計 5 個	77
5.	/yakugo/index.html?word=	227	2.91	合計 6 個	74
6.	/ecostock/index.html?word=	67	3.13	合計 6 個	70

図2.5 Googleアナリティクスによるパフォーマンス関連の統計の表示。右側の2つの欄にはPageSpeed Insightsによるデータが表示されている

残念ながら「PageSpeed の提案」や「PageSpeed スコア」を基準にソート（並べ替え）はできませんが、残りの欄はクリックすることでソート可能です。問題に対処する際には、ページビュー数が多い順に並べ替えて最も人気の高いページから問題を解消していくとよいでしょう。

2.2 ブラウザ組み込みのパフォーマンス評価ツール

パソコン用のブラウザにはたくさんのツールが用意されています。どのブラウザにも開発者用のツールが付属しており、似てはいるものの微妙に違っています。この節ではGoogle Chrome、Mozilla Firefox、Safari、Microsoft Edgeの各ブラウザについて触れますが、この中でもChromeの「デベロッパーツール」について詳しく見ることにしましょう。

ブラウザで開発者用のツールを開く手順はほぼ共通です。Windowsでは F12 キー、Macでは command ＋ option ＋ I キーがショートカットになっています。

この章では、すべてのブラウザの開発者ツールを列挙することはしません（それだけで1冊の本ができてしまうでしょう）。Chromeを中心に開発者用ツールの機能を紹介します。

2.3 ネットワークリクエストの分析

第1章でChromeのデベロッパーツールを使ってウォーターフォールチャートを生成しましたが（他のブラウザでもほぼ同じように生成できます）、これ以外にもさまざまな機能が提供されています。

2.3.1　タイミング情報の表示

　第1章でWebブラウザとWebサーバーがどのように情報をやり取りするかを説明しましたが、すでに説明したようにパフォーマンスに関して重要な点は、図2.6の各ステップで遅延が起こるという点です。この遅延の程度を表す1つの尺度としてTTFB（Time to First Byte：先頭バイトの到着までにかかる時間）があります。つまりユーザーが送信したWebページのリクエストに対して、レスポンスの最初のデータが到着するまでにどのくらいの時間が必要であったかを表すものです。これに対してロード時間は、**すべての**データの到着までにかかった時間を指します。

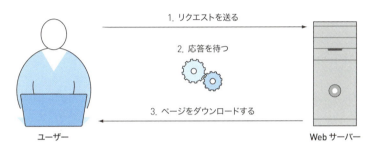

図2.6　ブラウザとサーバーの通信の様子。遅延はこの各ステップで起こる。リクエストの送信から、レスポンスの最初のデータが到着するまでの時間のことをTTFBと呼ぶ

　TTFBはサーバーとの物理的な距離、ネットワークの混雑、サーバーのパフォーマンス、そしてアプリケーションのバックエンドにまつわる問題などさまざまな要因で増加します。TTFBの値が大きければ大きいほど表示開始までの待ちの時間が長くなります。ここではChromeを例にしてこの待ち時間の測定方法を見てみましょう（他のブラウザでも同じような操作が可能です。Safariについては少し手順が異なるため後述します）。では、Chromeのデベロッパーツールを表示し［Network］タブを選択して次の手順に従ってください。

1. ［Network］タブを選んでおいてから再読み込みをして、ウォーターフォールチャートを表示します（詳しくは第1章参照）。
2. 詳細を確認する項目（ファイル）をクリックしてから［Timing］タブを選択します。

　図2.7のような表示が右側のペインに表示されます。TTFBは「Waiting（TTFB）」の欄に表示されています。なお、実際の送信の前に、リクエストのキューへの挿入、DNSのルックアップ、接続のセットアップ、SSLのハンドシェイクなどの処理が必要なため、リクエストがすぐに送信されるわけではありません。

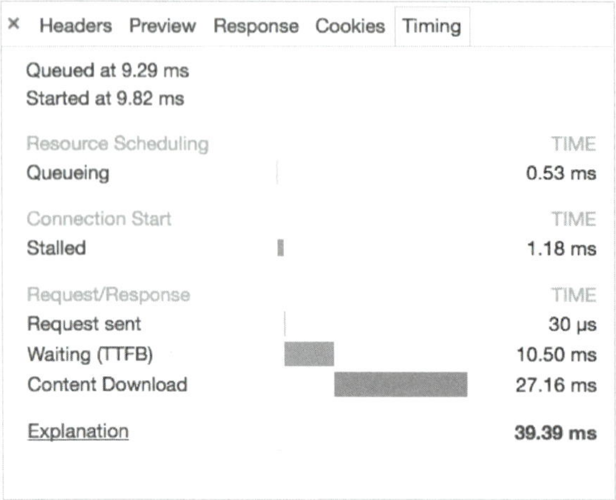

図2.7 「Timing」の表示。この例ではTTFBは10.50msと表示されている

> **MEMO** DNSルックアップ
>
> 遅延を防ぐためにブラウザはDNSルックアップ用にもデータをキャッシュします。リクエストが繰り返されたときはこのキャッシュのデータが使われるため遅延は起こりませんが、指定されたドメインのIPアドレスがキャッシュ内になければ遅延が生じることになります。Chromeでは、`chrome://net-internals#dns`を見ることでDNSキャッシュを確認できます。

Safari以外のブラウザではほぼ同じようにTTFBを表示できますが、Safariの場合はまず［開発］メニューを表示する必要があります。図2.8のように［開発］メニューを表示するには、［環境設定］→［詳細］で［メニューバーに"開発"メニューを表示］をチェックする必要があります（図2.9）。これで `command` + `option` + `I` キーで開発者用ツール（Webインスペクタ）が表示されます。

図2.8 Safariではまずメニューに［開発］という項目を表示する必要がある

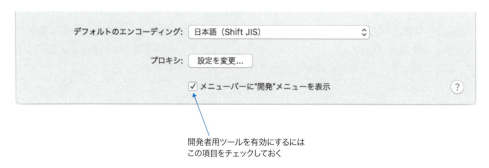

図2.9 ［開発］メニューを表示するには［環境設定］→［詳細］で［メニューバーに"開発"メニューを表示］をチェックする

開発ツールを表示しておいてから、SafariでWebサイトに置いてある第1章の例（`http://jlwagner.net/webopt/ch01-exercise-post-optimization`）を表示してみてください。図2.10のような表形式のデータが表示されます。

名前	ドメイン	タイプ	メソ…	方式	ステ…	キャ…	サイズ	転送済み	開始時刻	レイテンシ	継続時間
states.png	jlwagner.net	イメージ	GET	HTTP	304	はい	1.78 KB	192 B	565.5ms	141.8ms	2.633ミリ秒
brothers.jpg	jlwagner.net	イメージ	GET	HTTP	304	はい	9.51 KB	192 B	565.3ms	142.0ms	4.635ミリ秒
logo.png	jlwagner.net	イメージ	GET	HTTP	304	はい	11.69 KB	191 B	564.8ms	137.1ms	9.128ミリ秒
bg.png	jlwagner.net	イメージ	GET	HTTP	304	はい	31.24 KB	191 B	564.4ms	136.4ms	10.16ms
jquery.min.js	jlwagner.net	スクリプト	GET	HTTP	304	はい	84.41 KB	192 B	296.5ms	154.3ms	9.390ミリ秒
styles.min.css	jlwagner.net	スタイル…	GET	HTTP	304	はい	15.60 KB	192 B	287.2ms	135.9ms	2.174ミリ秒
behaviors.min.js	jlwagner.net	スクリプト	GET	HTTP	304	はい	1.66 KB	191 B	296.7ms	149.3ms	1.698ミリ秒
index.html	jlwagner.net	書類	GET	HTTP	200	いいえ	3.71 KB	4.10 KB	0.158ミ…	143.0ms	14.64ms

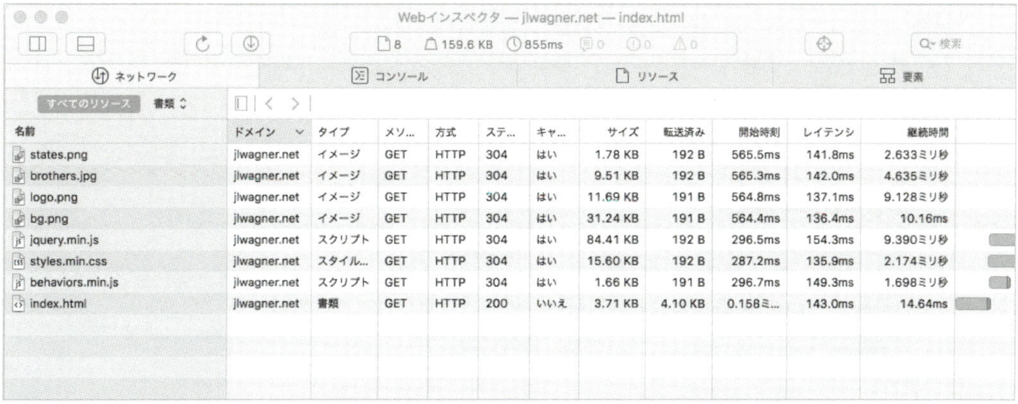

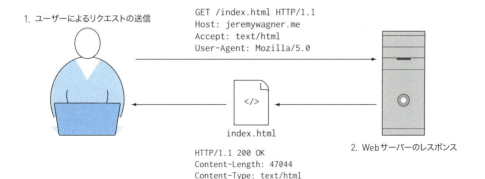

図2.10 Safariの開発者用ツールの［ネットワーク］タブを選択したところ

Safariの「レイテンシ」の欄はほかのブラウザのTTFBの値と同じものを表してはいません。TTFBにはDNSルックアップやWebサーバーへの接続に要する時間は含まれず、リクエストが送られてからファイルのダウンロードが開始されるまでの時間のみが含まれます。遅延（レイテンシ）にはTTFBに加えて、リクエストが発せられるまでに行われるすべての処理に要する時間が含まれます。

2.3.2　HTTPのヘッダー情報の表示

リクエストやレスポンスの先頭には「ヘッダー」があり、これを見てサーバーやブラウザはリクエストやレスポンスの種類を判定します。ヘッダーの内容を調べるためのツールもすべてのブラウザで用意されています。図2.11は、ヘッダーとして送られるデータのサンプルを示したものです。

図2.11 ブラウザの最初のリクエストとサーバーからのレスポンスにはHTTPヘッダーが含まれる。開発者用ツールでヘッダーの内容を調べられる

ヘッダーにはレスポンスコード、サポートされるメディアタイプ、ホスト等のデータの他、パフォーマンスに関連する内容も含まれています。図2.12はChromeでHTTPヘッダーを表示したものです。デベロッパーツールで［Network］タブを選択してからページを再ロードし、左のペインでファイルをクリックし、右のペインの［Headers］タブを選択すると、リクエストヘッダー（Request Headers）とレスポンスヘッダー（Response Headers）の内容が表示されます。

パフォーマンスに関連するものとしてはレスポンスヘッダーのContent-Encodingがあり、これを見ることでWebサーバーが送信前にデータを圧縮しているかどうかがわかります。

ファイルをクリックして、［Header］タブを選択するとHTTPのヘッダー情報が表示される

図2.12 Chromeのデベロッパーツールによる HTTPヘッダーの表示

自分がセットアップしたサーバーならば、圧縮しているかどうか知っていることが多いでしょうが、なじみのない環境でよくわからないときにはこのようにヘッダーをチェックすることで圧縮の有無を確認できます。図2.13はjquery.jsのレスポンスヘッダーです。このファイルが圧縮されていることがわかります。

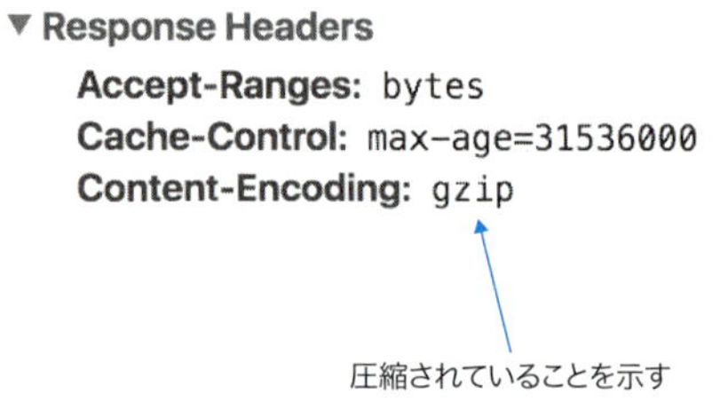

サーバーがファイルを圧縮したときにはレスポンスにContent-Encodingというヘッダーが付きます。そして開発者用ツールを見ればこのヘッダーを確認できます。この他、キャッシュやクッキーなどの情報もヘッダーでわかります。

図2.13 レスポンスヘッダーのContent-Encodingを見ると、このファイルがgzip形式で圧縮されていることがわかる

FirefoxやMicrosoft Edgeの場合もほとんどChromeと同じで、項目（ファイル）をクリックすると別のペインに「応答ヘッダー」と「要求ヘッダー」が表示されます。Edgeの場合、上部にあるボタンをクリックすることでヘッダー情報の表示・非表示を切り替えられます（図2.14）。

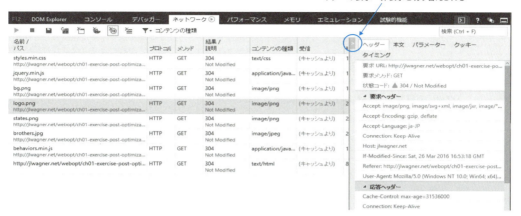

図2.14 Microsoft Edge のヘッダー情報の表示。丸で囲まれたボタンをクリックすることで右側のペインのヘッダー情報の表示・非表示を切り替える

　Safariには右上に小さなボタン □ があり、項目を選択しておいてからそのボタンをクリックすることで右側のペインに「リクエストヘッダー」や「レスポンスヘッダー」など［リソース］に関連する情報が表示されます。

2.4　レンダリングのパフォーマンスのチェック

　ロード時間の削減は重要ですが、ページのレンダリング速度も無視することはできません。また、初期画面の表示はもちろん重要ですが、その後のインタラクションもスムーズに行われる必要があります。この節では、ページのレンダリング速度を確認するツールについて見ますが、その前にブラウザがページをどのようにレンダリング（表示）するかを説明します。そのあとで、ChromeのTimelineツールを用いてレンダリングのパフォーマンスが良くない部分を見つける方法や、JavaScriptで時間を計測する方法を紹介します。Chrome以外のブラウザでも類似のツールが用意されていますので、それについても簡単に触れます。

2.4.1　ブラウザによるページのレンダリング

　ユーザーがWebサイトを訪問すると、ブラウザはHTMLとCSSを解釈して画面に表示（レンダリング）します。図2.15にこの過程の概略を示します。

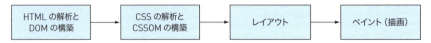

図2.15 Webページのレンダリングの過程

各過程をもう少し詳しく見てみましょう。

1. **HTMLの解析とDOMの構築**——WebサーバーからHTMLデータがダウンロードされるとDOM（Document Object Model：HTMLドキュメントを階層構造で表現したもの）を構築するためにHTMLコードを解析<ruby>します<rt>パース</rt></ruby>。
2. **CSSの解析とCSSOMの構築**——DOMが構築された後、ブラウザはCSSを解析しCSSOM（CSSオブジェクトモデル）を構築します。CSSOMはDOMとよく似た構造を持ちますが、ドキュメントの各要素に対してどのようにCSSの規則が適用されるかを表現するものです。
3. **レイアウト**——DOMツリーとCSSOMツリーを合体してレンダリングツリーを構築し、CSSルールを各要素に適用して表示する内容をレイアウトします。
4. **ペイント（描画）**——レイアウトが完了したら、CSSに従って具体的な表示方法を決定しページ内のコンテンツをペイントしていきます。このプロセスの最後で、出力がピクセルに変換され画面に表示されます。

ページが最初にロードされたときにレンダリングが行われるのは当然ですが、ユーザーが操作を行ったときにもページ内容が変化する場合は再度レンダリングが行われます。

2.4.2　Google ChromeのPerformanceパネル

Chromeのデベロッパーツールのウィンドウで［Performance］タブを選択したときに表示されるPerformanceパネル（旧名称Timelineパネル）を使ってロード、スクリプトの実行、レイアウト、ペイント（描画）の各フェーズを細かく記録し分析できます。最初は情報量の多さに圧倒されてしまうかもしれませんが、この節の説明を読めば各要素の意味がわかり、パフォーマンスの問題点を突き止めるために活用できるようになるでしょう。図2.16にこのツールを使用しているところを示します。なお、この章ではPerformanceパネルの機能の概要を説明します。より詳しくはGoogleのドキュメント（https://developers.google.com/web/tools/chrome-devtools/evaluate-performance/）を参照してください。

まず第1章のサンプルページhttp://jlwagner.net/webopt/ch01-exercise-pre-optimization（最適化前）を表示してみましょう。Chromeの［ファイル］メニューから［新規シークレットウィンドウ］を選択してURLを入力します。シークレットウィンドウにすることで、クリーンな状態になりパフォーマンスのノイズを避けることができます。

ページをロードしたら（デベロッパーツールのウィンドウで）［Performance］タブをクリックしてPerformanceパネルを表示します。最初は記録方法の説明だけが表示されます。

`Ctrl` + `Shift` + `E`キー（`command` + `shift` + `E`キー）を押すと、記録を開始すると同時にページを再読み込みし、読み込みが終わると記録をストップしてくれます。そして図2.16のように結果が表示されます。

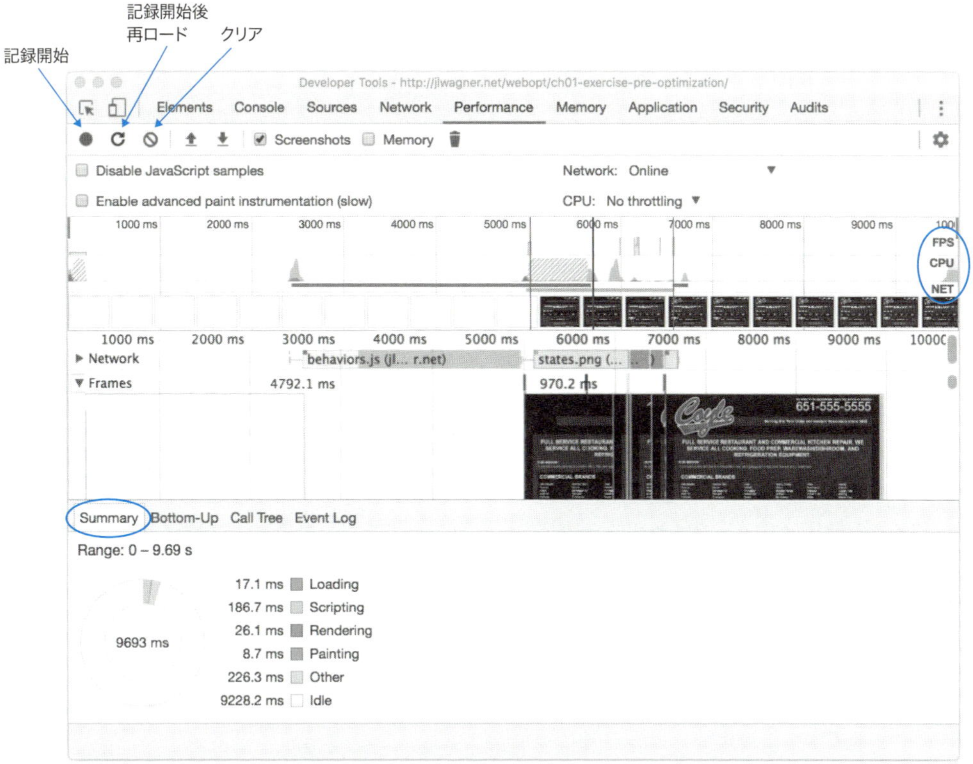

記録開始後
記録開始　再ロード　クリア

図2.16 Performanceパネル。丸で囲んだ「Summary」と「FPS、CPU、NET」については後ほど詳しく説明する

> **MEMO** ブラウザのウィンドウに表示されていないタブのページに関してこのツールを実行しても、ページのレンダリング処理は行われません。調べたいページが表示されているタブを選択しておいてから、デベロッパーツールのウィンドウを開いてPerformanceパネルを表示してから計測してください。

たくさんのデータが表示されていますが、この中から主要なものを見ていきましょう。まず、一番下に表示される［Summary］タブの内容を見てみましょう（図2.17）。

ここにはブラウザの処理を次の6つに分類して、それぞれの処理にかかったCPU時間を表示しています（図2.17の例では多くの時間がJavaScript関連の処理に費やされていることがわかりますので、この部分の処理速度を改善できれば効果が大きくなりそうなことがわかります）。

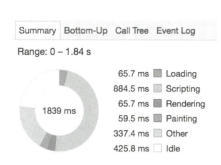

図2.17 Performanceツールによって記録されたセッションのアクティビティの内訳

037

- **Loading（ロード：青）**──HTTPリクエストなどネットワーク関連の処理。HTMLおよびCSSの解析や画像のデコードなども含む
- **Scripting（スクリプト実行：黄）**──JavaScript関連の処理。DOM関連のものやガベージコレクションなども含まれる
- **Rendering（レンダリング：紫）**──ページのレンダリングに関する処理。HTML要素に対するCSSの適用、JavaScriptによって変更された要素の再レンダリングなども含まれる
- **Painting（ペイント：緑）**──レイアウトされた要素を画面に描画する処理。レイヤーの合成やラスタライズなど
- **Other（その他：灰色）**──Chromeからは分割できなかったその他の処理
- **Idle（アイドル：白）**──CPUのアイドル状態

スクリーンショットの表示と範囲の指定

Performanceパネルの上部の右端に「FPS、CPU、NET」と表示されている部分にマウスポインタを置くと、その時点のスクリーンショットが下に大きく表示されます。

Performanceパネルでは最初は全体が表示されていますが、次のような操作で対象の範囲を指定することができ、それに伴ってFramesやSummaryの表示もその範囲を反映したものに変わります。

- **マウスホイール**──上（下）に動かすことで範囲を広げる（狭める）。左（右）に動かすことで範囲を左（右）に移動する
- **クリックとドラッグの組み合わせ**──クリック後ドラッグして範囲を指定できる。また、始点あるいは終点をドラッグすることで、範囲を広げたり狭くしたりできる
- **シングルクリック**──クリックした箇所の前後範囲を選択
- **ダブルクリック**──全体を選択する

レンダリング状況の確認

ネットワークからのデータは素早くロードされたとしても、JavaScriptプログラムの問題などでスムーズなレンダリングが行われないと、全体としてのページのパフォーマンスが落ちてしまいます。

一般的には、60FPS（Frames per Second：フレーム／秒）程度の速度（フレームレート）で描画されていればユーザーはストレスを感じません。1秒は1000マイクロ秒なので1000/60≒16.66となり、1フレーム当たり16.66マイクロ秒使える計算になります。各フレームに描画以外の処理のためのオーバーヘッドがあるので、Googleでは1フレーム当たり10マイクロ秒で描画することを推奨しています。

ChromeのPerformanceパネルのFPSの欄（図2.18）で、フレームレートを確認できます。黄緑色で表示されている山の形のグラフはFPSの値を示します。山が高ければ高いほどフレームレートが高いことになります。ここに赤いバーが表示されている場合は、フレームレートが落ちてしまっているので、UXに問題が生じている可能性が高いことを示します。

FPUの下のCPUの欄（図2.19）に表示されているグラフの色は、Summaryの欄の色と対応しています。CPUの欄が上までいっぱいになっているとCPUがフルに稼働していることを示します。処理を効率化する必要がある箇所の候補と言えます。

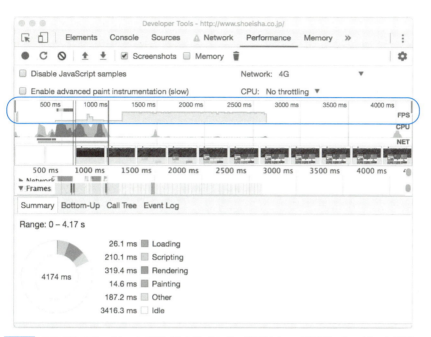

図2.18　FPSの欄でフレームレートの変化がわかる。赤いバーが表示されている箇所はフレームレートが落ちている箇所でUXに問題が生じている可能性が高い

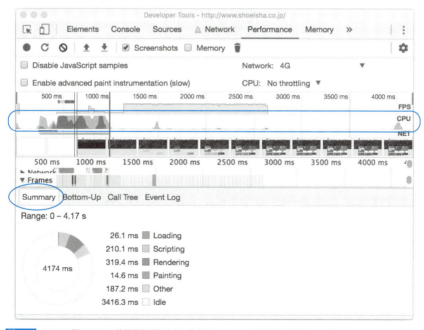

図2.19　CPUの欄でCPUの稼働状況がわかる。色はSummaryの各項目に対応している

2.4.3　他のブラウザを使った場合

Edgeでは［パフォーマンス］タブをクリックして、Ctrl＋Eキーを押すことで「プロファイリング」を開始し、再度同じキーを押すことで分析結果を表示し、FPSなどを確認できます（図2.20）。

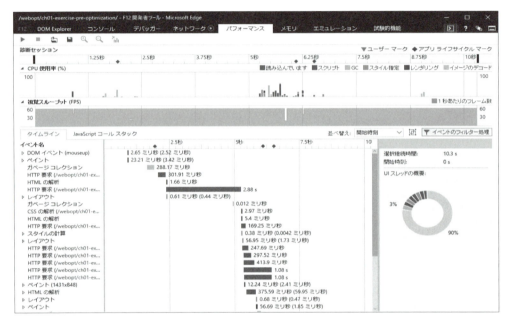

図2.20　Microsoft Edgeの［パフォーマンス］タブの表示

Firefoxでは［パフォーマンス］タブをクリックして、［パフォーマンスの記録を開始］をクリックすることで記録をとることができます。同じボタンをクリックすると記録が停止し、上のほうにFPSの最高値と最低値、右側に平均が表示されます。

2.5　ChromeにおけるJavaScriptのベンチマーキング

JavaScriptのベンチマークをとることにより、実行速度が速いものを選ぶことができ、表示が速くユーザーの入力に対して素早く反応できるページを作成できます。

ほとんどのブラウザに用意されている`console`オブジェクトのメソッド`time`および`timeEnd`を使うことでベンチマークをとることができます。この2つのメソッドはセッションの名前を表す文字列を引数としてとります。

これまでに見てきたサンプルで使い方を見ましょう。今度の結果はデベロッパーツールの［Console］タブに表示されます。

`time`と`timeEnd`の主な用途は2種類のコードの実行時間の比較です。ここではDOM要素の選択にjQueryを使った場合と、JavaScriptのメソッド`document.querySelector`を使った場合を比較してみましょう。

ChromeのConsoleで次の2つのコマンドを実行してください。

❶
```
console.time("jQuery"); jQuery("#schedule"); console.timeEnd("jQuery");
```

❷
```
console.time("querySelector"); document.querySelector("#schedule"); console
.timeEnd("querySelector");
```

ここで、それぞれの計測で`time`と`timeEnd`に渡す文字列が同じである点に注意してください。その文字列が結果の先頭に表示されます。上のコマンドを実行すると図2.21のような結果が表示されます。

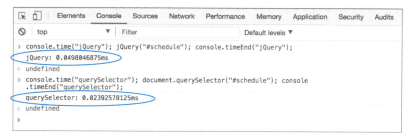

図2.21 DOM要素の選択にjQueryを使った場合とJavaScriptのメソッド`document.querySelector`を使った場合の比較。jQueryの場合は0.0498046875ms、JavaScriptのメソッドの場合は0.02392578125msかかっている

Consoleに表示された結果を見ると、メソッド`document.querySelector`を使ったほうがjQueryを使った場合よりも速いことがわかります（JavaScriptネイティブのメソッドのほうが速いのは当然なので驚くべき結果ではありません）。

> **MEMO　ベンチマークの際の留意点**
>
> ベンチマークをとる際には、一度だけの結果を見るのでなく、何度か繰り返し平均をとる必要があります。

このような簡単なテストはConsoleで入力してもできますが、より大きなコードに関してベンチマークをとる際には、JavaScriptのコードの中に埋め込んでから実行します。この方法は、この章で紹介しているどのブラウザでも実行可能で、またどのプラットフォームで動作する場合でも利用できます。

2.6 デバイスのシミュレーションやモニタリング

モバイルデバイスに関する初期のテストはパソコンで行うのが普通でしょうが、モバイルデバイスをシミュレートする環境や実際のモバイルデバイスでのテストも必要です。ざっとCSSを確認するものから、実機でのパフォーマンスの確認までさまざまな段階があります。

2.6.1 パソコンのブラウザを使ったデバイスのシミュレーション

Webサイトの見映えをチェックする最も簡単な方法はパソコン用ブラウザのシミュレーションツールを使うことで、これによりデバイスの解像度や画素密度などをチェックできます。

ChromeではDevice Modeを使います。ここでは翔泳社のWebサイト https://www.shoeisha.co.jp を例に見てみましょう。開発者用ツールのウィンドウを開いておいてから Ctrl + Shift + M キー（Macでは command + shift + M キー）を押すか、デベロッパーツールの［Elements］タブの左にあるモバイル機器のアイコンをクリックします。これによって、図2.22のようにブラウザ画面の表示が変わります。

このインターフェイスではドロップダウンリストからデバイスの種類を選んでそのデバイスでの表示の様子を見ることができます（解像度を変えることも可能です）。また、右端のメニューから［Add device pixel ration］を選ぶことで、ピクセル比率を変更するといったこともできます。

図2.22　Chromeのデバイスシミュレーションモード

他のWebブラウザも類似のシミュレーション機能を提供しています。Safariの場合はiOS中心のシミュレーション機能があり、［開発］メニューから［レスポンシブ・デザイン・モードにする］を選択するか、`command`＋`option`＋`R`キーを押すことでこのモードに入ることができます。UIが少し異なっていますが機能的にはほぼChromeと同じです。

Firefoxでは［ツール］→［Web開発］→［レスポンシブデザインモード］で同様のモードに入れますが、Chromeよりも選べるオプションが少ないようです。Edge（`F12`キー→［エミュレーション］を選択で起動）も似ていますが、どちらかというとMicrosoftのモバイル機器とInternet Explorerが中心になっています。

パソコン用ブラウザで各機器のシミュレーションをしてみるのは役に立ちますが、モバイル機器でのテストでしか発見できない問題もありますので注意が必要です。そのような問題に対処する方法を次の節で見ましょう。

2.6.2　Android機器のPCからのデバッグ

最終的にはサイトを実機でテストしなければならない場合も多いでしょう。パソコンはモバイル機器に比べてメモリの量やCPUの性能で恵まれているため、モバイル機器でのパフォーマンスを実機で試すことも重要です。

モバイル機器でのパフォーマンスの計測には、パソコンにつないで、パソコン用ブラウザの開発者用ツールを使うことができます。モバイル機器の種類によって方法が異なりますが、Android機器ならばChromeを使うことになります。

Chromeではこの機能は「リモートデバッグ」と呼ばれています。この機能を使うにはAndroid機器をUSBケーブルでパソコンに接続し、Chromeをモバイル機器とパソコンの両方で起動してから次の手順に従ってください。

1. Android機器で［設定］→［端末情報］を選び、［ビルド番号］の欄を7回タップすることで開発者用のオプションをオンにします。
2. Android機器で［設定］→［開発者向けオプション］を選択し、［USBデバッグ］をオンにします（場合によっては、ドライバをインストールする必要があります）。
3. パソコンのChromeで`chrome://inspect#devices`を開き、Discover USB Devicesのチェックボックスをオンがオンになっていることを確認し、デバイスの権限を得ます。これにより接続されたデバイス上のChromeからの認証リクエストを受信できるようにします。［OK］をタップして受理します。
4. デバイスで開かれているWebページを調べます。図2.23のようにデバイスのリストが現れるので、リストの中のデバイスの下にある［inspect］のリンクをクリックします。

図2.23 Chromeのデバイスリストで、接続されたAndroid機器のWebページをリストしているところ

　上記の手順を踏むとパソコンでデベロッパーツールを使うことができます。これまでに見たのとほぼ同じ内容ですが、左側のペインにモバイル機器の画面のイメージが表示されます（図2.24）。リモートデバッギングのセッションが実行されているときには、パソコンのセッションのときと同じような操作をAndroid機器に対して行うことができます。

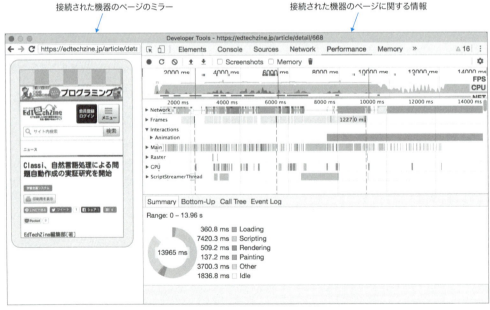

図2.24 Android機器をパソコンにつないで計測する

> **MEMO** Android機器がデベロッパーツールに接続されているときは、Performanceツールを使ってロード時間のベンチマークをとったりすることができます。この章でこれまで学んだ方法を使って、モバイル機器に関するパフォーマンス関連の情報を得ることができます。

2.6.3　iOS機器で表示されているWebページのデバッグ

　iOSデバイスで表示されているページをデバッグすることもできます。そして、Android機器の場合よりも単純にできます。まずiOS機器をMacにUSBケーブルで接続し、パソコンとiOS機器の両方でSafariを起動します。続いてiOS機器でデバッグするページを表示し、MacのSafariの［開発］メニューに表示されているiOS機器の名前を選択します。

　iOS機器のページをリストから選択すると「Webインスペクタ」が表示されます。上で見たChromeによるAndroid機器のデバッグと同じように、このページに関する調査を行うことができます。

2.7　ネットワーク接続のカスタマイズ

　第1章でChromeのデベロッパーツールの［Network］タブで、ネットワーク速度の変更が可能であることを説明しました。たとえば、Chromeバージョン63では［Fast 3G］と［Slow 3G］が選択できます。この機能があるのはChromeだけのようですが、パソコンの高速なネット接続を利用しながら、速度の遅いスマートフォンでの接続の様子をシミュレートできるとても便利な機能です。

　また、Chromeには通信速度の設定に［Custom］という項目があり、自分でカスタマイズした通信速度で試すこともできます。

1. 図2.25のように、デベロッパーツールのウィンドウの［Network］あるいは［Performance］のタブで、［Online］の右の▼をクリックし［Custom］の下の［Add...］をクリックして、新しい設定を作成します。
2. 「Network Throttling Profiles」の設定の画面に変わるので、［Add custom profile...］をクリックします。これで図2.26のようにプロファイル（Profile）の名前や、ダウンロード（Download）およびアップロード（Upload）時の速度、それから遅延（Latency）を指定する欄が現れます。
3. それぞれの欄に数値を入れて、青い色の［Add］ボタンをクリックします。これで新しいプロファイルが登録されます（一部の値、たとえばLatencyを省略してもかまいません）。この画面で図2.27のように複数の設定を一度に登録することも可能です。

図2.25 Chromeではカスタマイズした通信速度をシミュレートできる。デベロッパーツールのウィンドウの[Network]や[Performance]のタブで[Online]の右の▼をクリックし[Custom]の下の[Add...]をクリックして作成する

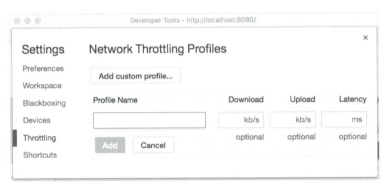

図2.26 [Add...]ボタンを押すとプロファイルの入力画面に変わる。[Add custom profile...]をクリックして新しい設定（プロファイル）を入力する

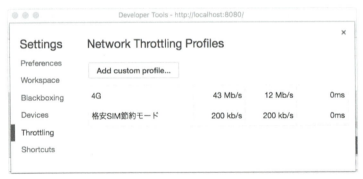

図2.27 複数のプロファイルの登録もできる。この例ではある調査結果の4Gの値と、ある格安SIMの「節約モード」の速度の値を入れた

　プロファイルを追加するとドロップダウンリストに表示されるので、そこから選択できるようになります（図2.28）。これによって、さまざまなモバイル環境でロード時間がどのように変化するかを試せます。

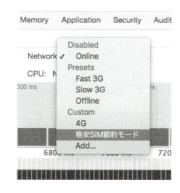

図2.28 追加したプロファイルはデベロッパーツールのNetworkやPerformanceで選択できるようになる

2.8 まとめ

この章では主要なパフォーマンス測定ツールについて紹介しました。

- Webで公開されているGoogle PageSpeed Insightsでは、URLを指定することでそのサイトのパフォーマンス関連の改善点を指摘してくれる
- PageSpeed Insightsでは1つのURLしか分析できない。サイト内の複数のページを分析したい場合は、Googleアナリティクスを使うと一度に複数ページについてPageSpeed Insightsのレポートを見ることができる
- ネットワーク経由のリクエストに関する時間測定はほとんどのブラウザの開発者用ツールで可能である。サイト上の特定のファイルのダウンロード処理にかかる時間を計測したり、処理をさらに細かく分析してサーバーのパフォーマンス関連の問題を見つけたりすることができる
- HTTPのリクエストとレスポンスのヘッダー情報はどのブラウザを使っても見ることができる。ヘッダー情報を見ることで、サーバーが圧縮処理をしているかなどリクエストとレスポンスに関する情報を集めることができる
- ChromeのPerformanceツールを使うことで時間の範囲を区切って、さまざまな処理の様子を詳しく調べることができる。これによりパフォーマンス関連の問題を引き起こしている処理を特定し、問題を解決できる場合がある
- JavaScriptのconsoleオブジェクトのメソッドtimeとtimeEndを使って簡単なベンチマークをとることができ、特定区間の実行時間の計測ができる
- 多くのブラウザでモバイル機器のシミュレーションが可能で、この機能を使うことでモバイル機器でどのように表示されるか確認できる
- パソコン用のChromeのデベロッパーツールを使って、Android機器のブラウザと接続してパフォーマンスの分析ができる。また、MacのSafariのデベロッパーツールで、iOS機器のブラウザのパフォーマンスの分析ができる

- Chromeの「throttling」機能を使うと、速度が遅い通信のシミュレーションができる。あらかじめ決められた速度を選択することも、自分で設定した速度を指定してロードの状況を見ることができる

第1章と第2章でパフォーマンスと最適化の概要説明が終わったので、第3章からはより細かな最適化について説明していきます。まず第3章ではCSSの最適化について見ていきましょう。

まとめ

CSSの最適化

- 3.1 簡潔な表現を用いて繰り返しを避ける
  - 3.1.1 CSS短縮形で書く
  - 3.1.2 浅いCSSセレクタを使う
  - 3.1.3 浅いセレクタの拾い出し
  - 3.1.4 LESSやSASSを利用する際の留意点
  - 3.1.5 繰り返しの排除
  - 3.1.6 csscssで冗長な箇所を見つける
  - 3.1.7 CSSのセグメント化
  - 3.1.8 CSSフレームワークのカスタマイズ
- 3.2 モバイルファーストはユーザーファースト
  - 3.2.1 モバイルファーストとデスクトップファースト
  - 3.2.2 モバイルゲドン
  - 3.2.3 Googleのモバイルフレンドリーガイドライン
  - 3.2.4 モバイルフレンドリーかどうかの検証
- 3.3 CSSのチューニング
  - 3.3.1 `@import`を使わない
  - 3.3.2 CSSは`<head>`内に置く
  - 3.3.3 より速いセレクタの利用
  - 3.3.4 `flexbox`の利用
- 3.4 CSSトランジション
  - 3.4.1 CSSトランジションの概要
  - 3.4.2 CSSトランジションのパフォーマンス
  - 3.4.3 `will-change`を使ったトランジションの最適化
- 3.5 まとめ

CHAPTER 3　この章の内容

- CSSプロパティを短く書くことでCSSファイルの容量を減らす
- ページのテンプレートをグループ化することでCSSをセグメント化する
- モバイルファーストのレスポンシブデザインの重要性を理解する
- どうすればページをモバイル対応にできるかを学び、それがGoogleのランクにどのように影響するかを知る
- CSSのパフォーマンスを上げるための各種テクニックを理解する

前章まででブラウザの開発者用ツールを使ってパフォーマンスを分析する方法を学んだので、これを使ってWebサイトをさまざまな点から最適化していきましょう。手始めはCSSの最適化です。この章では効率的なCSSの書き方を学び、「モバイルファースト」の「レスポンシブデザイン」の重要性を理解し、CSSのパフォーマンスを最適化するための手法を紹介していきます。

3.1　簡潔な表現を用いて繰り返しを避ける

　Web開発に関して何か新しい知識を身につけようと思うとき、まず考えるのは「今話題になっているのは何か」ということでしょうか。CSSに関しても新しいツールがいろいろと登場しています。しかしCSSに関して言えば、結局のところ「できるだけ短く」というのが最も重要な指針です。これを実践するのに新しいツールは不要です。短い表記を覚え、常にそれを使うようにすればよいだけです。

3.1.1　CSS短縮形で書く

　CSSの短縮形（ショートハンドプロパティ）を使えば、複数のプロパティをまとめて指定できます。短縮形を使うことで、「チリも積もれば山となる」効果を得ることができます。たとえば図3.1の左側のCSSでは、フォントを3つのプロパティを使って指定しており94バイトありますが、右側はfontひとつだけで60バイトになっています。

```
1  p{
2      font-family: "Arial", "Helvetica", sans-serif;
3      font-size: 0.75rem;
4      font-style: italic;
5  }
```
複数のプロパティを使った指定

```
1  p{
2      font: italic 0.75rem "Arial", "Helvetica", sans-serif;
3  }
4
5
```
短縮形を使って指定（約35％小さい）

図3.1　CSSの軽量化の例──フォント指定

34バイトだけではたいしたことはありませんが、大きなスタイルシートを使うプロジェクトでこのアプローチを採用し続ければ、かなり削減できます。これにより転送されるデータ量も減少し、特にモバイル環境ではユーザーの待ち時間も短縮できることになります。

第1章と第2章でも見たサンプルサイトCoyle Appliance Repairを使って試してみると、CSSに短縮形プロパティを使うことで28%の減量が可能になります。

適当なフォルダを作成して、次の一連のコマンドを入力してサンプルサイトをダウンロードしてサーバーを実行してください。

```
git clone https://github.com/webopt/ch3-css.git
cd ch3-css
npm install
node http.js
```

まず、フォルダ`css/styles.css`を開きます。わかりやすい短縮形プロパティをいくつか使ってみましょう。スタイルシート内でセレクタ`div.pageWrapper`を探してください。次のようになっているはずです。

```
div.pageWrapper{
  width: 100%;
  max-width: 906px;
  margin-top: 0;
  margin-right: auto;
  margin-bottom: 0;
  margin-left: auto;
}
```

それなりに書けていますね。この要素にマージンを設定しているのですが、同じCSSを表すのに実はずっと短い書き方があります。最初に使う短縮形は`margin`（図3.2）です。

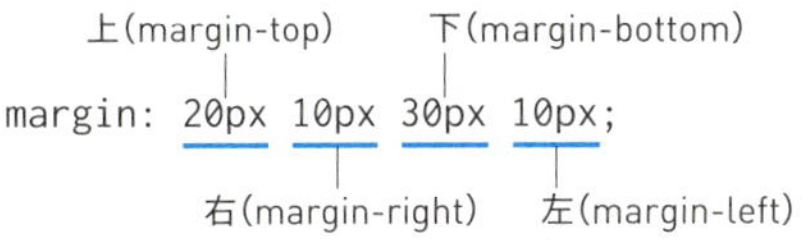

```
          上(margin-top)    下(margin-bottom)
margin:   20px  10px  30px  10px;
              右(margin-right)  左(margin-left)
```

図3.2 短縮形プロパティmarginは4つの値をとり、margin-top、margin-right、margin-bottom、margin-leftを一度に指定する

`margin`は、`margin-top`、`margin-right`、`margin-bottom`、`margin-left`をまとめたものです。`padding`も同様で、`padding-top`、`padding-right`などをまとめたものです。

この2つの短縮形では4つの引数すべてが揃わなくてもかまいません。指定する値の個数によって次のように指定されます。

- 4つの辺がすべて同じ値のときは、1つだけ値を指定する。たとえば上下左右すべてのマージンが20pxなら、`margin: 20px;`でよい
- 上と下が同じで左と右も同じ場合は2つ指定する。それぞれ10pxと20pxならば、`margin: 10px 20px;`と省略できる
- 左と右が同じで上と下が異なる場合は3つ指定する。上が10px、左と右が20px、下が30pxならば

```
         margin: 10px 20px 30px;と書ける
```
- これ以外の場合は4つの値を指定する

したがってdiv.pageWrapperは短縮形を使って次のように書けます。マージンを指定した4行は1行にまとめられます。

```
div.pageWrapper{
  width: 100%;
  max-width: 906px;
  margin: 0 auto;
}
```

「左右が同じで上下が異なるという場合に3つ指定すればよい」という規則はあまり使われていませんが、1つ例を見てみましょう。

```
header div.phoneNumber h1.number{
  font-size: 55px;
  font-weight: normal;
  color: #fff;
  margin-top: 0;
  margin-right: 0;
  margin-bottom: -8px;
  margin-left: 0;
}
```

これは次のように短くできます。

```
header div.phoneNumber h1.number{
  font-size: 55px;
  font-weight: normal;
  color: #fff;
  margin: 0 0 -8px;
}
```

margin-leftとmargin-rightの値が同じなので、短縮形では最後の0を省略できます。最初はわかりにくいかもしれませんが、使っていくうちに慣れてきます。

marginとpaddingは制御の対象が幅だけなので理解しやすいでしょうが、ボーダー（border）などのプロパティにも短縮形が存在します。たとえば次のコードを見てください。

```
a img{
  border-top: 1px solid blue;
  border-right: 1px solid blue;
  border-bottom: 1px solid blue;
  border-left: 1p solid blue;
}
```

これは次で十分です。

```
a img{
  border: 1px solid blue;
}
```

ただし`margin`や`padding`と違い、この書き方はすべてのボーダーを一度に設定する場合にしか使えない点には注意が必要です。1つが違う場合、そのボーダー（たとえば`border-right`）を改めて指定する必要があります。

> **MEMO 短縮形プロパティの上書き**
> 短縮形プロパティの一部の値だけを変更する場合、元の短縮形全体をコピーして必要な値だけを書き換えるのは避けましょう。コードの保守性が低下します。たとえば`margin: 20px;`を指定し、別の場所で`margin-bottom`だけを30pxに変更したい場合、`margin: 20px 20px 30px;`と指定するのではなく`margin-bottom: 30px;`を使いましょう。こうすれば、最初の指定をたとえば`margin: 40px;`と変えれば`margin-bottom`以外の指定を一度に変更できます。

サンプルサイトのCSSを短縮形`margin`、`padding`、`border`、`background`、それに`border-radius`を使って書き換えてみましょう。短縮形はこの他にもいくつかあり、たとえば以下のW3Cのページに一覧があります。

```
https://www.w3.org/community/webed/wiki/CSS_shorthand_reference
```

プロパティを端から見ていって、短縮できるものはしてください。筆者はCSSを元のサイズの18.5Kバイトから13.33Kバイトにまで縮小できました。もし途中で行き詰まって筆者の直したものを見たくなったら、次のコマンドを入力すれば最終的なコードをダウンロードできます。

```
git checkout -f shorthand
```

3.1.2　浅いCSSセレクタを使う

「浅い（shallow）セレクタ」を書くことは「美徳」であると言ってもよいかもしれません。CSSセレクタの要素指定を細かくせず、階層を浅くし、マッチさせるのに最低限必要な指定をします。指示が細かすぎる「深い」セレクタは避けましょう。

CSSセレクタを簡潔にすることでファイルサイズを小さくでき、ロード時間が短縮されます。図3.3では、同じ要素に対する、深いセレクタと浅いセレクタを示しています。

```
div.mainContent div.genericContent div.listContainer ul.genericList{
    width: 202px;
    margin-right: 12px;
    float: left;
    display: inline;
    list-style: none;
}
```

```
.genericList{
    width: 202px;
    margin-right: 12px;
    float: left;
    display: inline;
    list-style: none;
}
```

細かすぎる　　　　　　　　　　　　　　　　　　　　　簡潔（約35%縮小）

図3.3 深いセレクタ（左）と浅いセレクタ（右）。左のセレクタは67文字であるのに対し、右のセレクタは12文字

この例では55文字しか減りませんでしたが、これはセレクタ1個だけの場合です。スタイルシート全体に適用すれば効果がもっとはっきりします。

3.1.3　浅いセレクタの拾い出し

指示の細かすぎる深いセレクタをチェックするには、複数の要素を指定するセレクタがないかCSSを見ていきます。理想的には、セレクタの深さは目的となる要素のみに限定されたものであるべきです。こうすることが現実的ではない場合もありますが、指定をできるだけ少なくするようにします。

先ほどの続きをしましょう。フォルダcssの`styles.css`を開いて眺めてみてください。すぐわかるように、ほとんどのセレクタの指示が細かすぎます。CSSの容量はおよそ13.3Kバイトです。セレクタの役割は要素の特定ですから、その役目を素直に果たすように指定すべきでしょう。

`div.<クラス>`の型のセレクタを探してみると、たとえば次のような記述が見つかります。

```
header div.phoneNumber h3.numberHeader
```

これはもっと短く、たとえば次のように書き直せます。

```
.numberHeader
```

変更したら保存してページを再読み込みしてください。ページの見た目が変わっていないことを確認しましょう。同様の操作をCSSの最初から最後まで行い、ページの表示を壊さずに指示を削除できるセレクタを書き直していってください。大きな修正をするときはブラウザでページを再読み込みして、見た目が変わらないことを確認します。

> **MEMO**　行き詰まったり、最終結果を見たくなったりしたときは、`git checkout -f selectors`で、最終的なコードをダウンロードできます。

なお、`uncss`という名前のNodeプログラムを利用すると、使われていないスタイル指定を除去できます。次の2つのコマンドで、プログラムを全ユーザー向けにインストールして、サイトのルートフォルダから利用しているすべてのCSSファイルに対して実行できます（Webサーバーを停止してしまった場合は、再度実行しておいてください）。

```
npm install -g uncss   ## Mac、Unixではsudoが必要
uncss http://localhost:8080 -i .modal.open > css/styles.clean.css
```

このコマンドは引数としてURLをとります。この例では、現在ローカルに実行しているクライアントのWebサイトを対象とするよう指定しています。オプション-iは変更しないセレクタを指定する引数です。この例ではuncssに対し、クラス.modal.open（ウィンドウをビュー内にスライドさせて表示するためのもの）に手を加えないよう指定しています。

uncssが終了したら、index.html内のタグ<link>のリンク先を新しく生成されたstyles.clean.cssに書き換えるか、styles.clean.cssの内容をstyles.cssにコピーするかします。それが済めば、クライアントサイトのCSSは38％縮小し、13.24Kバイトから8.2Kバイトになります。

3.1.4　LESSやSASSを利用する際の留意点

フロントエンドの開発ツールとしてCSSプリコンパイラがよく使われます。プリコンパイラは通常のCSSでは利用できない機能を提供し、変数、スタイルを再利用するための（`mixin`と呼ばれる）関数、CSSのモジュール性を高めるインポート機能などが利用できるようになります。プリコンパイラは専用言語で記述されたファイルをコンパイルし、通常のCSSファイルに変換します。よく使われているのがLESS（http://lesscss.org）とSASS（http://sass-lang.com）です。

プリコンパイラを使うと、リスト3.1のようにセレクタをネストできます。

リスト3.1　LESSやSASSのセレクタのネスト
```
#main{                               ←親セレクタ
  max-width: 1280px;
  width: 100%;

  #mainColumn{
    width: 65%;
    margin: 0 2% 0 0;
    display: inline-block;           ←ネストされた子セレクタ
    float: left;
  }

  #sideColumn{
    width: 33%;
    display: inline-block;
    float: left;
  }
}
```

たしかに見た感じは良いのですが、どちらかというと開発者の都合を優先したものです。HTMLの階層構造を反映しているので可読性は上がりますが、パフォーマンスを犠牲にして得られる利便性なのです。このコードを通常のCSSにコンパイルすると、リスト3.2のようになります。

リスト3.2　コンパイル後のLESSとSASSのネストされたセレクタ

```
#main{
  max-width: 1280px;
  width: 100%;
}

#main #mainColumn{
  width: 65%;
  margin: 0 2% 0 0;
  display: inline-block;
  float: left;
}

#main #sideColumn{
  width: 33%;
  display: inline-block;
  float: left;
}
```

　コンパイル後は、元のLESSやSASSのコードのネストを反映してセレクタが深くなります。ネストが深くなればなるほど、事態は悪化します。圧縮や縮小化（第1章参照）で少し改善しますが、このようなセレクタはレンダリングを遅くする危険性があるので、試してみて問題のない場合だけ使うようにしましょう。

3.1.5　繰り返しの排除

　複数のセレクタで同じプロパティを指定している場合（たとえば複数のセレクタで同じ背景色や書体を指定する場合）、これを避けることで、CSSをスリム化し保守性を向上させることができます。
　DRY（Don't Repeat Yourself：繰り返しを避ける）という原則があります。「現実的で可能な場合は冗長な記述は避ける」というものです。図3.4にこの原則の適用例を示します。

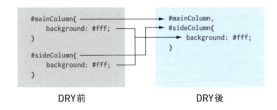

図3.4　DRY原則の例。2つのセレクタが背景について同じプロパティを持っている。冗長性をなくしデータ量を減らすためセレクタをまとめる

　この例はDRYの基本的な適用法を示したものです。2つのセレクタが背景に関して同じ規則を含んでいます。共通の指定を見つけ複数のセレクタの下にまとめることで、容量の節約だけでなく保守性の向上も実現できます。
　自分のプロジェクトのCSSの中身をよく知っているのならば、この方法も現実的です。プロジェクトに使われている共通のプロパティのリストを作成し、自分の好む方法でまとめます。セレクタの名称を、

内容を示すように決めるか、あるいは構造を反映したものにするかによって付け方は変わるでしょう。前者ならば#navigationや.siteHeaderといった名前を、後者ならばBootstrapのように.col-md-1、.col-md-offset-3といった名前にします。HTML 5.1のドラフト仕様では、構造よりも内容を反映した名前を付けるよう推奨しています（筆者もこちらのほうが好みです）。どちらを使うにしてもDRYの原則に従うことは可能です。

3.1.6 csscssで冗長な箇所を見つける

　CSSの書き方によっては冗長な箇所を探すのは大変になりますが、csscssなどの「CSS冗長性チェッカー」を使うとこの作業が楽になります。csscssはCSSの冗長な部分を見つけてくれるコマンドラインのツールです。CSSの「リファクタリング」を始めるのに適したツールと言えるでしょう。csscssのインストールにはRubyのインストーラgemを使います（Node.jsのnpmに相当するツールです）。

　macOSにはRubyがインストールされています。また、SASSをインストールしたならgemが使えるようになっています。Rubyのインストールも難しくはありません（そしてcsscssにはこの作業をするだけの価値があります）。

　WindowsにRubyをインストールするにはhttp://rubyinstaller.org/downloadsからシステムに合ったインストーラを入手します。インストールはガイドに従えば簡単にできます。Rubyのインストールが完了したら、次のコマンドを入力することでgemを使ってcsscssをインストールします。

```
gem install csscss ## Unix系OSでは sudo が必要
```

インストールが完了したらサンプルサイトのstyles.cssを処理してみましょう。

```
csscss -v --no-match-shorthand styles.css
```

　このコマンドでは、styles.cssに対して2つの引数を指定して冗長性を検査しています。引数-vを指定すると（verboseモードになり）マッチした規則を出力します。引数--no-match-shorthandは、border-bottomのような短縮形の規則がマッチしても、border-bottom-styleのようなより精密な指示をする規則に展開しないよう指定します。規則を展開する場合はこのスイッチを指定しないでください。リスト3.3の例はマッチしたものの1つを示したものです。

リスト3.3　csscssの出力の一部
```
{#okayButton}, {#schedule} AND {.submitAppointment a} share 12 declarations
    - background: #c40a0a
    - border-bottom: 4px solid #630505
    - border-radius: 8px
    - color: #fff
    - display: inline-block
    - font-size: 20px
    - font-weight: 700
    - letter-spacing: -0.5px
    - line-height: 22px
```

```
    - padding: 12px 16px
    - text-decoration: none
    - text-transform: uppercase
```

　この例のセレクタに対して指定されたCSSはすべての機器に共通なので、この規則から始めるのが良いでしょう。ファイルの上のほうから「洗い出し」と「修正」を繰り返します。最終的には`styles.css`がさらに10%削減されます。リスト3.3に示された規則を参考にして、次の手順で進めてください。

1. **セレクタとCSS規則を合体する** —— セレクタ`#okayButton`、`#schedule`、`.submitAppointment a`をカンマ区切りの単一のセレクタにまとめ、プログラムの出力に示された規則（CSSの指定）をコピー&ペーストします。`styles.css`の最後にリスト3.4のような規則を追加しましょう。

リスト3.4　csscssの出力に従ってまとめたCSS規則
```css
#okayButton,
#schedule,
.submitAppointment a{
    background: #c40a0a;
    border-bottom: 4px solid #630505;
    border-radius: 8px;
    color: #fff;
    display: inline-block;
    font-size: 20px;
    font-weight: 700;
    letter-spacing: -0.5px;
    line-height: 22px;
    padding: 12px 16px;
    text-decoration: none;
    text-transform: uppercase;
}
```

2. **個々のセレクタから一致する規則を削除する** —— ファイルの前のほうに戻って、元のセレクタ`#okayButton`、`#schedule`、`.submitAppointment a`から冗長な規則を削除します。
3. **csscssを再度実行し出力を調べて上記を繰り返す** —— 最適化した規則がリストから消えていることを確認し、まだ削除できるものがある限り、この処理を繰り返します。

　csscssが表示する最適化候補の中には、重複するものやお互いに矛盾するものがあります。これは要素のCSSが画面の横幅が変化するのに合わせて変化するからです。リスト3.5を見てください。

リスト3.5　注意が必要なcsscss出力
```
{.greyStrip} AND {.phoneNumber} share 5 declarations
    - position: absolute   ┐
    - position: static     ┘ ← positionが矛盾する値を持っている
    - right: 0             ┐
    - right: auto          ┘ ← rightが矛盾する値を持っている
    - top: auto
```

同じプロパティに対して異なる値が返されています。機器によって適用されるスタイルが異なるためで、パソコン用のCSSで抽出されたものとモバイル機器用のCSSで抽出されたものの2つがあるのです。2つの値をまとめることもできなくはありませんが、ややこしい作業になるでしょう。レスポンシブにする場合、すべての機器で共通化できるものに対して適用するのがよいでしょう。

候補リストを少しずつ処理していってcsscssが候補を出さなくなったら、CSSはさらに10％削減されて7.42Kバイトになります。対象とするプロジェクトによって目標値は変わってきますが、10％の節約というのは決して小さくありません。この章の最初からコツコツと作業を積み重ね、CSSは18.5Kバイトから7.42Kバイトに約60％削減されます。

3.1.7　CSSのセグメント化

CSSを最適化する方法の1つに「セグメント化」があります。ページのテンプレートごとにCSSを分割する方法です。サイトのCSSを1つのファイルにすべてまとめるのは、ユーザーがサイトを最初に訪問したときにすべてのCSSがキャッシュされることになるので、それなりの意味があります。しかし、ユーザーが他のページに移動しない場合には無駄が生じてしまいます。見ることのないページのCSSまで強制的にダウンロードさせられてしまうのです。初回訪問時の表示も遅くなります。

図3.5のように、いくつかのページに負荷を「賢く」分散させるのが安全です。

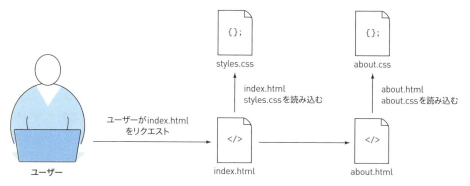

図3.5　ページのテンプレートによってCSSをセグメント化した場合のHTMLとCSSのファイルの関係

CSSのセグメント化を統計データに基づいて行う方法があります。Googleアナリティクスなどのツールを使って、ユーザーがたどる経路を確認して、それに基づいてセグメントを決めるのです。

すでにWebサイトをGoogleアナリティクスで分析しているのであれば、ログインするだけでこの情報がわかります。左側のメニューからセクション［行動］に移動し、サブメニューから［行動フロー］を選択します（図3.6）。すると右側のペインにユーザーがたどった経路が表示されます。図3.7では、一番左側にユーザーのランディングページが表示されおり、この例では大多数のユーザーがサイトのメインページから訪問を開始したこと、サブページを見て回ったユーザーは少ししかいないことがわかります。

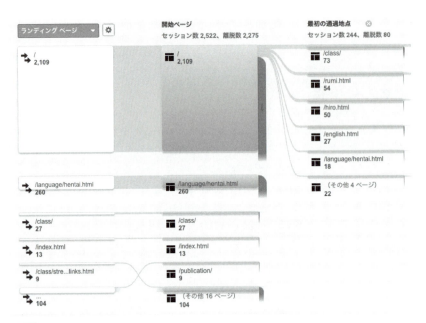

図3.6 Googleアナリティクスの左側のメニューから［行動］→［行動フロー］の順に選ぶと訪問者のフロー図が表示される

図3.7 Googleアナリティクスの「行動フロー」

簡潔な表現を用いて繰り返しを避ける

　こうした情報があれば、CSSの分割はそれほど難しくはありません。たとえば、大多数のユーザーはメインページ（index.html）に到達し、下位のページへと進む人が少ししかいなければ、2番目に訪れるページのスタイルをメインページのスタイルシートから抜き出して別のファイルに収めるのが合理的です。

　実際にどうするのがよいのかはサイトの構造やCSSの指定方法にも依存します。ほとんどのページのテンプレートがまったく同じで、スタイルも汎用的なものであれば、1つのスタイルシートにしてもよいでしょう。しかし、固有のスタイルを持ったページテンプレートがたくさんあるなら、ユーザーの行動を調査して分割したほうがよいかもしれません。

　たとえば、サイトに検索結果を表示するページがあり、そこを訪れるユーザーはごく一部だとしましょう。その場合、このページ固有のCSSを分離して別のファイルに入れ、検索結果のページからリンクするべきでしょう。LESSやSASSなどのツールを使えばCSSのモジュール化は難しくないので、検討に値する作業です。

3.1.8　CSSフレームワークのカスタマイズ

　CSSフレームワークを活用して開発時間を削減している開発者は多いでしょう。ユーザーにも恩恵が及ぶのならば検討に値します。

　CSSフレームワークには便利な機能がたくさんありますが、使わないのでは意味がないため、不要な機能はライブラリから外しておくとよいでしょう。BootstrapやFoundationといった人気のあるフレームワークは、図3.8に示すように、開発者がダウンロード内容をカスタマイズできるようになっています。たとえば、Bootstrapで印刷メディア用や表関連のスタイルが不要ならば対象から外してしまえばよいのです。

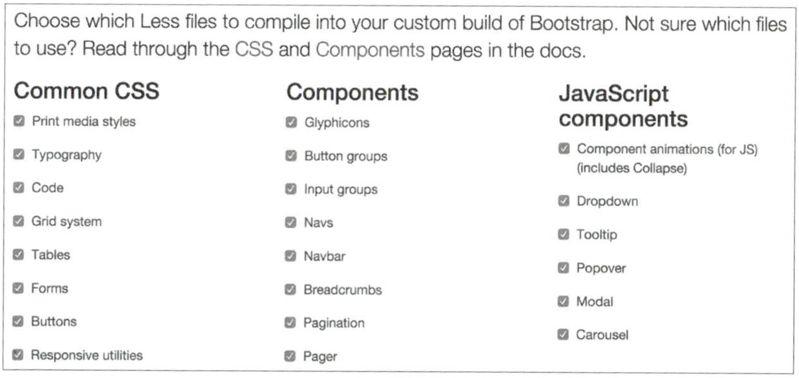

図3.8　Bootstrapのダウンロードをカスタマイズする画面。Bootstrapでは、どの部品を含めるかを開発者が個別に指定できる

　カスタマイズしたフレームワークのコードをダウンロードしたあとでも不要なものを見つけたら除去するようにしましょう。こういったフレームワークは最初のロード時にユーザーにかなりの負担をかけてしまいます。不要なコードを削除しておけば、訪問者はより軽快にページを閲覧できるのです。

3.2　モバイルファーストはユーザーファースト

　ここ数年のフロントエンド開発の大きな変化と言えば、デザイナーのEthan Marcotteが開拓したレスポンシブデザインが主流になったことでしょう。以前はモバイル機器のためには、デスクトップ機器[1]用よりも機能の劣るサイトを構築していましたが、このような手法は採用されなくなり、レスポンシブなWebデザインが一般的になりました。

　「レスポンシブWebデザイン」では、マークアップは同一で、機器の表示領域の大きさに従ってCSS

---

[1]　［訳注］CSSに関して「デスクトップ」という言葉を使う場合には、ノートパソコンもその対象に含まれるのが一般的です。

で表示を変更します。表示領域の大きさ（通常は幅）は「メディアクエリ」を用いて調べ、min-width、あるいはmax-widthの値によってレイアウトを変えます。

3.2.1　モバイルファーストとデスクトップファースト

　メディアクエリを用いたレスポンシブなデザインが登場したとき、「デスクトップファースト」と「モバイルファースト」という2種類のデザイン手法が使われるようになりました。どちらもレスポンシブなWebデザインを実現するものです。図3.9に両者のアプローチの違いを説明します。

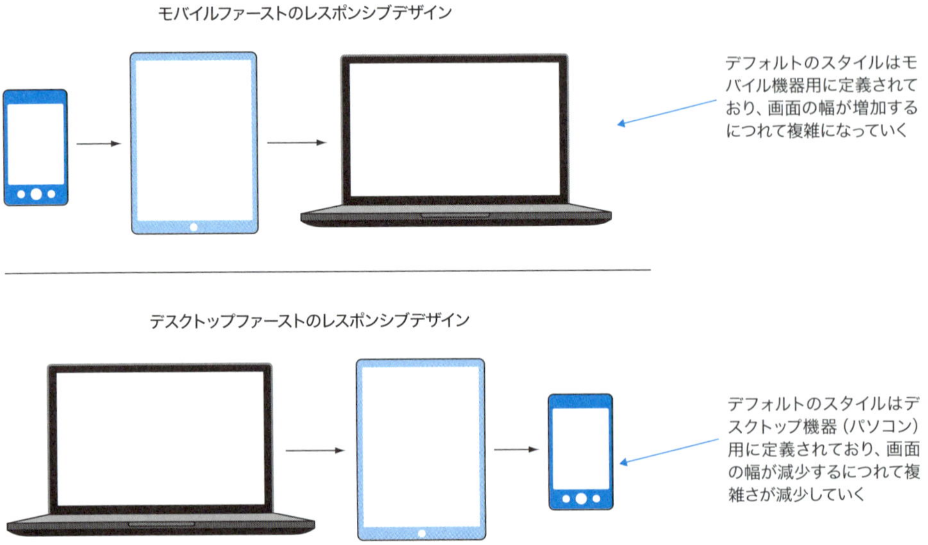

モバイルファーストのレスポンシブデザイン

デフォルトのスタイルはモバイル機器用に定義されており、画面の幅が増加するにつれて複雑になっていく

デスクトップファーストのレスポンシブデザイン

デフォルトのスタイルはデスクトップ機器（パソコン）用に定義されており、画面の幅が減少するにつれて複雑さが減少していく

図3.9　モバイルファーストとデスクトップファーストを対比したレスポンシブデザインのフロー

　どちらの方法でも、元になるのは基本セットのCSSです。このCSSはどのメディアクエリにも組み込まず、Webサイトのデフォルトの表示を定義します。モバイルファーストでは、サイトをモバイル環境で表示した場合がデフォルト表示になります。デスクトップファーストのサイトではサイトをデスクトップ環境で表示した場合がデフォルトです。

　どちらの方式を採用するかはユーザーを思い浮かべながら決めねばなりませんが、デスクトップファーストのレスポンシブデザインはユーザーファーストではありません。モバイルファーストではWebサイトの複雑さが最も少ない表示を作成し、画面が大きくなるにつれ複雑さを増していきます。図3.10に示されているように、モバイル機器を使ってWebにアクセスするユーザーの数が増加していることを考えてみてください。

　モバイルファーストによって、使われる可能性が高い機器を強く意識したCSSをベースにすることになります。モバイル機器はデスクトップ機器に比べて処理能力は低くメモリも少ないのが普通ですから、モバイル機器がパソコン用のスタイルを強要されるべきではなく、モバイル用のスタイルを使えるようにするべきです。

> モバイルファーストはユーザーファースト

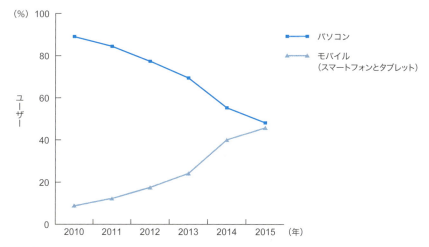

図3.10 モバイルとデスクトップのインターネット・トラフィックの推移。2015年末に近づくと、インターネット上のトラフィックのほぼ半分がモバイル機器のものになった（StatCounter Global Statsのデータによる。同サイトの2018年1月のデータではモバイル＋タブレットの割合は56.7%となっている）

　モバイルファーストは長い目で見れば開発者にとっても好ましい方法です。最も単純な画面から始めて複雑化（スケールアップ）していったほうが、複雑な画面から始めるよりも開発は容易になります。

　いずれにしろ対象はスマートフォン、タブレット、パソコンの3種類です。基本CSS以外の部分はメディアクエリで分割しますが、メディアクエリは新しいスタイルの適用が開始される点（通常は画面の幅が変化する点）に置くのが普通です（画面の高さに関するメディアクエリも存在はしています）。モバイルファーストでは、モバイル用のスタイルが基本となり、タブレット用とパソコン用のCSSはレイアウトの変化が起きる「ブレークポイント」の下に書くことになります。図3.11に、3種類の機器をサポートするブレークポイントの例を示します。

図3.11 モバイルファーストのWebサイトにおけるブレークポイント間のレイアウト複雑さの変化

図3.11では、ブレークポイントがpx単位ではなくem単位で設定されていることに注意してください。emは、デフォルトのfont-size値（通常は16px）を基準として計算される相対的な大きさを示す単位です。ウィンドウの横幅が何emになるかは計算は次の式で求められます。

画面の横幅（em）＝画面の横幅（ピクセル）÷デフォルトのフォントサイズ

この例では、タブレットのブレークポイントの600pxをドキュメントのデフォルトのfont-sizeである16pxで割って37.5emという値が得られます。デスクトップのブレークポイントは1000px、すなわち62.5emに設定しています。

> **MEMO** emとremに関する注意点
>
> emは「文脈依存型」の単位です。メディアクエリにおいては、HTMLドキュメントのデフォルトのfont-sizeの値が基準になりますが、emがドキュメントの階層の深いところで使われた場合デフォルト値が変わっている可能性があります。親要素のfont-size値が12pxであれば、emの値はpxの値を12で割ることになります。
> 単位remはemに似ていますが、親要素のfont-size値が何であろうと、ドキュメントのデフォルトのfont-sizeを元に計算されます。remはまだすべての機器でサポートされているわけではありません。開発中のプロジェクトが古いブラウザもサポートしなければならないならremを使うのは避けましょう。

ここまでをまとめましょう。モバイルファーストのCSSのテンプレートはリスト3.6のようになります。

リスト3.6　モバイルファーストCSSの共通基礎
```css
/* リセットCSS（ブラウザのデフォルトをリセットするCSS）がここに入る */
html{
    font-size: 16px; /* <html>要素のデフォルトのフォントサイズ */
}

/* モバイル用スタイルがここに入る */

@media screen and (min-width 37.5em){ /* 600px ÷ 16px */
    /* タブレット用スタイルがここに入る */
}

@media screen and (min-width 62.5em){ /* 1000px ÷ 16px */
    /* デスクトップ用スタイルがここに入る */
}
```

このテンプレートではリセットCSSが最初に来ます。人気があるのはEric MeyerのリセットCSSで、http://meyerweb.com/eric/tools/css/reset からダウンロードできます。リセットCSSはブラウザごとに異なるデフォルトのスタイルを統一するために、要素のマージン、パディングその他のプロパティをリセットするものです。その次に基本CSSとして機能するモバイル用スタイルを書き、さらにタブレッ

ト用スタイル、最後にデスクトップ用スタイルと続きます。

> **MEMO　ブレークポイントの選択に関する注意**
>
> レスポンシブサイト用のCSSの記述を、一般的な画面の幅を基準にして分割するという方法があります。しかし、この方法は推奨できません。そうではなく、自分のページのデザインでレイアウトが変わってしまう幅で処理を分けるようにします。ブレークポイントの追加をためらう必要はありません。よく用いられる方法は、「ブラウザのウィンドウをリサイズしていって、レイアウトが壊れたところでブレークポイントを追加して、そのブレークポイント内で生じたレイアウトの問題を解決する」というものです。

それでは具体的なコードを見ていきましょう。まずCSSを`<link>`タグで指定します。新しいレスポンシブのCSSをきちんと表示するようにするためには、次のような`<meta>`タグを`<head>`部に加える必要があります。

```
<meta name="viewport" content="width=device-width,initial-scale=1">
```

この`<meta>`タグによって、画面の幅と同じ幅でページがレンダリングされ、ページの拡大率の初期値が100%になります。他のオプションを使ってズーム機能を使用不可にすることもできますが避けるべきです。これは視覚に障害のあるユーザーのアクセシビリティに問題を生ずる危険性があるためです。

このテンプレートを使えば、レスポンシブデザインの実現のために必要最小限の準備ができたことになります。忘れてならないのはユーザーを最優先することです。見映えのする魅力的なWebサイトを構築するのはすばらしいことですが、遅いWebサイトにするのは避けなければなりません。複雑になってしまいそうなWebサイトであっても、「まず最小限のところから始める」というのは、ロード時間をできる限り短くするためのベストな方策です。

3.2.2　モバイルゲドン

　2015年の2月に、Googleは検索結果の順位づけ方法を2か月後に変更すると発表しました。「モバイルフレンドリーと見なされるサイトをモバイル機器からの検索の際に上位にする」というものでした（この出来事はArmageddon（アルマゲドン）からの連想でMobilegeddon（モバイルゲドン）と呼ばれることがあります）。

　開発者やコンテンツクリエータにモバイル環境での使い勝手を強く意識させる、理にかなった方策であったと言えるでしょう。Googleは多くの人にとってコンテンツにアクセスするための主たる入り口です。コンテンツがモバイル機器にどう配信されるかが重要だと強調することで、Googleはユーザーファーストを推し進めたのです。これにより開発者には、モバイルにおける使用感を改善する責任が生じました。

3.2.3　Googleのモバイルフレンドリーガイドライン

モバイルフレンドリーなサイトについてのGoogleのガイドラインは単純で、「ビューポートの設定」と「レスポンシブであること」の2つが基準になります。筆者の個人のサイトhttp://jlwagner.net/webopt/ch03-test-siteを例に、具体的に見ていきましょう。

1. **ビューポートの設定** —— すでに説明したように、ブラウザはビューポートを指示する`<meta>`タグを参照して画面にコンテンツを当てはめます。図3.12に、ビューポートの指定の有無でモバイル機器での表示がどのように変わるかを示します。

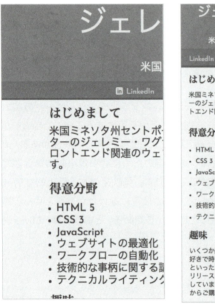
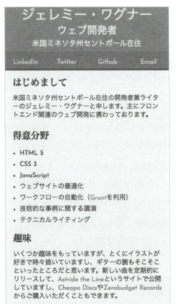

図3.12　同じレスポンシブサイトで、viewportを指定する`<meta>`タグがない場合（左）とある場合とで比較したもの。モバイルファーストのレスポンシブサイトだが、このタグがないと全体を見るためにはズームアウトしなければならない

2. **レスポンシブであること** —— ビューポートのサイズが変化した場合には追随する必要があります。縦方向のスクロールはかまいませんが、横方向へのスクロールは面倒で使い勝手を悪くするので、Googleはコンテンツが横スクロールなしに機器の画面に収まるかどうかチェックします。パフォーマンスの向上を狙ってモバイルファーストでの応答性を高めるよう努力するべきですが、その他のレスポンシブデザインに向けた努力も可能な限り行うべきです。筆者のWebサイトをブラウザに表示した状態で画面の大きさを変えてみれば、ページがウィンドウの大きさに合わせて変化する様子が見られます。

Googleは、モバイルフレンドリーかどうか決める際に、「読みやすい文字サイズか」や「タップ可能な

要素の間隔が十分あいているか」など、上記以外の項目もチェックします。しかし全体的に見て、上記2つの基準がモバイルユーザーに良い使い心地を与えるかどうかを判断する基本となっています。

3.2.4　モバイルフレンドリーかどうかの検証

　Googleは、この発表の後、サイト運営者が自分のサイトのモバイルフレンドリーの程度を評価したいと思うだろうと考え、「モバイルフレンドリーテスト」というツールを提供しました（`https://www.google.com/webmasters/tools/mobile-friendly/`）。図3.13にあるように、評価したいURLを入力すると評価が表示されます。筆者のサイトの日本語訳（`https://www.marlin-arms.com/support/web-performance/sample/ch03-fig0312/`）を例に、出力を見てみましょう。

図3.13　Googleの「モバイルフレンドリーテスト」でWebサイトを評価した結果

　サイトの分析が完了すると、モバイルフレンドリーのテストに合格したことがわかるように合格メッセージが表示されます。モバイルフレンドリーでなかったサイトの場合は、サイトが不合格となった理由のリストとともに、改善点が示されます。サイトがモバイルフレンドリーでなかったら、まずサイトに`<meta>`タグを追加してビューポートを指定し、次にすべての機器に正しく応答するようにサイトを改良しましょう。

3.3 CSSのチューニング

簡潔でモバイルファーストのレスポンシブCSSを書くだけで終わりではありません。CSSをチューニングして、ユーザーが高速で滑らかな使い心地を体験できるようにパフォーマンスの高いサイトを構築することが重要です。そのために、以下で紹介する手法を活用しましょう。いずれもページのロードやレンダリングの時間を短縮するために開発されたものです。

3.3.1 @importを使わない

CSSファイルでは`@import`は使わないようにします。`<link>`タグと異なり、スタイルシートの全体がダウンロードされるまで`@import`の処理は行われないのです。そのために、Webページ全体のロードが遅くなってしまいます。

パフォーマンス重視のWebサイトでは可能な限り多くのHTTPリクエストを並列に処理するようにしましょう。

順次処理されるリクエスト（シリアライズされるリクエスト）は、1ファイルずつ順に処理されます。外部CSSファイルで使われた`@import`も順次処理されてしまうのです（図3.14）。

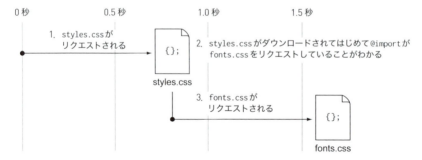

図3.14 styles.css内にfonts.cssをリクエストするディレクティブ@importがあるために、2つのスタイルシートが順次処理となり、1つずつダウンロードされる

外部のスタイルシート内で`@import`を使ってCSSファイルを読み込むようにすると、ブラウザは最初のスタイルシートを読み込むリクエストが完了してから、このファイル内にある`@import`を見つけることになります。図3.14に示した例では、`styles.css`に次の行が含まれています。

```
@import url("fonts.css");
```

この行のためにパフォーマンスが低下しています。リクエストが順次処理され、ページの全体的な読み込みとレンダリングの時間が長くなってしまいます。同じタイプのファイルはできるだけひとまとめに

します。WebサイトでサードパーティーのCSSを使う場合はまとめることができませんが、そのような場合には`@import`ではなくHTMLの`<link>`タグを使いましょう。

HTMLの`<link>`タグはCSSを読み込むための最善の方法です。`@import`はリクエストを順次処理にしてしまいますが、`<link>`はリクエストを並列に読み込みます。図3.15に示すように、HTML文書の解析後、文書内に見つかったすべての`<link>`タグが読み込まれます。

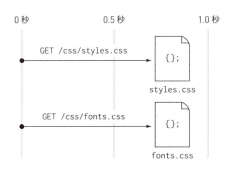

図3.15 `<link>`タグを使ってスタイルシートを2つリクエストする。HTMLを読み込んだ時点でブラウザは`<link>`タグを見つけるので、2つのリクエストを同時に実行する

CSSファイルに置かれた`@import`はスタイルシートの読み込み後でないと処理できませんが、`<link>`タグによる参照はHTMLファイルを読み込んだ時点で処理可能になります。

HTMLファイルの`<style>`タグ内で`@import`を使ってもパフォーマンスは低下しませんが、`<link>`タグで読み込むCSSファイル内で`@import`を使うとリクエストが順次処理されてしまいます。`<link>`タグのほうが動作が予測でき、CSSを読み込む作業をHTMLにさせるので、実際の作業では必ず`<link>`タグを使うようにしましょう。

> **MEMO　LESS/SASSファイル内での`@import`の意味**
>
> LESS/SASSでは`@import`は別の働きをします。`@import`はコンパイラによって処理されてLESS/SASSファイルをまとめるために使われます。このため、開発中はモジュール化の利点を享受でき、その上で最終的にCSSを1つのファイルにまとめることができます。上で問題にしたのは、通常のCSSファイルの中で`@import`を使う場合です。

3.3.2　CSSは`<head>`内に置く

CSSは`<head>`タグ内に置きましょう。こうすることで「スタイル未指定のコンテンツのちらつき（Flash of Unstyled Content：FOUC）」と呼ばれる現象が防げます。この現象はCSSが未適用状態のコンテンツを短時間（ではあるものの気にはなる程度の時間）ユーザーの目にさらしてしまうというものです。

これまで見てきたサンプルサイトで、スタイルシートの読み込みをファイル末尾の`</body>`の前に置いて同じようにブラウザで表示してみると、一瞬スタイルが適用されていないコンテンツが表示されるのがわかります。この様子をChromeのPerformanceパネルで見たのが図3.16です。左のスクリーン

ショットでは背景白のスタイルが適用されていないコンテンツが（一瞬）表示されますが、すぐにスタイルが適用されてレンダリングが行われ、右のスクリーンショットのように背景が黒の表示に変わります。この結果、ユーザーには画面のちらつきが見えてしまうことになります。

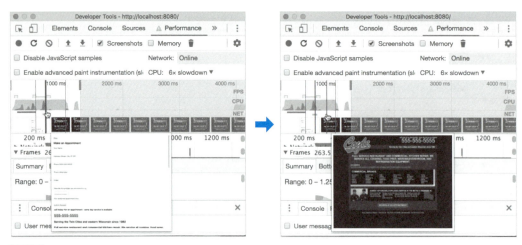

図3.16　ChromeのPerformanceパネルでFOUCの様子を示したもの

　この現象はブラウザがHTMLを最初から最後へと読んでいくために起こります。HTMLを読み終わった時点でブラウザは外部ファイルへの参照を発見します。それがCSSの場合は、外部CSSを読み込む前にスタイルなしのページをレンダリングする余裕ができてしまうのです。
　`<link>`タグを`<head>`内に置いて先にスタイルシートを読み込ませるようにすれば、この現象は回避できます。
　HTMLの`<head>`内にCSSを置くことで、不要なちらつきが防げるだけでなく、ページ読み込み時のレンダリング速度も上がります。スタイルシートがドキュメントの後ろのほうで読み込まれると、すでに行われているレンダリングを無効にして、DOM全体を再度レンダリングして、描画し直さねばならないのです。この結果`<head>`内でスタイルシートを読み込んだ場合より作業量が多くなってしまいます。
　実際にテストするために、筆者のWebサイトをパソコンにダウンロードし、Chromeで読み込んでネットワーク速度を少し遅く設定して比較してみました。`<head>`内にスタイルシートを参照する`<link>`を置いて10回、続いて最後に読み込むようにして10回、それぞれ計測を行い、その際にChromeのPerformanceペイン（第2章参照）のSummaryでレンダリングとペイント（描画）の時間を計測し平均をとりました。図3.17に結果を示します。
　図3.17からわかるように、HTMLを少し調整するだけで大きな見返りが得られます。開発に関わっているサイトで`<head>`の外にある`<link>`タグを見かけたら、`<head>`内に移動させましょう。

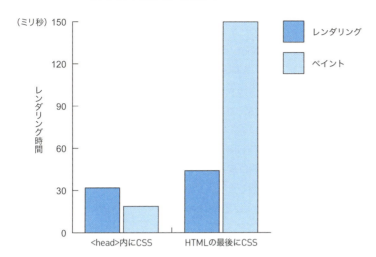

図3.17 スタイルシートを<head>内に置いた場合とHTMLドキュメントの最後に置いた場合の、筆者のWebサイトの読み込み時間

3.3.3　より速いセレクタの利用

　この章の前のほうで、サンプルサイトのCSSセレクタを単純化しました。この操作で容量が減りましたが、実はレンダリングを速める効果もあるのです。どのセレクタのタイプが最も速いかを見るために、それぞれを比較するベンチマークを作成しました（http://jlwagner.net/webopt/ch03-selectors）。

ベンチマークの作成と実行

　まず、ブラウザのレンダリング速度を計測するために筆者が用いた方法を説明しましょう。同じ構造を持つHTMLファイルを複数作成し、各ファイルに異なるタイプのCSSセレクタを使ってスタイルを指定しました。図3.18にテストに用いたHTMLの共通の構造を示します。

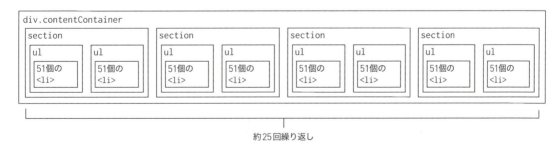

図3.18 テストに用いたHTMLドキュメントの構造。テストする構造の全体がdiv.contentContainerに含まれる。画面には1列に4つの<section>が並び、その各<section>には2つの<ul>が含まれている。その<ul>にはそれぞれ51個の<li>が含まれている。<section>のブロックは51回繰り返されており、ドキュメント内の要素の総数は約21,000個になる

図3.18を見てわかるようにテストに用いたマークアップは大きなものです。各ドキュメントではいろいろなタイプのセレクタが使われていますが、ブラウザで表示すると見た目は変わりません。

> **MEMO** テストの詳細（テストページのベンチマーク）
> テストのコードは http://jlwagner.net/webopt/ch03-selectors にあります。各テストページのベンチマークを実行するには、コンソールを開いてから関数 bench() を実行します。[Performance] ペインを見ればテスト結果のデータを得ることができます。すべてのテストのデータは、同じページから Microsoft Excel のスプレッドシートとしても入手可能です。

ベンチマークは JavaScript の関数を使って実行しました。その関数は、ドキュメントの読み込み時に要素 div.contentContainer の innerHTML を変数に保存します。そして setTimeout を続けて呼び出すことで、要素の内容の削除と再挿入を 100 回繰り返します。そのたびにドキュメントは再構成されるので、レンダリングの計算は膨大なものになります。この作業を Chrome の Performance ペインを使って記録し、レンダリングと描画の時間を計測しました。

この作業を、異なるセレクタを使って、8つの条件で10回反復しました。表3.1にセレクタと使用法のリストを示します。

表3.1 テストで使用されたセレクタのタイプと、テストで用いられたセレクタの例

セレクタのタイプ	テストケースでの例（テスト対象）
タグ（Tag）	li
子孫（Descendant）	section ul li
クラス（Class）	.listItem
直下の子（Direct child）	section > ul > li
過剰修飾（Overqualified）	div.contentContainer section.column ul.list li.listItem
隣接（Sibling）	li + li
擬似（Pseudo）	li:nth-child(odd), li:nth-child(even)
属性（Attribute）	[data-list-item]

テストを実行し結果が記録されたので、結果の解析にとりかかりましょう。

ベンチマーク結果の解析

テストを実行して記録された結果をもとに、レンダリング時間とペイント（描画）時間を1つの図にまとめました。当初は分けてレポートにしよう思っていたのですが、Chrome が再描画に使う時間はどのテストでも平均で約200ミリ秒であることがわかりました。合計時間に占める割合は、ほんの1～2%にすぎません。CPUに負荷をかけるのはレンダリングなのです。図3.19に結果を示します。

この結果から言えるのは、多くのタイプのセレクタで全体的なパフォーマンスは似たようなものですが、隣接セレクタ、擬似クラス、属性セレクタといった特殊なタイプのセレクタは特に遅いということです。

このテスト結果はどんなタイプのセレクタを使うかのゆるい基準として考えるべきで、実際の現場でのパフォーマンスを常に優先しなければなりません。選択した開発用ツールで Web サイトのパフォーマンスを測定し、どのように改良したらよいかを決定しましょう。

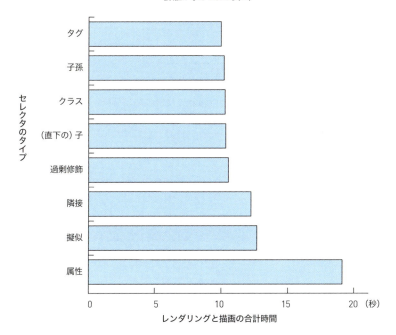

図3.19 ChromeでテストしたCSSセレクタのパフォーマンス。図の左にセレクタのタイプを示し、下に各タイプのセレクタでテストが完了するまでの時間を秒で示した。すべての値はレンダリングとペイントの合計時間

　IDセレクタ（`#mainColumn`）はベンチマークの対象と**しませんでした**。IDの付いた要素は、ドキュメント内に1つだけの要素なので、現場では少数しか使われません。それに対し、クラスの付いた要素は繰り返し使われます。

3.3.4　flexboxの利用

　これまで何年もの間、Webコンテンツのレイアウトは、フロート指定、CSSの`display`プロパティの操作、`margin`と`padding`の操作などの組み合わせで行われてきました。flexboxは最近のブラウザで利用可能な新しいCSSレイアウトエンジンです。flexboxを使うとページ上の要素のレイアウトが簡単になり、縦横両方向の要素間隔、整列、行末調整などを自動的に処理してくれます。ページ内の要素のレイアウトをより確実に行う方法であるだけでなく、旧式の方法よりパフォーマンスが向上する傾向もあります。

ボックスモデルとflexboxスタイルの比較

　flexboxのレンダリングのパフォーマンスをテストする方法は、前の節で実施したセレクタのレンダリングテストとほぼ同様です。用意した2つのテスト用ドキュメントは、どちらもリスト要素を4列に配置し

てまったく同じスタイルになります。1番目のドキュメントは要素をレイアウトするのにボックスモデルを使っており、2番目はflexboxを使っています。HTMLの構造は、3,000個より少し多い要素`<li>`を入れた単一の要素`<ul>`です。各`<li>`には要素`<img>`と要素`<p>`が入っています。ベンチマークを10回実行し、平均をとりました。

> **MEMO** テストの詳細（ボックスモデルとflexboxスタイルの比較）
>
> 実際のテストを見たい場合は、`http://jlwagner.net/webopt/ch03-box-model-vs-flexbox/`で見ることができます。前節のセレクタに関するテストと同様、コンソールから関数`bench()`を実行すれば結果を確認できます。

リストとその項目要素のスタイルの指定方法を除けば、CSSは同じです。ボックスモデル版ではスタイル指定はリスト3.7のようになっています。

リスト3.7　ボックスモデルのスタイル

```css
.list{
    margin: 0 auto;
    width: 100%;
    font-size: 0;
}

.item{
    width: 24.25%;
    list-style: none;
    border: .0625rem solid #000;
    margin: 0 1% 1rem 0;
    display: inline-block;
    vertical-align: top;
}

.item:nth-child(4n+4){
    margin: 0 0 1rem;
}
```

これはボックスモデルによるリストのスタイル指定としては典型的なものです。すべての要素の間隔をきちんととるために`margin`が使われています。4つごとの要素に設定されたセレクタ`:nth-child`により、1行当たりの全要素の幅とマージンの合計が100%になるようにしています。

リスト3.8では、flexboxを使ってこれらの要素を同じレイアウトになるようスタイル指定しています。

リスト3.8　flexboxのスタイル（flexboxのプロパティは太字で表示）

```css
.list{
    display: flex;                    ← flexboxを指定
    justify-content: space-between;   ← コンテナ内で左右いっぱいに広がる
    flex-flow: row wrap;              ← 必要ならばラップされる
    margin: 0 auto;
```

```
    width: 100%;
}

.item{
    flex-basis: 24.25%;        ← 要素にデフォルトの幅として24.25%を与える
    list-style: none;
    border: .0625rem solid #000;
    margin: 0 0 1rem;
}
```

　テストでは`display: flex;`という規則を使って要素`.list`に対して flexbox を適用しています。すると、リスト内のすべての`<li>`が flex アイテムになります。`flex-flow`プロパティを使って、要素を1行に並べ、ラップして新しい行に継続するよう指定しています。次に`justify-content`プロパティに値 `space-between`を指定してコンテナの両端に合わせて間隔をあけています。最後に、ボックスモデル版の`width`の代わりに`flex-basis`を使い、項目を指定の幅でレンダリングしています。4つの要素ごとに右マージンを削除するためのセレクタ`:nth-child`がこのコードにはないのがわかるでしょう。実際には右マージンを指定している要素は1つもありません。flexbox が全部処理してくれるのです。

> **MEMO　flexboxについてさらに学ぶには**
>
> この項は flexbox についての詳細な資料となることを目指したものではなく、パフォーマンス上の利点について説明するものです。このレイアウトエンジンの手軽な入門としては、Chris Coyier のすばらしい記事（https://css-tricks.com/snippets/css/a-guide-to-flexbox）を参照してください。

　テストの環境が整ったので、結果をチェックしましょう。

ベンチマーク結果の検討

　CSSセレクタのテストに関するベンチマークと同様、レンダリングと描画の測定値を1つの値にまとめました。どのテストでも描画は約60ミリ秒を占めましたが、Chrome が行う作業の全体と比較するとごく一部にすぎません。各レンダリングモードについて10回ずつテストを行い、結果を平均したものを図3.20に示しました。

　ここから得られる結論は、コンテンツのレンダリングにおいて、flexbox はパフォーマンスの良い解決策である可能性が高いということです。また、ベンダー固有のプレフィックスを使わなくて済むのもありがたいところです。flexbox を新たに導入する場合でも、修正はわずかで済むのが普通です。

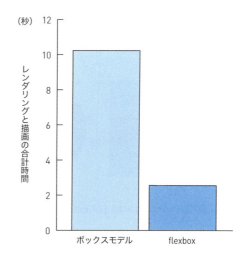

図3.20　Chrome でテストしたボックスモデルと flexbox のレイアウトパフォーマンスの結果。数値が小さいほど良い

3.4 CSSトランジション

この節ではCSSトランジションの使い方と、その利点を説明します。

3.4.1 CSSトランジションの概要

変化の割合が一定のアニメーションを実現するなら、CSSトランジション（CSSの標準に含まれています）が検討に値します。この方法の利点としては次のような事柄があげられます。

- **サポートするブラウザが多い** ── 以前と違って、CSSトランジションはほとんどのブラウザでサポートされています。新しいブラウザはみなサポートしていますし、Internet Explorer（IE）のような古いブラウザでも、10以上ならベンダー固有のプレフィックスを付ければサポートされます。
- **複雑なDOMのリフローの際にCPUが効率的に使われる** ── 大きなDOM構造では、CSSトランジションのほうがCPU効率が良くなります。これはDOMの大がかりな再構成の際のスラッシングが減少するため、そしてCSSトランジションにはスクリプトのオーバーヘッドがないためです。筆者のテストではパフォーマンスが全体で22％向上することが確認できました。
- **オーバーヘッドがない** ── CSSトランジションはブラウザに備わっているものなのでオーバーヘッドなしに実行できます。単純なアニメーションなら、JavaScriptのライブラリを使ってパフォーマンスを落とすよりも、ブラウザにあらかじめ組み込まれている機能を使うほうが理にかなっています。

それでは手始めに簡単な使用例を見てみましょう。http://jlwagner.net/webopt/ch03-transition を表示してください。青い四角形が表示されますが、この上にマウスを移動すると円に変わります（図3.21）。

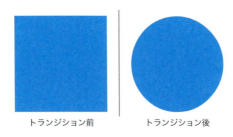

図3.21 トランジションの前（左）と後（右）

四角形のborder-radiusプロパティにtransitionを適用することで形が連続的に変化してアニメーションの効果を実現しています。初期状態では四角形にはborder-radiusは指定されていませんが、マ

ウスを上に重ねる（hoverする）とborder-radiusに50%が適用されます。この効果を生み出すCSSはリスト3.9のとおりです。

リスト3.9　マウスを四角の上に置くと円に変わるアニメーションを実現するCSS指定
```
.box{
    width: 128px;
    height: 128px;
    background: #00a;
    transition: border-radius 2s ease-out;
}

.box:hover{   /* hoverでトランジションを開始する */
    border-radius: 50%;
}
```

このCSSを使うと、ユーザーがマウスを四角形の上に移動させたときに、transitionが要素.boxのborder-radiusを50%まで2秒間で変化させます。これにより正方形から円へと変化します。タイミング関数ease-outは高速で動き出し、徐々に減速する指定です。

上の指定は、複数のCSSプロパティを一度に設定する短縮形です。この短縮形の一般的な書式は次のとおりです。

```
transition: transition-property transition-duration transition-timing-function
    transition-delay
```

- **transition-property**——変化させるプロパティ。color、border-radiusなど多くのプロパティが指定できるが、displayなどの一部のプロパティは指定できない
- **transition-duration**——トランジションが完了するまでの時間。秒あるいはミリ秒で指定（2.5s、250msなど）
- **transition-timing-function**——トランジションで使われるイージング効果（アニメーションの進み方の指定）。あらかじめ定義された値（linear、easeなど）を指定してもよいし、関数stepsを使って分割したり、関数cubic-bezierを使ってイージングの曲線を指定してもよい[2]。デフォルトはease
- **transition-delay**——トランジションの開始を遅らせる時間を秒あるいはミリ秒で指定。省略すると0になる

1つの要素について複数のプロパティを変化させることも可能です。要素.boxの幅と高さを変化させたければ、transitionに両方を指定します。

```
.box{
    width: 64px;
    height: 64px;
    transition: width 2s ease-out, height 2s ease-out;
```

---
[2]　［訳注］詳しくはhttps://developer.mozilla.org/ja/docs/Web/CSS/animation-timing-function などを参照。

このようにプロパティを追加すれば、要素の上にマウスが来てホバー状態（hover）になると要素 .box の width プロパティと height プロパティがトランジションにより変化して、.box:hover に新しく指定された width と height になります。

3.4.2　CSSトランジションのパフォーマンス

CSSのアニメーションについて説明したので、jQueryを使ったアニメーションと比較してみましょう。両者のパフォーマンスをテストする「アニメーションベンチマーク」を作成しました。用意した2つのHTMLドキュメントはまったく同じで、128個のリスト項目が入った要素 <ul> が入っています。各テストにおいて、リスト項目の幅と高さを 5rem から 24rem に拡大します。そして最初のテストでは jQuery のメソッド animate() を使い、2番目のテストでは CSS のトランジションを使いました。テストをこのような形にしたのは、DOM の再構築を大量にさせたかったからです。それぞれの条件下で5回実行し、Google Chrome の［Performance］ペインを用いて各回のメモリ使用量、CPU時間、フレームレートを記録しました。表3.2に結果の平均を示します。

表3.2　Google Chrome で測定した CSS トランジションと jQuery のメソッド animate() とのベンチマーク結果

トランジションのタイプ	jQueryの animate()	CSSトランジション	パフォーマンス向上率
メモリ使用量	5.10MB	2.32MB	+54.51%
CPU時間	2011.53ミリ秒	1572.02ミリ秒	+22%
フレームレート（FPS）	44.4	41.1	+8%

この結果を見るとパフォーマンスの向上は明白ですが、すべての状況でこのような結果が得られるというわけではありません。CSSトランジションが最も力を発揮するのは、ホバーなどの単純なUI効果です。作成している Web サイトによっては、もっと複雑なアニメーションが要求されるでしょうが、そのような場合には第8章で採り上げる JavaScript のメソッド requestAnimationFrame() を使った、性能の高い解決策があります（JavaScript のアニメーションライブラリを使わずにパフォーマンスの高いトランジションを実装できる比較的単純なものなら、もちろん CSS を使うほうがおすすめです）。

3.4.3　will-change を使ったトランジションの最適化

ブラウザが最初に CSS トランジションを実行する際には、対象とする要素のどのプロパティを変化させるか決定する必要があります。その場合、ブラウザは初回のトランジション実行の前にある程度の処理を行わなければなりません。その処理自体が負荷が高いというわけではありませんが、レンダリングのパフォーマンスに悪影響を与えることがあります。

それを回避するために開発者が編み出した CSS ハックが、translateZ プロパティを使うものです。「この要素のレンダリングは CSS のアニメーション中に GPU で処理してほしい」とブラウザに対して遠回しに伝えるわけです。

ところが（「ハック」は得てしてそうなることが多いのですが）新しいプロパティ will-change によって translateZ を置き換えることが検討されています。translateZ を使ったハックの問題点は、ブラウザに対して伝えられるのは「この要素で何かが起きるけれど、何が起こるかはわからない」という内容で

ある点です。`will-change`プロパティなら、要素のどのプロパティが変化するかブラウザに伝えることができます。

このプロパティは`transition`を補うものだと考えればよいでしょう。`transition`では`color`、`width`、`height`など、変化するプロパティを指定しますが、`will-change`もよく似ており、次の形式でプロパティを指定します。

```
will-change: プロパティ, [プロパティ], ...
```

`will-change`には、変化させるプロパティをカンマで区切って複数指定できます。ただし、注意しなければならないのは、リソースが無駄に割り当てられてしまう危険性があることです。次のコードのように、このプロパティをすべてのDOM要素に設定したからといって、ページ内のすべてのトランジションを最適化できるわけではありません。

```
*,
*::before,
*::after{
    will-change: all;
}
```

このようなことをしてはいけません。特にレイヤーの多い複雑なページでこのような指定をすると悪影響が出ます。`will-change`プロパティはあくまでもヒントであり、関係のないものに指定するべきではありません。

`will-change`を使う際には、要素が変化するのに十分な時間を確保する必要もあります。たとえば、次のように指定しても効果は上がりません。

```
#siteHeader a:hover{
    background-color: #0a0;
    will-change: background-color;
}
```

このコードの問題点は、パフォーマンスを実際に向上させるのに必要な最適化を行うための時間をブラウザに与えていないことです。この場合、親要素の`:hover`に`will-change`を適用したほうがよく、そうすればブラウザは何が起こるか予想できます。

```
#siteHeader:hover a{
    will-change: background-color;
}
```

こうすれば、ブラウザには要素の変化に備える十分な時間があります。要素`#siteHeader`のhoverイベントが発生した際にすべての下位要素の変化に備えることになるので、マウスが`#siteHeader`に入り、リンクの上に来たときにはすでに準備ができているからです。

JavaScriptを使って必要なときに`will-change`を追加することもできます。たとえばモーダルウィンドウを開いて、その中の要素`<button>`の`background-color`を変化させたい場合、次のようにします。

```
document.querySelector("#modal").style.display = "block";
document.querySelector("#modal button").style.willChange = "background-color";
```

モーダルウィンドウを閉じたら、will-changeプロパティを要素から削除しておきます。このプロパティの使い方には細心の注意が必要ですが、ルールをきちんと守ればページの全体的なパフォーマンスを悪化させずに、トランジションを最適化できます。このプロパティについては、変化が起こることを漠然と想定するのではなく、具体的な予測をしておくことが大事です。

3.5 まとめ

この章では、次にあげるような、かなり広範囲の話題を取り扱いました。

- CSSの短縮形プロパティは便利なだけでなく、過剰な規則や冗長な規則を減らすことでスタイルシートの容量を抑える効果もある
- 浅いCSSセレクタを使うとスタイルシートの容量をかなり減らすことができるだけでなく、コードの保守が容易になりモジュール性が高まる
- 冗長性をチェックするcsscssを使ってDRY原則を適用すると、巨大で効率の悪いCSSファイルから不必要なプロパティを削除して無駄を省ける
- ユーザーのサイト内移動のデータに基づいてCSSを分割すると、サイトを初めて訪れたユーザーが、見ることのないページのテンプレートのCSSまでダウンロードせずに済む
- モバイルファーストのレスポンシブWebデザインは重要で、最小限の構成から始めるのがパフォーマンスの高いWebサイトを構築する最善の方法である
- モバイルフレンドリーなWebサイトであることがGoogleの検索ランクに好影響を与える
- @importを避け、CSSをドキュメントの`<head>`に入れれば、サイトのレンダリングとロードの速度が改善される
- 効率の良いCSSセレクタを使い、レイアウトエンジンのflexboxを使うことでWebサイトのレンダリング速度が向上する
- 単純なアニメーションであれば、CSSトランジションを使うとよい。パフォーマンスが高く、外部のライブラリを使う必要がない
- 要素の状態が変化することをwill-changeでブラウザに伝えると、その要素のアニメーションのパフォーマンスが向上する（ただし、しっかり予測したうえで使う必要がある）

次章では、ページのレンダリングのパフォーマンスを感覚的に向上させる技術である「クリティカルCSS」について説明します。

4 クリティカルCSS

4.1 クリティカルCSSが解決する問題
    4.1.1 スクロールの要否を分ける境界
    4.1.2 レンダリングのブロック
4.2 クリティカルCSSの仕組み
    4.2.1 境界より上の部分のスタイルの読み込み
    4.2.2 スクロールが必要な部分のスタイルの読み込み
4.3 クリティカルCSSの実装
    4.3.1 サンプルのレシピサイト
    4.3.2 クリティカルCSSの抽出
    4.3.3 境界より下のCSSの読み込み
4.4 メリットの計測
4.5 保守を容易に
4.6 複数ページからなるWebサイト
4.7 まとめ

CHAPTER 4　この章の内容

- クリティカル CSS の導入により解消される問題点
- クリティカル CSS の仕組み
- クリティカル CSS の導入方法
- 導入結果の確認

前の章で CSS の最適化に関していくつかのテクニックを見ましたが、さらに高度なテクニックを紹介しましょう。スクロール不要コンテンツ（第 2 章参照）のレンダリングを優先することでページのレンダリングを高速化する手法です。この手法は「クリティカル CSS」と呼ばれています。

4.1　クリティカル CSS が解決する問題

クリティカル CSS とは、「境界」よりも下にある「要スクロールコンテンツ」よりも「スクロール不要コンテンツ」を優先するよう、ブラウザによる CSS の読み込みを最適化する手法です。

- **クリティカル CSS** —— スクロール不要コンテンツ（ユーザーがすぐ目にする部分）に対して適用するスタイルで、できる限り速く読み込むようにする
- **非クリティカル CSS** —— 要スクロールコンテンツ（スクロールしなければユーザーが目にしない部分）に対して適用するスタイル。この CSS もできる限り速く読み込まれる必要があるが、クリティカル CSS のほうが先にロードされる必要がある

クリティカル CSS を導入することでページのレンダリングが速くなるので、ユーザーはページ読み込みが速いと感じます。しかし、クリティカル CSS を実装するには、まず「スクロール不要コンテンツ」と「要スクロールコンテンツ」の境界（「折り目」）がどこになるのかを決めなければなりません。

4.1.1　スクロールの要否を分ける境界

第 2 章で説明したように、「スクロール不要コンテンツ」は英語では「above-the-fold content」と呼ばれ、元々新聞の「折り目」よりも上の部分という意味です。新聞ならば境界となる「折り目」は新聞紙の高さの半分の位置に固定されていますが、Web ページの場合これは当てはまりません。スクロールの要否は機器の解像度や向きによって変わり、さらにパソコンの場合はブラウザのウィンドウサイズによっても変化します（図 4.1）。

図4.1　スクロール不要コンテンツの境界は機器やブラウザのウィンドウサイズにより変化する

画面のどこに境界があるかを知るためには、画面の大きさをできる限り正確に推測する必要がありますが、一般的な機器の解像度を知ることで手がかりが得られます。

4.1.2　レンダリングのブロック

「レンダーブロッキング」とは、ページの読み込みの際に、ブラウザが画面の内容を即座に描画できない状態を指します。Webの世界では、この現象を「避けがたい現実」と考えるのが普通でした。しかし、ブラウザやフロントエンド開発の進化に伴い、レンダーブロッキングを回避する手法が生まれました。

CSSに関するレンダーブロッキングは当初好ましいものと考えられていました。ブロックされなければFOUC（スタイル指定なしコンテンツのちらつき。第3章参照）が起こり、CSSが適用される前にスタイルなしのページが見えてしまいます。しかし、レンダーブロッキングが長時間に及ぶとサイトのコンテンツが画面に表示されるのが遅くなり、ユーザーの離脱につながってしまいます。

レンダーブロッキングの程度はCSSが置かれた位置とCSSのロード方法により変化します。レンダーブロッキングは外部CSSファイルが`@import`あるいは`<link>`タグで読み込まれたときに発生します。第3章で`@import`よりも`<link>`タグのほうがよいことを示しましたが、そうは言っても`<link>`タグもレンダリングをブロックすることに変わりはありません。

レンダリングがブロックされているところを見るために、Google Chromeで第1章のサンプルサイト http://jlwagner.net/webopt/ch01-exercise-pre-optimization を開き、Performanceパネルで Ctrl + Shift + E キー（command + shift + E キー）でページロードの様子をキャプチャしてください（第2章参照）。キャプチャが終わったら図4.2のように下のペインの「Event Log」タブをクリックし、Paintingのチェックだけを残し他のイベントを除外します。[Start Time]を昇順でソートすれば、図4.2に示されているように最初の「Paint」イベントまでの時間が表示されます。

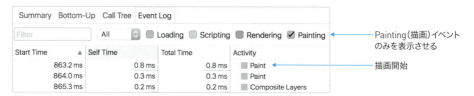

図4.2　ChromeのPerformanceパネルでドキュメントの最初のPaintイベントの発生を見る

　ドキュメントが描画されるまでの待ち時間として、860ミリ秒はちょっと長すぎるので改良していきましょう。手始めに、WebサイトのCSSを`<style>`タグに入れて直接`index.html`内に展開してしまうという手法があります。そうすれば図4.3に示したように、コンテンツのレンダリングが開始されるまでの時間が短縮されます。

図4.3　サイトのCSSの内容をHTMLにインラインで展開すると描画開始が早まる

　この方法は諸刃の剣で、問題は1ページだけのWebサイトにしか効果がないことです。1ページであれば、CSSを別ファイルにしなくてもかまいませんが、そんなサイトは珍しいでしょう。

> **MEMO　インライン展開とHTTP/2**
>
> HTTP/1のサーバーとクライアントにとって、インライン展開は適切な行為ですが、HTTP/2サーバーでは使ってはならない手法です。インライン展開に相当する機能はHTTP/2のサーバープッシュ機能が提供してくれます（おまけにキャッシュも可能になります）。サーバープッシュとHTTP/2については第11章を参照してください。

4.2 クリティカルCSSの仕組み

ではクリティカルCSSについて説明しましょう。

4.2.1 境界より上の部分のスタイルの読み込み

この前の節では`<link>`タグを用いた場合に起きるレンダーブロッキングの問題を扱いました。図4.4に示したように、CSSを`<style>`タグ内にインライン展開することでこの問題をひとまず解決できます。

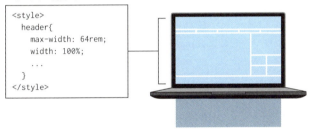

図4.4 スクロール不要コンテンツに対してはインラインのスタイルが読み込まれるので描画が開始されるまでの時間が早くなる

前節のようにサンプルサイトのCSSをHTML内にインライン展開すれば少し改善されます。より複雑なサイトでクリティカルCSSを実現するにはもう少し作業が必要です。

CSSのインライン展開が有効なのは、ブラウザの待ち時間が短縮されるからです。ページのHTMLが読み込まれるとドキュメントが解析され、外部ファイルのURLが見つかります。`<link>`タグにより外部からスタイルが読み込まれる場合には、ブラウザがCSSを待っている間レンダリングがブロックされます。しかしスタイルがHTML内にインライン展開されていれば、ユーザーが待つのはHTMLが読み込まれる間だけで、HTMLの読み込みが終わればCSSが解析され、ページが描画されます。

残念ながら、CSSをすべてこの方法で読み込むようにすると可搬性が失われてしまいます。どのページでもCSSを複製しなければならなくなってしまい、キャッシュできないコードで膨れ上がったページを毎回読み込むことになってしまいます。

クリティカルCSSは展開を部分的に行うものです。スクロール不要コンテンツのスタイルだけを`<style>`タグに入れてHTML中にインライン展開します。残りのスタイルは外部ファイルに入れたままにして読み込むようにします。

こうするとCSSの一部は各ページで重複してしまうことになりますが、境界より上にある部分だけです。描画開始までの時間の短縮という目的は達成されることになります。CSSフレームワークを使う場合でもページによって一部をインライン展開します。ブラウザがページを描き始めるのが以前より速くなれば目的は達成されます。CSSのごく一部が重複しているからといってユーザーがそれによるパフォー

マンスの低下に気づくことはありません。

4.2.2 スクロールが必要な部分のスタイルの読み込み

　クリティカルCSSを実装する残り半分の作業は、要スクロールコンテンツ（境界より下のコンテンツ）のスタイルの読み込みです。このCSSは`<link>`タグを使って読み込みますが、普通に使うのではなく、レンダリングをブロックせずにCSSを読み込む`preload`を使います（`preload`のような機構を「リソースヒント」と呼びます。詳しくは第10章参照）。この機能をサポートしないブラウザの機能を補うためのスクリプト（ポリフィル）も読み込みます。

　やりすぎのように思えるかもしれませんが、スクロール不要コンテンツ用CSSのインライン展開と組み合わせると効果はてきめんです。ブラウザはスクロール不要コンテンツのCSSをすぐさま展開し、`preload`によって残りの部分のCSSをバックグラウンドで取得します。

　「JavaScriptだってレンダリングをブロックするじゃないか！」という声が聞こえてきそうですね。外部から読み込まれるスクリプトについてはそのとおりです。しかし、今回の場合はFilament Groupが開発した`loadCSS`という、1.5Kバイトのスクリプトをインラインで組み込んで仕事をしてもらいます。そうすれば図4.5に示すように、すべてのブラウザで同一の構文`preload`を使って「折り目」よりも下のコンテンツのCSSを読み込むことができます。

図4.5　要スクロールコンテンツ用の外部CSSを読み込む`preload`。この方法なら、レンダリングをブロックせずにスタイルシートを読み込んでくれる。CSSの読み込みが完了するとイベント`onload`が発生して、`<link>`タグの`rel`の値を書き換えて指定のスタイルでレンダリングされるようにする

　この仕組みはとてもよくできています。通常するように`<link>`タグを使ってCSSを読み込むのではなく、次のように`preload`を使います。

```
<link rel="preload" href="css/styles.min.css" as="style"
onload="this.rel='stylesheet'">
```

　これにはレンダリングをブロックせずにCSSを読み込む効果があります。CSSのロードが完了すると、タグに入っている`onload`イベントハンドラが発火します。ダウンロードが済むと、属性`rel`の値が`preload`から`stylesheet`に変更されます。この変更で`<link>`タグはリソースヒントから通常のCSSインクルードに変わり、読み込まれたCSSが要スクロールコンテンツに適用されます。JavaScriptのスクリプトは`preload`がサポートされていないブラウザ用のものです。

4.3 クリティカルCSSの実装

それではまず、単一ページのモバイルファーストのレスポンシブサイトにクリティカルCSSを実装する方法を見ていきましょう。

1. ローカルパソコンでWebサイトが表示されるように準備する
2. 各ブレークポイント内でスクロール不要コンテンツのCSSを抽出する
3. 抽出したCSSを分離し、HTMLファイルにインライン展開する
4. `preload`を使って、残りのCSSをレンダーブロッキングしないように読み込む

4.3.1 サンプルのレシピサイト

この章のサンプルでもgit、npm、nodeを使ってデータをダウンロードします。また、多くの開発者が利用しているCSSプリコンパイラのLESSも使います。

> **MEMO SASSユーザーへ**
> LESSよりもSASSが好きだという人も多いでしょうが、ここではLESSのみを紹介します。LESSはSASSに似ていますから理解は難しくないはずです。

ダウンロードと表示

友人の一人がレシピのサイトを運営しており、レンダリングをもっと速くできないかと相談に来ました。レシピサイトの世界は競争が激しく、表示速度がユーザーの獲得に決定的影響を持ちます。クリティカルCSSが役に立ちそうな場面です。

まずgitを使ってサイトをダウンロードし、ローカルのWebサーバーで表示してみましょう。ターミナルで次のコマンドを実行します。

```
git clone https://github.com/webopt/ch4-critical-css.git
cd ch4-critical-css
npm install
node http.js
```

以前の例と同じように、こうすることでパッケージNodeがインストールされサーバーが起動されます。ブラウザで`http://localhost:8080`を表示してください（図4.6）。

図4.6　Chromeで表示したレシピのサイト。これは幅750ピクセルのタブレット用の表示

　サイトを表示したら、ChromeのPerformanceパネルでサイトの最初の画像が表示されるまでの時間（描画開始時間）を調べましょう。ローカルのWebサーバーで表示しているので、ネットワーク速度をシミュレートするツールを使ってインターネット接続を再現しましょう。[Network]の選択肢で[Fast 3G]を選びます。

　描画開始時間の変化は、どのブレークポイントでページが表示されているかには関係ありません。ブラウザがいかに速くCSSを読み込んで処理できるかと、機器の性能との問題なのです。この章の作業が完了すると、ブラウザがページの描画を始めるまでにかかる時間が30〜40%改善するはずです。

　次に、Webサイトのフォルダの構造をざっと見て、サイトのすべてのファイルの所在とその機能を把握しておきます。

サイトの構造

　このサイトの構造は多くの開発者にとってなじみ深いものになっているはずです。HTMLはサイトのルートにあり`index.html`という名前です。フォルダ`js`には関係するJavaScriptのファイルが複数あります。サイトの簡単な振る舞いを定義する`scripts.min.js`や、縮小化された（ミニファイ）preload用のスクリプトが入った`loadcss.min.js`や`cssrelpreload.min.js`などです。次項でこのスクリプトについて説明します。

　フォルダ`less`にはこのプロジェクトのLESSファイルが入っています。ファイル`main.less`はフォルダ`css`にあるファイル`styles.min.css`を生成します。このファイルはすでに`index.html`内の`<link>`タグにより読み込まれるようになっています。ファイル`critical.less`はファイル`critical.min.css`を生成するのに用いられ、生成されたものは`index.html`にインライン展開されることになります。各ファイルはサブフォルダ`components`の中にあるコンポーネント化されたブレークポイントごとのファイルを使って生成されます。次のように分類されます。

- グローバルコンポーネント —— 最初はWebサイトのすべてのスタイルが入っている
  - global_small.less
  - global_medium.less
  - global_large.less
- クリティカルコンポーネント —— 最初は空だが、クリティカルCSS（スクロール不要コンテンツ用のCSS）が書き込まれる
  - critical_small.less
  - critical_medium.less
  - critical_large.less

　Webサイトの構造が把握でき、どのファイルがどこにあるかわかったので、このサイトのスクロールの要否を分ける「境界」の検討へと進みましょう。

4.3.2　クリティカルCSSの抽出

　この項では、クリティカルCSSを全体のCSSから分離し、`index.html`内にインライン展開します。まず最初に、「境界」がどこにあるのかを見つけましょう。

境界の調査

　すでに見たように、境界の位置は機器やウィンドウの大きさによって異なるので見つけるのは単純な話ではありません。幸いさまざまな機器の解像度をソート可能な一覧表にして掲載しているすばらしいサイト http://mydevice.io/devices があります。各機器で境界がどこにくるかを見るには、「CSS height」の列を図4.7に示したようにソートしておきます。

Common Smartphones values				
name	phys. width	phys. height	CSS width	CSS height
Apple iPhone X	1125	2436	375	812
Microsoft Lumia 1520	1080	1920	432	768
Samsung Galaxy Note 8	1440	2960	360	740
Samsung Galaxy S8	1440	2960	360	740
Samsung Galaxy S8+	1440	2960	360	740
Apple iPhone 6+, 6s+, 7+, 8+	1080	1920	414	736
Blackberry Leap	720	1280	390	695
Motorola Nexus 6	1440	2560	412	690
Apple iPhone 6, 6s	750	1334	375	667
Apple iPhone 7, iPhone 8	750	1334	375	667
ZTE Grand S	1080	1920	360	640

図4.7　mydevice.ioに掲載されている、よく使われている機器の解像度の表を、「CSS height」の降順にソートしたもの。このサイトではスマートフォン以外の機器の情報も提供されている。物理的解像度とCSS解像度は異なっており、同じ表示サイズになるよう調整されている

このデータを使えば、自分のサイトの境界をどこにするかを決定できます。ページのどこに線があるのかを視覚化して助けとするツールとして、筆者はVisualFold!という名前のブックマークレット（http://jlwagner.net/visualfold）を作りました。これを使うには図4.8に示したように、URLを開くと表示されるページの［VisualFold!］リンクをブックマークにドラッグしておき、境界を決めたいページを開いてからブックマークレットをクリックして線を引きたい位置の数値を入力します。カンマで区切って複数の数値を入力すれば、複数の線を引けます。

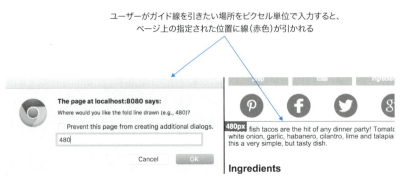

図4.8　ブックマークレットVisualFold!。ダイアログボックスに数値を入力すると（左）、ページ上にガイド線が表示される（右）。ウィンドウをリサイズすると、線と移動したコンテンツとの関係を見ることができる

このツールに「480, 667, 768, 800, 900, 1024, 1280」と入力してガイドを引きましょう。これは広く普及している機器でよく見られる解像度で、ほとんどの機器がこのどれかに当たります。ガイドを作成したら、ブラウザのウィンドウをリサイズし、各ブレークポイントでコンテンツがどこに配置されるか確認します。

すべてのブレークポイントで、1280ピクセルの線がレシピのStepsのセクションのどこかにくることがわかります。中型と大型の画面のブレークポイントでは、この線が右側のコラムのコンテンツにもかかります。1280ピクセルは、コンテンツがどの機器で表示される場合もカバーできるので、これを選択しましょう。

この方法を使って、クリティカルCSSに使う境界が確定したので、メインのCSSから該当するスタイルを分離してクリティカルCSSに入れる作業に進みます。

クリティカルな部分の抽出

次のステップでは、各ブレークポイントでページを精査し、境界より上の要素のリストを作ります。

モバイル用ブレークポイントのビューポートのリサイズから始めましょう。1280ピクセルのところにガイドを置いていないのなら、VisualFold!を使って置いてください。ガイド線が引けたら、図4.9のようにガイド線より上にある要素のリストを作りましょう。

図4.9のコンポーネントリストはこのサイトに限って意味のあるものです。自分のサイトで同じことをしても、リストは違ってきます。このステップが完了したら、図4.10に示すようにウィンドウをより大きな機器用のブレークポイントに拡大し、新しいクリティカルコンポーネントをリストします。

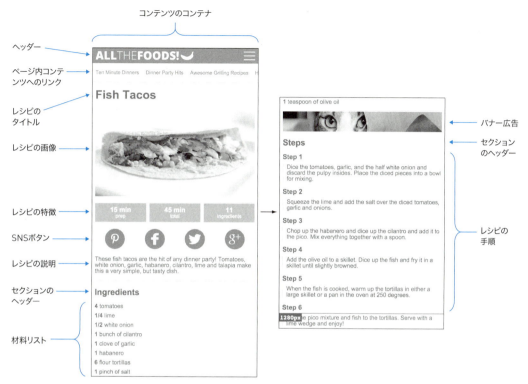

図4.9 ページのモバイル用ブレークポイントになったコンポーネントの説明を付けたもの

図4.10 モバイル機器では境界より下になる、大きな画面用のブレークポイントのコンポーネント

> **MEMO** 作業の自動化
>
> ページのクリティカルCSSを見つける作業はFilament GroupのCritcalCSSというNodeプログラム（https://github.com/filamentgroup/criticalCSS）を使うと自動化できます（使い方はドキュメントを参照してください）。このツールには癖があり、サイトの外見を壊してしまうことがあります。このツールを使うときには、必ず出力を検証してください。

大きな画面用のブレークポイントを過ぎると、コンテンツは2つのカラムに分かれます。図4.10では、モバイル用ブレークポイントでは境界より下になっていた5つのコンポーネントがガイド線の上に追加されています。大きな画面ではこれもクリティカルコンポーネントになります。

通常であれば、最も大きなブレークポイントを試してみるのですが、この例では新たにクリティカルな要素は現れません。ヘッダーは変わりますが、残りの部分のページはコンテナの最大幅である1024pxになるまで横に広がるだけです。

これで境界として指定した線より上にあるコンポーネントのリストができたので、メインのスタイルシートからクリティカルCSSの分離にとりかかることができます。

クリティカルCSSの分離

クリティカルなコンポーネントが決まったので、`main.less`でブレークポイントごとに参照されているインクルードファイルから関係するスタイルを抜き出し、`critical.less`で参照されているインクルードファイルに置きます。このモバイルファーストのWebサイトでは、デフォルトのスタイルの多くがファイル`global_small.less`内で定義されています。対象のコンポーネントと、関係するコンテナの親セレクタの一覧を表4.1に示します。

表4.1 クリティカルなコンポーネントと、関連する親コンテナのセレクタ。サイトのLESSファイル内のコンポーネントのスタイルを検索する際にセレクタが利用される

クリティカルコンポーネント	関連する親コンテナのセレクタ
ヘッダー	header
ページ内コンテンツへのリンク	.destinations
レシピのタイトル	.recipeName
コンテンツのコンテナ	#content
レシピの画像	#masthead
レシピの特徴	.attributes
SNSボタン	.actions
レシピの説明	.description
セクションのヘッダー	.sectionHeader
材料リスト	.ingredientList
バナー広告	.ad
レシピの手順	.stepList
メインカラム	#mainColumn
右カラム	aside
コンテンツのリスト／コレクションのリスト	.contentList
右カラムの広告	.ad

表4.1の内容の処理に進む前に、main.lessの2行目のreset.lessへの参照をcritical.lessの2行目に移動させる必要があります。reset.lessはEric MeyerのCSS reset（https://meyerweb.com/eric/tools/css/reset）から作成されたグローバルのコンポーネントで、ブラウザ間での表示の一貫性を向上させるために多数の要素のデフォルトスタイルをリセットするものです。ページ上のすべての要素がこのコンポーネントから属性を継承しますので、リセットスタイルは当然のことながらクリティカルです。

作業が済んだら両方のファイルを保存し、main.lessをコンパイルします。コンパイルの方法はOSにより異なります。macOSやLinuxなどUnix系のOSおよびGit Bashでは、プロジェクトのルートディレクトリで less.sh を実行します（「sh less.sh」と入力して Enter / return キーを押してください）。Windowsでは less.bat を実行します。プロジェクトの .less ファイルに変更を加えるたびにこのコマンドを実行します。

スタイルをクリティカルCSSのコンポーネントファイルに移動する前に index.html の7行目をコメントにしておくと、その後の作業がしやすくなります。この行は <link> タグによる参照によりサイトのスタイルを読み込んでいます。コメントにしておけばページにスタイルが付与されませんので、critical.min.cssをページ内にインライン展開している際にクリティカルCSSが視覚的に把握しやすくなるからです。

リセットCSSのモジュールを critical.less に移したら、次に表4.1にあげたクリティカルコンポーネントとセレクタを1つずつ処理していきます。

ヘッダーから始めましょう。フォルダ components 内のファイル global_small.less を開き、ヘッダーのセレクタを見つけます。ヘッダーのセレクタをカットしてフォルダ critical 内のファイル critical_small.less の中にペーストし、ファイルを保存して main.less をビルドし直します。

LESSファイルの再ビルドが終わったら、フォルダ css 内の critical.min.css をエディタで開き、内容をコピーして index.html の <head> 内にある <style> タグの中にペーストします。ページは図4.11のようになるはずです。

まだ多くのスタイルが欠けています。ページの要素 <header> はいくらかスタイルが付いていますが、子要素が数多くあり、それぞれ独自のスタイルがあります。そういったクリティカルコンポーネントをすべてクリティカルCSSに追加するには、HTMLを解析し、どの要素が <header> の子要素であるかのリストを作り、関連するCSSセレクタを見つけ出すことが必要になります。要素 <header> の子要素のスタイルが含まれている global_small.less 内のセレクタを次に示します。

- #logo
- #innerHeader
- nav
- nav:hover .nav
- #navIcon
- #navIcon > div
- .nav
- .show
- .navItem

これらの要素のCSSをglobal_small.lessから
critical_small.lessへとカット＆ペーストすると、
図4.12に示したような状態になります。

見てわかるように、ヘッダーのスタイルはずっと見映
えがするようになりました。小さな画面用のブレークポ
イントで各コンポーネントのCSSをクリティカルCSS
に移し終わったら、同じ作業をすべてのブレークポイ
ントについて繰り返します。ファイルglobal_medium.
lessとglobal_large.lessについて、ヘッダー関連の
スタイルをそれぞれファイルcritical_medium.less
とcritical_small.lessに移動します。各ブレークポ
イントについてこの作業が終わったら、main.lessをコ
ンパイルし直してcritical.min.cssの内容をindex.
htmlにインライン展開し直します。

この作業を表4.1にあげたクリティカルコンポーネン
トのすべてについて行い、そのたびに再コンパイルし
てクリティカルCSSをindex.html内へインライン展開
します。完成したページは1280ピクセルの線を境とし
て、線より上では作業開始の前と同じに表示され、線よ
り下ではスタイルがほとんど付いていません。

> **MEMO** 作業が行き詰まってしまったら以降の作
> 業を省略し、gitを使ってクリティカルCSSがど
> のように実装されるか見てください。ターミナル
> を開いて`git checkout -f criticalcss`と入力
> すれば完成したものがダウンロードできます。

図4.11 ヘッダーのセレクタをHTML内にインライ
ン展開したあとのレシピサイトの表示。部分的にスタ
イルが付いているが、ほとんどはスタイルがない

クリティカルCSSをグローバルのCSSから分離し
たので、ページのCSSのうち残った分をpreloadと
`<link>`タグを使って読み込む作業へと進みましょう。

4.3.3 境界より下のCSSの読み込み

最後のステップは、styles.min.cssに残されてい
る境界より下のコンテンツのCSSを非同期的に読み
込む処理です。標準の`<link>`タグによるインクルー
ドで読み込むことはできますが、上で説明したとおり、
`<link>`タグはページのレンダリングをブロックします。

図4.12 ヘッダーに関するスタイルをすべてindex.
html内にインライン展開した後のクリティカルCSS

レンダリングのブロックは避けたいので、先に説明したpreloadを使います。

preloadによるCSSの非同期的読み込み

前に説明したように、preloadはブラウザに対しファイルの読み込みをできるだけ早く行うよう指示します。クリティカルCSSの場合、これを使って境界より下にあるコンテンツの重要度の低いCSSを非同期に読み込みましょう。このレシピサイトの場合は、index.html内のすべての<link>タグを削除し、インライン展開されたCSSの直後のタグをリスト4.1のように変更します。

リスト4.1 リソースヒントpreloadを使ってCSSファイルを非同期的に読み込む

```
<link rel="preload"          ← <link>タグはリソースヒントpreloadになっている
    href="css/styles.min.css"  ← 非同期で読み込まれるCSSファイルの位置
    as="style"                 ← リソースはスタイルシートとして扱う
    onload="this.rel='stylesheet'">
<noscript><link rel="stylesheet" href="css/styles.min.css"></noscript>
```
　　　リソースが読み込まれたら<link>タグの属性relはstylesheetに変更される

これでCSSが非同期的に読み込まれるだけでなく、JavaScriptを無効にしているユーザーでも、最終行の<noscript>タグ内から通常の方法で非クリティカルCSSが読み込まれます。その場合、ユーザーは旧来のCSS読み込み方法が引き起こすレンダーブロッキングの影響を受けてしまうことになりますが、スタイルなしのページにはなりません。

preloadのポリフィル

すべてのブラウザがpreloadなどの「リソースヒント」をサポートしているわけではなく、この機能をサポートしているのはChromeやOperaのようなChromiumベースのブラウザに限られています。その他のブラウザのためにFilamentグループのloadCSS (https://github.com/filamentgroup/loadcss)と呼ばれる「ポリフィル」を使います。

このポリフィルはフォルダjsに入れてあります。preloadの機能のポリフィルcssrelpreload.min.jsと、preloadの機能が利用できない場合に非同期的CSS読み込みを提供するloadcss.min.jsの2つです。

このポリフィルの使い方は簡単です。<script>タグを使って、loadcss.min.jsとcssrelpreload.min.jsをこの順番でインクルードすれば、レンダリングがブロックされてしまい、避けようとしていたことが起こってしまうので、1つの<script>タグの中に同じ順番でスクリプトをインライン展開し、そのインライン展開したスクリプトをリスト4.1に示したコードの後に入れるのです。そうすれば、IEなどpreloadをサポートしていないブラウザでも読み込み機能をテストできます。境界より下のコンテンツのCSSが反映されているのがわかるでしょう（作業前は、ポリフィルがなかったため、反映されなかったはずです）。

レシピサイトにクリティカルCSSが完全に実装されたので、この作業がどんなメリットをもたらすのか分析してみましょう。

4.4 メリットの計測

　先ほど描画開始までの時間が30〜40％減少すると書きましたが結果を見てみましょう。Chrome（旧バージョン）を使い、パフォーマンスの指標となる描画開始までの時間を複数の通信条件で測定してみました。図4.13に結果を示します。

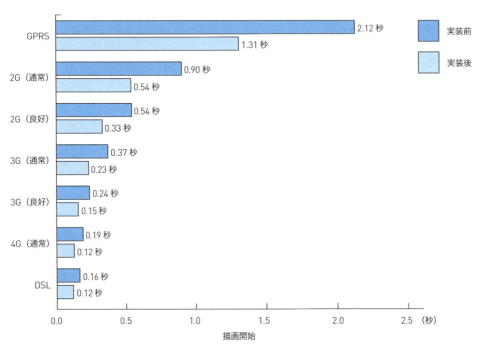

図4.13　Google Chromeで計測した、クリティカルCSS実装前後の描画開始時間

　見てのとおり、接続速度が速くなり待ち時間が減少すると、メリットが減少します。これはどのようなフロントエンドの最適化でも同じことです。どの接続形態も同じというわけではありませんから、インターネット接続が低品質でありがちなモバイルユーザーに対して最適化することが特に重要なのです。

　リモートサーバーからモバイル機器でレシピサイトにアクセスした場合、メリットはもう少し小さく、図4.14に示したとおり約20％の向上になります。

　統計として1つ覚えておきたいのが、インターフェイスが即時に反応したとユーザーが感じる限界は0.1秒だということです。すでに皆さんが学んできた（そしてこれからもっと学ぶ）ことに加えて描画開始時間を短くすることで、ユーザーはサイトが素早く反応していると感じるようになるでしょう。それが重要だと判断するなら、WebサイトにクリティカルCSSを適用することを考えてください。インタラクショ

ンをすぐに開始できるサイトだとユーザーが感じてくれれば、サイトにとどまってくれる可能性が高まります。

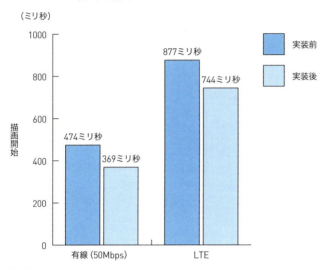

図4.14　クリティカルCSSを優先する前と後の、遠隔のシェアードホスト経由で接続したiPhone 6S上のMobile Safariの描画開始時間

4.5　保守を容易に

　クリティカルCSSの保守で一番の障害になるのがインライン展開です。クリティカルCSSに変更があるたびにドキュメントの<head>部にコピー＆ペーストするのでは非効率です。ポリフィルをインライン展開するのも大変です。何か変更があれば、変更後のコードを再度インライン展開しなければなりません。理想的には、ファイルを分離することで保守性を上げつつ自動的にインライン展開して、リソースをインライン化することで得られるレンダリング上のメリットを享受したいところです。

　コードのコピー＆ペーストという退屈な作業を省く方法の1つが、サーバーサイド言語を使ってHTML内にファイルをインライン展開する方法です。PHPの関数`file_get_contents`はこの作業に最適です。この関数はディスクからファイルを読み込み、ドキュメントの中にインライン展開します。リスト4.2はこの関数を用いてドキュメントの<head>にクリティカルCSSをインライン展開する方法を示しています。

リスト4.2　PHPを使ってスタイルシートをインライン展開する

```
<style>
  <?php echo(file_get_contents("./css/critical.min.css")); ?>
</style>
<link rel="preload" href="css/styles.min.css" as="style"
  onload="this.rel='stylesheet'">
<noscript><link rel="stylesheet" href="css/styles.min.css"></noscript>
<script>
  <?php
  echo(file_get_contents("./js/loadcss.min.js"));
  ?>
</script>
```

`file_get_contents`を使ってサーバーサイドでクリティカルCSSがインライン展開される

preloadのポリフィルも`file_get_contents`を使ってサーバーサイドでインライン展開される

この方法ならファイルを分けられるのでモジュール化しつつインライン展開のメリットも享受できます。この機能はPHPでしかできないというわけではありません。広く使用されているサーバーサイド技術であれば同等の方法があるはずです。

4.6　複数ページからなるWebサイト

この章では単一のページに対するクリティカルCSS実装についてひととおり説明しましたが、複数ページの場合はどうなるのでしょうか。方法は似ていますが、図4.15に示しているとおりモジュール化が焦点となります。

図4.15にはテンプレートAとテンプレートBの2つのページテンプレートが示されています。どちらも境界より上のコンテンツを独自に持っており、異なるCSSが必要なため、両方のテンプレートも異なっています。効率を良くするために、両方のページテンプレートのCSSを別のファイルに分けるとよいでしょう。各ファイルは、必要としているページのほうにだけインライン展開されます。

しかし、Webサイトのすべてのページに現れるコンポーネントのクリティカルスタイルも存在します。ヘッダー、ナビゲーション、見出しのスタイルなどです。こういったスタイルは別ファイルとし、サイト内のすべてのページにインライン展開するとよいでしょう。

複数のテンプレートを持った大規模なWebサイトにクリティカルCSSを実装する際には、いろいろなページテンプレートのクリティカルCSSを一緒にしないようにするのが基本方針です。テンプレートごとにスタイルを抜き出し、そのページに必要なCSSだけをインライン展開します。

それでもクリティカルCSSの実装方法を変える必要はありません。方法は同じで、ただ各ページテンプレートについて繰り返すだけです。それよりも重要なのが、サイトのアクセス状況を調べてこの方法を訪問頻度の高いページに適用することです。そのほうが効果が大きくなります。クリティカルCSSによって得られるものにはそれなりの価値がありますが、手間がかかるため重要なページを優先させましょう。

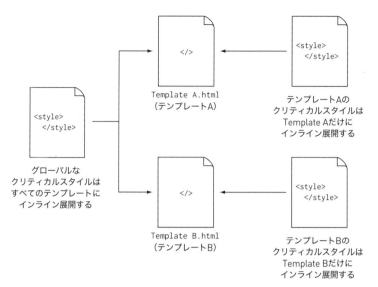

図4.15 クリティカルCSSをモジュール化する方法。テンプレートAとテンプレートBにはそれぞれ独自のクリティカルCSSがあり、ページごとにインライン展開されているが、全体に共通のクリティカルなスタイルは両方にインライン展開される

4.7 まとめ

　この章ではクリティカルCSSについて説明しました。クリティカルCSSは下記のような概念や手法を統合して実現されます。

- コンテンツが画面上に見えなくなる「境界（折り目）」の位置はページを見ている機器によって移動する
- `<link>`タグはWebページのレンダリングをブロックするので、ドキュメントの描画に遅延が生じる。クリティカルCSSはこの影響を小さくしてくれる
- クリティカルCSSは、境界より上のコンテンツのCSSを境界より下のコンテンツのCSSより優先して読み込むことで効果を発揮する。クリティカルCSSはサイトのHTMLにインライン展開され、非クリティカルなスタイルは後から読み込まれる。これによりページのレンダリングブロックを起こりにくくする
- クリティカルCSSを実装すると、ユーザーにページの読み込みが速くなったという印象を与えられる。ページの描画開始が早くなり、Performanceパネルで時間の短縮として確認できる

　次章では機器ごとに最適な画像を提供することの重要性を説明します。

画像のレスポンシブ対応

5.1 最適な画像を提供しなければならない理由
5.2 画像の形式と用途
 5.2.1 ラスター画像の扱い
 5.2.2 SVG画像
 5.2.3 画像形式の選択
5.3 CSSによる画像の指定
 5.3.1 メディアクエリを使ったCSS内での画像の選択
 5.3.2 高DPIディスプレイへの対応
 5.3.3 CSSでのSVG画像の指定
5.4 HTMLによる画像の指定
 5.4.1 画像全般に適用する max-width の指定
 5.4.2 srcset
 5.4.3 <picture>の利用
 5.4.4 Picturefillを使った画像の代替
 5.4.5 HTML内でのSVGの利用
5.5 まとめ

CHAPTER 5　この章の内容

- CSSメディアクエリを使った機器に最適な背景画像の配信
- `srcset`と`<picture>`を用いたレスポンシブ画像の配信
- Picturefillを使った`srcset`と`<picture>`をサポートしていないブラウザへの対応
- CSSおよびHTMLにおけるSVG画像の利用

　この章の主題は画像です。Webサイトのデータ転送量の多くの部分を画像が占めています。そして、その傾向は今後も変わらないように見受けられます。インターネットの通信速度は基本的には向上し続けていますが、精細な表示ができるディスプレイを持つパソコンやモバイル機器の出荷が増えており、こうした機器で美しい画像を表示するためには高解像度の画像が必要とされます。その一方で、解像度の高くない機器もサポートする必要があるので低解像度の画像も必要です。こうしたわけで、さまざまな機器に最適な画像を配信するように心がけなければなりません。

　ベストの画像を送信するだけでなく、機器に合った画像を配信することも重要です。性能の低い機器に必要以上に解像度の高い画像を送って負荷をかけることがないように適切な画像の配信法を知り、高性能の機器には可能な限り解像度の高い画像が表示されるようにします。視覚的な訴求力とパフォーマンスのバランスを保つことが重要です。

5.1　最適な画像を提供しなければならない理由

　まずこの節では適切な画像配信（HTMLだけでなくCSSも含む）の重要性について説明します。画像についてもレスポンシブであることが重要となります。

　レスポンシブな画像を提供すれば、ユーザーは機器の性能に合った最良の使い心地を体験できます。大きな画像はすべての機器で（必要ならば縮小して）表示できますが、すべての機器できれいに見えるからといってこれが最善の選択肢とはなりません。低解像度の機器の場合、大きすぎる画像を受信して画面に合うように縮小しなければなりません。ファイルサイズが大きくなり、ダウンロードに余計な時間がかかり、パフォーマンスが低下する原因となります。

　やみくもに大きな画像を送るのではなく機器に最適の画像を送るためには、複数の画像を用意する必要があります。これによりダウンロードや画像の処理にかかる時間が最小化されます。図5.1に画像サイズについて、非効率な例と効率的な例を示します。

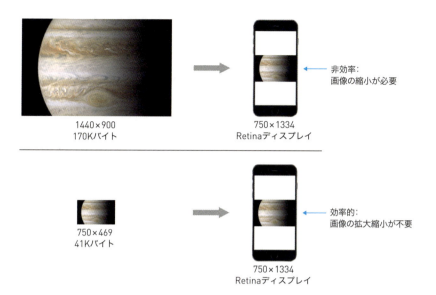

図5.1 上の例では、幅が1440ピクセルある170Kバイトの画像がスマートフォンの高DPIディスプレイの幅に縮小される。下の例では、幅が750ピクセルある41Kバイトの画像がそのまま画面に表示される。後者のほうが効率が良い

画像配信のパフォーマンスの調査にもGoogle ChromeのPerformanceパネルが使えます。RenderingとPaintingの時間を見ることで比較が可能です。図5.2は縮小が必要だった場合と不要だった場合のパフォーマンスを比較したものです。

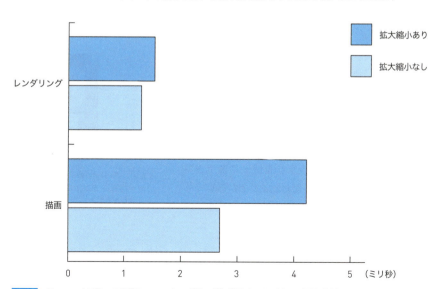

図5.2 Chrome上で単一の画像についてレンダリングと描画（ペイント）の時間を比較したもの。縮小が行われる設定では、1440×900の原画像が375ピクセル幅のコンテナに合うように縮小された。拡大縮小のない設定では、コンテナに合うようにサイズ変更した画像を使ったため拡大も縮小もされなかった。後者のほうがレンダリングも描画も高速だった

この設定では、レンダリング時間に15％の改善が、描画時間には36％の改善が見られました。1ミリ秒程度の改善ですが、これは1つの画像についての測定です。Webサイト全体にわたってレスポンシブな画像を用意すれば効果はかなり大きくなります。

すべての機器に対して大きさを完全に合わせた画像を配信することは可能なのでしょうか。可能といえば可能ですが、目標として現実的ではありません。最善の策は、必要とされる全範囲をカバーする一群の画像幅を定義することでしょう。当然、範囲にある程度の重なりは出てしまいますし、ある程度の拡大縮小もやむを得ませんが、拡大縮小の起きる度合いを最小化したいわけです。

レスポンシブな画像をどのように使うかは、どこで画像を使うかによって変わります。当然ですが、画像が一番頻繁に参照されるのはCSSとHTMLです。この章では、さまざまなタイプの画像とその最善の使い方について説明するとともに、CSSとHTMLを使って画像に関してレスポンシブなサイトを実現するための方法を説明していきます。

5.2 画像の形式と用途

以前はインターネット上で使われる画像の形式はあまり数が多くなく、すべてビットマップ（ラスター）画像で、用途によって最適な画像を決めるのは難しくありませんでした。現在でも基本は変わっていませんが、状況は変化しています。

5.2.1 ラスター画像の扱い

Webでよく使われている画像形式はラスター画像です。ビットマップ画像とも呼ばれます。典型的な形式としてはJPEG、PNG、GIFがあります。画像は2次元の格子状に並んだピクセルからなっています。図5.3はYouTubeの16×16ピクセルのファビコンをわかりやすいように512×512ピクセルに拡大したものです。

ラスター画像はWeb上で、ロゴ、アイコン、写真などを表現するのに使われます。HTMLでは`<img>`タグを使って表示されます。一方CSSでは属性`background`で使われることが多いですが、頻度は低いものの`list-style-image`などでも使われます。

図5.3 YouTubeのファビコン（16×16ラスター画像）。左が元のサイズの画像で、右が拡大したもの

非可逆圧縮画像

ラスター画像には異なる形式がいくつかあり、それぞれに適した用途があります。ここでは圧縮方式によって画像を分類します。第1章ではテキストファイルのサイズを小さくするのにサーバーの圧縮機能を利用しましたが、ここで説明するラスター画像の圧縮は、可逆圧縮と非可逆圧縮の2つに分けられます。

非可逆圧縮では圧縮前の画像からデータの一部を「間引く」アルゴリズムを使っています。「ファイル

サイズを小さくできるのなら、ある程度の劣化は受け入れよう」というわけです。

　非可逆圧縮画像はデジタルカメラでよく使われています。カメラは撮影された画像を、多くの場合、非可逆圧縮によりJPEG画像に変換してメモリカードなどに保存します。JPEG画像はWeb上では至る所で使われていますが、特に人気の写真共有サイトFlickr（図5.4）ではJPEG形式で保存された写真がたくさん公開されています。

図5.4　写真共有サイトFlickrで使われているJPEG画像。写真類のコンテンツはJPEGが最も適している

　JPEG形式の欠点は、圧縮しすぎると劣化が目立つこと、そして圧縮が繰り返されるたびに劣化が起こってしまうことです。しかし、圧縮を注意深く行えば劣化は目立ちません。

　図5.5に2つのバージョンの画像を示します。左は原画像で、右はJPEG圧縮を行ったものです。

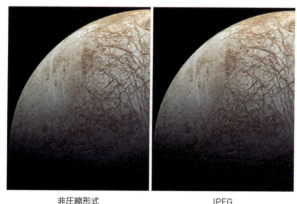

非圧縮形式
（269Kバイト）

JPEG
（12Kバイト）

図5.5　同じ画像を非圧縮形式（TIFF）と圧縮形式（JPEG）で比較したもの。JPEG画像は画質を30に設定してあり、微妙な劣化が見られるが、このような場合には許容範囲である

写真提供　NASAジェット推進研究所

　非圧縮形式からJPEG圧縮形式への変換により画質はやや劣化します。JPEGが非圧縮のTIFF形式画像と比較して96％小さいことを考慮すると、この程度の画質劣化は許容できる場合がほとんどでしょう。

JPEGアルゴリズムの出力画質は1（最低）から100（最高）の値で表現されます。

Webで使用される非可逆圧縮形式はJPEGだけではありません。その他にもGoogleが新しく開発したWebPなどがあります（第6章で詳しく説明します）。

可逆圧縮画像

可逆圧縮は原画像のデータの「間引き」を行わない圧縮アルゴリズムを使っています。図5.6はFacebookのロゴですが、これは可逆圧縮の画像です。

図5.6 Facebookのロゴは可逆圧縮形式のPNG形式の画像である

非可逆圧縮形式と違って、可逆圧縮形式は画像の質が重要な場合に最適です。そのため、アイコンなどに使われます。可逆圧縮画像は次の2つに分類するのが普通です。

- **8ビット画像** —— GIFや8ビットPNGなどで、256色と1色の透明化しかサポートしていません。色数の制限はありますが、アイコンやピクセルアートなど、それほど多くの色数も透明度も必要としないような画像に適した形式です。8ビットPNGはGIFより効率が良いことが多いようですが、GIFと違ってアニメーションをサポートしていません。
- **フルカラー画像** —— 可逆形式で256を超える色をサポートするのはフルカラーPNGとWebP形式の可逆圧縮版だけです。どちらも透明度と1670万色をサポートしています。フルカラーのPNG形式はWebPより広くサポートされています。これらの画像タイプはアイコンや写真などに適していますが、透明度が必須である場合を除けば、写真などにはJPEG形式を使うほうが適しています。

可逆的圧形式を採用するかどうかは画像に依存します。図5.7は各種の可逆圧縮を比較したものです。

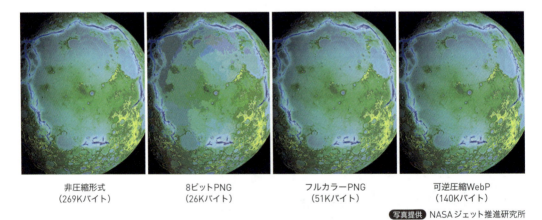

非圧縮形式　　　8ビットPNG　　　フルカラーPNG　　可逆圧縮WebP
（269Kバイト）　（26Kバイト）　 （51Kバイト）　　 （140Kバイト）

写真提供　NASAジェット推進研究所

図5.7 可逆圧縮形式の比較。可逆圧縮のフルカラーPNGとWebPは違いがわからないが、8ビットのPNG画像は256色に減色してあるため違いがはっきりとわかる

それぞれの可逆圧縮形式はコンテンツのタイプによって有利な点が異なりますが、全体として線画、解説図、写真などに適しています。どの形式が良いかは実験してみる必要がありますが、可逆圧縮画像を使う際の基本的ルールは単純で、色数の少ない単純な画像には8ビット可逆圧縮を使います。非可逆圧

に向いていない画像や複雑な透明度を必要とする画像にはフルカラーのPNGを使います。

5.2.2　SVG画像

Webで使われている画像形式の1つに「SVG（Scalable Vector Graphics）画像」があります。ラスター画像と違い、形状が数式で定義されているため、任意の大きさに拡大縮小が可能です（図5.8）。

すべての機器の画面はピクセルで構成されているため、画像は最終的にはピクセルで表現されることになりますが、ベクター画像とラスター画像とでは画面に表示される際の処理が異なります。ベクター画像は数学的に計算されて（「ラスタライズ」されて）ピクセルで構成される画面にマッピングされます。画像の大きさに伴って計算結果も調整されるので、常に最良の画質が保証されます。

図5.8　ベクター画像のイラストを異なる大きさで表示したもの。大きなほうは、拡大されているにもかかわらず画像の質を保っているところに注目。これがラスター画像との大きな違い

ベクター画像の作成にはAdobe Illustratorなどのアプリケーションが使われます。ベクター画像を作成できる多くのアプリケーションではファイルをバイナリ形式で保存しますが、SVGではXMLが使われており、テキスト形式のファイルになります。SVGのメディアタイプ `image/svg+xml` はこの形式がXMLであることを反映しています。この性質のおかげで、SVGファイルをテキストエディタで編集したりHTML内にインライン展開したりできます。また、SVGファイル内でCSSやメディアクエリを使うことさえ可能です。

SVGは1999年からW3Cの標準になっていますが、Webサイトで使われるようになったのは最近のことです。解像度や画素密度に依存せずにきれいに表示されるため、よく使われるようになってきています。

しかし、SVGは万能ではなく用途が限られます。写真には適さず、ロゴ、解説図、線画などに使うのが効果的です。ベタ塗りの画像や幾何学図形がきれいに表示できます。

5.2.3　画像形式の選択

たくさんの形式があるので、どれを使って画像を表示したら良いのか迷うところですが、判定基準を考えてみましょう。ベクター画像は1つの独立したカテゴリでSVGがほぼ唯一の形式になっていますが、ラスター画像は圧縮法により可逆と非可逆の2つのカテゴリに分かれ、その中に多くの形式があります。どのような種類のコンテンツがどの画像形式に適するかを理解するのに、表5.1がヒントになるでしょう。

表5.1　コンテンツのタイプによって画像形式を選択する。各画像形式は色数、画像の種類、圧縮方式が異なる（フルカラーは24/32ビットで1670万色以上の色数を表す）

画像形式	色数	画像形式	圧縮	最適用途
PNG	フルカラー	ラスター	可逆	フルカラーを必要とする場合も、必要としない場合も適する。画質の劣化が受け入れられない場合、複雑な透明度設定が必要な場合。どのような画像にも使えるが、写真の場合はJPEGより圧縮率が劣る可能性がある
PNG（8ビット）	256	ラスター	可逆	フルカラーを必要とはしないが、1ビットの透明度を必要とする画像。たとえばアイコンやピクセル画
GIF	256	ラスター	可逆	8ビットPNGと同じだが、圧縮率はやや低い。ただしアニメーションをサポートする
JPEG	フルカラー	ラスター	非可逆	フルカラーを必要とし、画像の多少の劣化も透明度を設定できないことも支障とならない画像。たとえば写真など
SVG	フルカラー	ベクター	非圧縮	フルカラーが必要とされる画像でも必要とされない画像でも、拡大したときに画質の劣化が許されない場合。線画、図など、写真的要素を含まない画像。すべての機器で最適な表示を得られる
WebP（非可逆）	フルカラー	ラスター	非可逆	JPEGと同じだが、複雑な透明度をサポートし、圧縮率が良くなる可能性がある
WebP（可逆）	フルカラー	ラスター	可逆	フルカラーPNGと同じだが、圧縮率が良くなる可能性がある

5.3　CSSによる画像の指定

　まずCSSによる画像の指定方法を見ていきましょう。第3章や第4章で説明したレスポンシブなサイトの構築で紹介した方法と似ているので、理解がしやすいはずです。ここでもメディアクエリを使います。

　今回は第1章で紹介したギター関連のブログ「Legendary Tones」の画面上部に表示されるヘッダー画像を最適化します。このサイトの画像はあまり最適化されておらず、大きな画面では解像度の低い画像しか表示されていませんでした。

　まず、このWebサイトをダウンロードし、手元のパソコンで表示してみましょう。適当なフォルダを作成して、次のコマンドを実行してください。

```
git clone https://github.com/webopt/ch5-responsive-images.git
cd ch5-responsive-images
npm install
node http.js
```

　一番下のコマンドでサーバーを起動したら http://localhost:8080 にアクセスして表示しましょう（図5.9）。

図5.9　WebサイトLegendary Tonesをブラウザで表示したところ

5.3.1　メディアクエリを使ったCSS内での画像の選択

　この項の目標は、**すべての**機器で最適な表示が見られるように、フォルダimg内に置いた一連の背景画像を使って「Legendary Tones」のヘッダー画像の画質を改善することです。

　CSSを使って画像をレスポンシブにするにはメディアクエリを使うのが一番です。画面幅に合わせてbackground-imageを変更すればよいのです。

　CSSファイルを見てみると、このサイトでbackground-imageを指定したセレクタは#mastheadだけであることがわかります。リスト5.1のようなコードで、ページトップのスタイルを設定し、背景画像、ロゴ、キャッチコピーを配置しています。

リスト5.1　WebサイトLegendary Tonesでの#mastheadのスタイル指定

```
#masthead{
  padding: .5rem 0 0;
  height: 10rem;
  background-size: cover; /* 背景画像がコンテナ全体を覆うことを指定 */
  background-image: url("../img/masthead-xxxsmall.jpg"); /* 背景画像 */
  background-position: 50% 50%;
  position: relative;
}
```

　このCSSの指定により#mastheadはウィンドウ幅いっぱいに広がり、background-imageにはmasthead-xxxsmall.jpgが指定されています。このWebサイトを大画面で表示すると、背景画像の画質が悪いことにすぐに気づきます。「モバイルファースト」を実現するため、一番小さな画像が指定されているのです。

　フォルダimgを調べてみましょう。ヘッダー用の背景画像が複数用意されているので、#masthead用の

メディアクエリのブレークポイントに挿入していきましょう。表5.2に、各画像とその対象となるメディアクエリをあげました。

表5.2 画像、サイズ、WebサイトのCSS内で対象となるメディアクエリのブレークポイント

画像ファイル名	画像サイズ	メディアクエリ
masthead-xxxsmall.jpg	320 × 135	なし（デフォルト画像）
masthead-xxsmall.jpg	640 × 269	(min-width: 30em)
masthead-xsmall.jpg	768 × 323	(min-width: 44em)
masthead-small.jpg	1024 × 430	(min-width: 56em)
masthead-medium.jpg	1440 × 604	(min-width: 77em)
masthead-large.jpg	1920 × 805	(min-width: 105em)
masthead-xlarge.jpg	2560 × 1073	(min-width: 140em)
masthead-xxlarge.jpg	3840 × 1609	使われない

　見てわかるように、さまざまな機器の画面解像度に適した画像があり、各画像は粗さが目立つほど拡大しなくても済むようになっています。最初の画像masthead-xxxsmall.jpgは320ピクセル幅から始まり、479ピクセルまで拡大されます。480ピクセルのブレークポイントで、640ピクセルの画像に切り替わり、703ピクセルまで拡大されていきます。704ピクセルで新しいブレークポイントに切り替わり、サイズの大きな画像に交換されます。この過程が最大の画面幅になるまで続きます。ファイルmasthead-xxlarge.jpgは使われない点に注意してください。この項の後のほうで高DPIの画面を対象としたときに使います。それまでは無視してください。

　styles.cssはモバイルファーストになっており、多数のメディアクエリがファイルの最後にあります。このメディアクエリ内にあるスタイルは、サイトのロゴやキャッチコピーのサイズ、それに#mastheadの高さを変えるためのものです。最初のブレークポイントは183行目にある480px（30em）で、リスト5.2のようになっています。

リスト5.2　最初のブレークポイント
```
@media screen and (min-width: 30em){ /* 480px/16px=30em */
  #masthead{
    height: 12rem;
  }

  #logo{
    width: 70%;
  }

  #tagline{
    font-size: 1.25rem;
  }
}
```

　#mastheadの内容を変更して、必要に応じてmasthead-xxxsmall.jpgより解像度の高い背景画像を指定する必要があります。それには#mastheadの内容を次のように変更します。

```
#masthead{
```

```
    height: 12rem;
    background-image: url("../img/masthead-xxsmall.jpg");
}
```

background-imageを追加したら、ドキュメントを保存してページを再読み込みしましょう。図5.10に示したように画質が向上していることを確かめてください（新しい画像は右上の数字がはっきりと見えると思います）。

背景画像指定前　　　　　　　　　　　　　　　　背景画像指定後

図5.10　新しい背景画像の指定前（左）と指定後（右）

この後は各ブレークポイントに対して同様の作業を繰り返します。作業が済んだら、スマートフォンの画面からデスクトップの大型画面までどんな大きさでも問題なく表示される背景画像になっているはずです。

最終結果を確認するには、次のコマンドを実行してください（上書きされてしまうので、必要ならば変更したファイルは別の場所にコピーをとっておいてください）。

```
git checkout -f responsive-images
```

5.3.2　高DPIディスプレイへの対応

レスポンシブな画像を用意する際には4Kあるいは5KのウルトラHDディスプレイなど高DPIのものについても考慮する必要があります。この技術を使った有名な例がAppleのRetinaディスプレイですが、もちろんApple製品だけではありません。現在では多くの機器の画面が高DPIになっています。標準ディスプレイと高DPIディスプレイで先ほどの画像を比較したものを図5.11に示します。

図5.11　標準ディスプレイと高DPIディスプレイでの表示を拡大したもの

高DPIディスプレイは高い画質を実現しますが、開発者の側には、いかに効率的に画像を配信するかかという新たな問題が生じます。図5.12はこういったディスプレイにきちんと画像を提供した場合としない場合との比較です。

標準DPI　　　　　　　　　　　　　　　　　　　　高DPI

図5.12 高DPIディスプレイで比較したもの。左は標準ディスプレイで使用するための背景画像を高DPIディスプレイで表示したもの。右は高DPIディスプレイ用の背景画像が正しく表示された場合で、画質が向上している

上の作業の続きで、`#masthead`の背景画像の指定を細かくしていきましょう。今度は高DPI画面用のものを指定します。画面幅だけでなく、メディアクエリを組み合わせてピクセル密度にも対応する必要があります。高DPI画面用メディアクエリの基本的な例を次に示します。

```
@media screen (-webkit-min-device-pixel-ratio: 2),
              (min-resolution: 192dpi){
    /* ここに高DPI用スタイルを置く */
}
```

2つのメディアクエリが実行されているのがわかります。ベンダー名が先頭に付いた`-webkit-min-devicepixel-ratio`というメディアクエリは古いブラウザ向けの高DPIディスプレイのサポートをWebKitが実装したもので、`min-resolution`というメディアクエリはモダンブラウザで使われます（とはいえ、新しいブラウザはベンダー名付きのメディアクエリも認識するのが普通です）。

メディアクエリ`-webkit-min-devicepixel-ratio`は1が96ピクセルに相当する単純な比例式でピクセル密度を計算します。この例では、高解像度画像をダウンロードする前に、ディスプレイが少なくとも192DPIのピクセル密度であることを確認しています。メディアクエリ`min-resolution`は直接192dpiを指定しています。

この時点で、新しいブレークポイントの各々に正しい背景画像を割り当てる必要があります。つまり表5.2にあげた背景画像について、`#masthead`に対して高DPI画面でも背景画像が適切に使われるように表を作り直すことになります。

表5.3 CSS内での`#masthead`に対する背景画像、解像度、高DPI画面用メディアクエリ

画像ファイル名	画像サイズ	標準DPI用メディアクエリ	高DPI用メディアクエリ
masthead-xxxsmall.jpg	320×135	なし（デフォルト）	使われない
masthead-xxsmall.jpg	640×269	(min-width: 30em)	(-webkit-min-device-pixel-ratio: 2), (min-resolution: 192dpi)
masthead-xsmall.jpg	768×323	(min-width: 44em)	(-webkit-min-device-pixel-ratio: 2), (min-resolution: 192dpi), and (minwidth: 30em)
masthead-small.jpg	1024×430	(min-width: 56em)	(-webkit-min-device-pixel-ratio: 2), (min-resolution: 192dpi), and (minwidth: 44em)

画像ファイル名	画像サイズ	標準DPI用メディアクエリ	高DPI用メディアクエリ
masthead-medium.jpg	1440×604	(min-width: 77em)	@media screen (-webkit-min-devicepixel-ratio: 2), (min-resolution: 192dpi), and (min-width: 56em)
masthead-large.jpg	1920×805	(min-width: 105em)	@media screen (-webkit-min-devicepixel-ratio: 2), (min-resolution: 192dpi), and (min-width: 77em)
masthead-xlarge.jpg	2560×1073	(min-width: 140em)	@media screen (-webkit-min-devicepixel-ratio: 2), (min-resolution: 192dpi), and (min-width: 105em)
masthead-xxlarge.jpg	3840×1609	使われない	(-webkit-min-device-pixel-ratio: 2), (min-resolution: 192dpi), and (minwidth: 140em)

表5.3と表5.2を比較してみましょう。サイズの大きな画像を小さい画面幅で使うように、1つ上の行に移動しています。`masthead-xxxsmall.jpg`はヘッダーのデフォルトの背景画像として使われていました。高解像度の画面では、デフォルトが次のサイズの画像である`masthead-xxsmall.jpg`に置き換わっています。標準DPIのディスプレイでは、`masthead-xxlarge.jpg`は使われていませんでした。この画像は大型画面の機器が備える高DPIディスプレイ用に使われます。

高解像度の背景画像を使用できるようにするため、`styles.css`内の高DPI用メディアクエリがどこで始まっているか探しましょう。280行で始まっています。次のようなメディアクエリがあります。

```
@media screen (-webkit-min-device-pixel-ratio: 2),
       (min-resolution: 192dpi){ /* High DPI Default */
  #masthead{
  }
}
```

このメディアクエリはモバイルファーストのスタイルに似ていますが、高DPI画面で表示されたページ用のデフォルトスタイルを定義しているところが違います。このメディアクエリの中で、`#masthead`の内容を修正して、属性`background-image`を新たに追加しなければなりません。

```
#masthead{
  background-image: url("../img/masthead-xxsmall.jpg");
}
```

このように修正すると、図5.12のように画質が向上します。この修正が済んだら、表5.3にあげた画像のリストを上から順に適切なメディアクエリに当てはめていきます。

最終結果を確認するには、次のコマンドを実行してください（上書きされてしまうので、必要ならば変更したファイルは別の場所にコピーをとっておいてください）。

```
git checkout -f hi-dpi-images
```

5.3.3 CSSでのSVG画像の指定

　画像の内容によっては、背景画像にSVGを用いたほうが好ましい場合があります。5.2.2項で線画を多く含む画像の場合はSVGが適していることを説明しました。CSSでSVGを指定すれば、メディアクエリがなくてもすべてのディスプレイで画像がきれいに表示されます。

　フォルダ`img`の中には`masthead.svg`というファイルがあります。このファイルを指定してみましょう。`styles.css`の66行目の`#masthead`の`background-image`の指定を次のように変更します。

```
background-image: url("../img/masthead.svg");
```

　それから指定したSVGを上書きしてしまわないように、180行目以降のメディアクエリはすべて削除します。変更したらページを保存して再読み込みし、新しい背景画像を確認してください。

　SVG画像が表示されたらウィンドウをリサイズして、どのサイズでも画像がきれいに拡大縮小されることを観察してください。メディアクエリは不要で、すべての画面幅に合わせてきちんと拡大縮小され、画面が高DPIであってもなくても関係ありません。

　ベクター画像がすべてのコンテンツに適しているわけではない点には注意が必要です。写真であればJPEGやフルカラーPNGのほうが優れています。ロゴ、線画、模様などにはSVGが使えます。確信が持てない場合、SVGで試してみるとよいでしょう。ファイル容量に注意し、意図した機器に効率的に使えるか確認してください。より容量の小さいラスター画像のほうが適している場合もあります。

5.4 HTMLによる画像の指定

　画像をレスポンシブ対応にするのにCSSを使った指定ができる場合もありますが、HTMLから参照されている画像をレスポンシブにするにはCSSだけでは不十分です。HTMLが誕生したときから、Webで画像を表示するのには`<img>`タグが使われており、ページをレスポンシブなデザインにするにはHTMLから指定されている画像もレスポンシブにする必要があります。

　この節では、HTMLの範囲で画像をレスポンシブにするための2つの方法（`<picture>`要素と、`<img>`タグの属性`srcset`）を紹介しますが、それぞれ異なる条件下で役に立つものです。どちらもHTMLの機能ですが、すべてのブラウザでサポートされているわけではありませんので、古いブラウザへの対応方法も説明します。

5.4.1 画像全般に適用する`max-width`の指定

　HTMLの話に入る前に、重要なCSSの指定を1つ紹介しておきます（リスト5.3）。レスポンシブであ

ろうがなかろうが、すべてのWebサイトで次の指定をCSSに入れておいてください。

リスト5.3　すべての`<img>`要素に適用する`max-width`ルール
```
img{
  max-width: 100%;
}
```

この簡単なコードがあることで、好ましい結果がいろいろと得られます。この規則は`img`タグで指定された画像がコンテナより大きくなければ本来の幅で表示するように指定しています。コンテナより大きいようであれば、要素の幅をコンテナの幅に制限します。図5.13に例を示します。

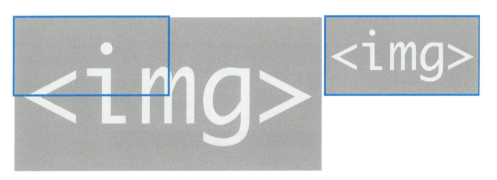

　　　　　max-widthの指定なし　　　　　　　　　　　　max-widthの指定あり

図5.13　max-widthの指定がある場合とない場合での画像の表示され方の比較。左の例がデフォルトの振る舞いで、画像がコンテナより大きいときはコンテナの境界を越えて表示される。右は画像のmax-widthが100%に設定されているので、画像の幅はコンテナの幅に制限される

このCSS規則を指定しておくことで、安心してレスポンシブな画像の利用に進むことができます。

5.4.2　srcset

レスポンシブな画像を表示する1つの方法はHTML5で導入された`<img>`の属性`srcset`です。この属性は`src`に追加して指定します。

`srcset`による画像の指定

`srcset`は次のように指定します。

```
<img src="image-small.jpg"
    srcset="image-medium.jpg 640w,
            image-large.jpg 1280w">
```

この例では、属性`src`はデフォルト画像で、（モバイルファーストのサイトなので）一連の画像の中で最小サイズのものを指定しています。`srcset`をサポートしないブラウザではこの画像が使われます。`srcset`には解像度の高い画像を2枚指定しています。属性`srcset`には画像のURLと幅をスペースで区

切って指定します。URLは`<img>`タグに指定する`src`と同じ形式で、幅の最後には`w`を付加します（512ピクセルなら512w）。他の画像とその幅を後ろに追加することもでき、その場合は前の画像との間に「,」を入れます。

`srcset`はメディアクエリの指定なしで使えます。ブラウザは指定された情報から、現在のビューポートに最適な画像を選択します。同じ縦横比の画像の場合は`<srcset>`を使えますが、**指定する画像の縦横比がまちまちな場合は予想外の結果となる場合がある**ので注意が必要です。レスポンシブな画像にするのに、画面サイズによって縦横比の違う画像を表示したいのなら、CSS内でメディアクエリを使うか、以下で説明する`<picture>`を使ってください。

それでは、Legendary Tones のサイトで`srcset`を使ってみましょう。その前に、ページの本文に画像を使ったバージョンをダウンロードしてそれを変更していきます。次のコマンドを実行して、gitの新しい「ブランチ」をダウンロードしてください。

```
git checkout -f srcset
```

ダウンロードしたら`index.html`を見て、26行目に新しい`<img>`タグが追加されていることを確認してください。ブラウザで表示すると、図5.14のようにアンプの画像が追加されているはずです。

図5.14 本文に画像が追加された Legendary Tones のサイト

図5.14に示されている新しい画像は`img`フォルダ直下の`amp-xsmall.jpg`です。この画像を`srcset`を使って、解像度を適切なものにしつつコンテナの幅に合うよう変更するよう指定してみましょう。`img`フォルダに用意されている関連画像の一覧を表5.4に示します。

表5.4 Webサイトのフォルダ`img`内にある画像の一覧に画像の幅を加えたもの。属性`srcset`を作成するのに使用する

画像ファイル名	画像幅（ピクセル）
amp-xsmall.jpg	320w（`src`で指定済み）
amp-small.jpg	512w
amp-medium.jpg	768w
amp-large.jpg	1280w

それでは表5.4を見ながら`srcset`の指定を加えましょう。`index.html`の26行目にある`<img>`タグを、次のように変更します。

```
<img src="img/amp-xsmall.jpg" class="articleImageFull"
    srcset="img/amp-small.jpg 512w,
            img/amp-medium.jpg 768w,
            img/amp-large.jpg 1280w">
```

　srcsetの値をこのように設定すれば、srcsetをサポートするブラウザではすべてのブレークポイントで適切なサイズのアンプの画像が表示されます。メディアクエリなしで最適のものを選んでくれます。

　パフォーマンス面で見ても`srcset`は効果的です。ブラウザは最適な画像だけをダウンロードしてくれます。ウィンドウサイズを大きくしてページを読み込めば`amp-large.jpg`が、サイズを小さくして読み込めば`amp-medium.jpg`や`amp-small.jpg`がリクエストされます。最適の画像が無駄なくダウンロードされます。

　小さなウィンドウで読み込んでからウィンドウを広げると、ブラウザは大きな画像を改めてダウンロードしてくれます。`srcset`によって、必要なときに必要な画像だけがダウンロードされるようになるわけです。

`sizes`による詳細指定

　`srcset`では、スクリーンの幅によって画像サイズを変更したい場合は、属性`sizes`を指定します。

　`srcset`同様、属性`sizes`も`<img>`タグで指定され、次の例のように値としてメディアクエリと幅の組をとります。メディアクエリはCSSのメディアクエリと同様、画像が変化すべき位置を定義します。その後に続く幅は、メディアクエリが起動した際に画像がどれだけの幅で表示されるべきかを設定します。メディアクエリと画像幅の組みが複数あれば「,」で区切ります。

```
<img src="image-small.jpg"
    srcset="image-medium.jpg 640w, image-large.jpg 1280w"
    sizes="(min-width: 704px) 50vw, 100vw">
```

　この例で、`sizes`の指定は2つの仕事をしています。704ピクセル以上の幅の画面では、画像がビューポートの幅の50％を占めるよう指示しています。ブラウザにこの指示を伝えるために、vw（viewport width：ビューポート幅）という単位を使っていますが、これはビューポートの現在の幅の何パーセントかを表します。この後に続くメディアクエリなしの規則は、画像のデフォルトの幅です。メディアクエリに適合するものがなければ画像をビューポートいっぱいに表示するよう指示しています。すべての画像に`max-width: 100%`というルールが適用されていますから（この節の最初に説明しました）、画像がコンテナの幅を超えることはありません。属性`sizes`の働きを自分で試すには、`index.html`の26行目の`<img>`タグを次のように変えてみてください。

```
<img src="img/amp-xsmall.jpg" class="articleImageFull"
    srcset="img/amp-small.jpg 512w,
            img/amp-medium.jpg 768w,
            img/amp-large.jpg 1280w"
    sizes="(min-width: 704px) 50vw, (min-width: 480px) 75vw, 100vw">
```

　このように`<img>`タグに属性`sizes`を追加すると、図5.15に示すように表示される画像が変わることになります。

図5.15　Google Chromeで表示した場合に属性sizesが画像に与える影響。704ピクセルのブレークポイントでは画像はビューポートの50%を占めるが、480ピクセルのブレークポイントでは画像は75%を占め、480ピクセル未満のデフォルトの振る舞いでは画像はビューポート全体を占めるようになる

変更が済んだらブラウザのウィンドウをリサイズし、メディアクエリが変わるたびに画像がビューポートに適合していく様子を観察してください。レスポンシブな画像をどのような方法で実装するにしても、こまめな微調整なしには最善の結果は得られません。sizesを使う上で従うべき有用なルールの1つに、「メディアクエリはCSSで使っているものと整合性を保つようにする」というものがあります。このルールを破ってもかまいませんが、必ず繰り返しテストをしてください。

5.4.3　`<picture>`の利用

多くの場合srcset（とsizes）で事足りるはずなのですが、画面サイズが変わったときに画像をトリミングしたり、中心点を変えたりすることはできません（こうした操作を「アートディレクション」と呼ぶことがあります）。たとえば大きい画面用の画像が小さい画面には向かない場合、こうした操作を行いたくなる場合があります。図5.16がこの例です（筆者の家のネコです）。

図5.16　画面のサイズに合わせてトリミングする例。一番大きい画像では画面に余裕があるので、ネコのまわりの様子が含まれているが、幅が狭くなるにつれて切り取られて、ネコが大きく表示されるようになっている

<img>タグのsrcset属性に指定する画像では縦横比が同じものを指定しますが、<picture>では任意の画像を指定できます。

<picture>の説明に移る前に、gitのブランチを切り替えましょう。次のコマンドを実行してください（いつものように、すでに変更したファイルは別の場所に保存しておいてください）。

```
git checkout -f picture
```

<picture>を使った画像の切り替え

これまでと同じLegendary Tonesのサイトですが、内容が少し変わっています。ブラウザで再読み込みをすると図5.17のように、アンプの画像が表示されているはずです。704pxより狭い画面では、画像は段落の間に置かれ、ビューポートの中央に来ています。704ピクセル以上の幅の画面では、画像は右寄せされテキストは画像の左に回り込みます。

狭い画面

広い画面

図5.17 Legendary Tonesの別バージョンのトップページの画像。アンプの画像は幅の狭い画面（左）ではビューポートの中央に表示され段落の間に置かれるが、幅の広い画面（右）では、画像は右寄せされテキストが左に回り込む

図5.17の画像はリスト5.4のように<picture>タグで指定されており、index.htmlの30行目にあります。

リスト5.4　Legendary Tonesの<picture>要素
```
<picture>                              ← <picture>タグ
  <img src="img/amp-small.jpg">        ← <picture>がサポートされていない場合に表示される
</picture>
```

この設定に追加したいのが、高解像度ディスプレイの場合に表示される解像度の高い画像と、小さな画面用の周囲が切り取られた画像です。そのためにリスト5.5のように<picture>に<source>タグを追加し、ブラウザが使える画像をさらに定義します。

リスト5.5 `<picture>`にさまざまな機器の画像への対応処理を追加

```
<picture>
    <source media="(min-width: 704px)"
            srcset="img/amp-medium.jpg 384w" sizes="33.3vw">
    <source srcset="img/amp-cropped-small.jpg 320w" sizes="75vw">
    <img src="img/amp-small.jpg">  ← <picture>がサポートされていない場合は<img>が有効となる
</picture>
```

異なる画像に対応して`<source>`タグを2つ追加しています。最初の`<source>`タグには画面が704px以上の場合に有効となる属性mediaが設定されています。この条件が満たされると属性srcsetによって幅384pxの画像が配信され、画像はビューポートの幅の3分の1の大きさで描画されます。

画面の幅が704px未満の場合は、2番目の`<source>`タグが有効となります。この`<source>`には属性srcsetがあり、320px幅の別の画像を読み込んでビューポート幅の75%の大きさに調整します。図5.18は新しいコードの実行結果です。

狭い画面　　　　　　　　　　　　　　　　　　　　　広い画面

図5.18　`<picture>`要素を修正した後の画像位置。小さな画面（左）では、画面解像度に応じて画像の処理を変えている

`<picture>`タグは、自分自身が画像を指定する機能は持っていません。`<source>`タグや`<img>`タグの「入れ物」にすぎません。`<source>`は画像の配置を行い、`<img>`は`<picture>`をサポートしないブラウザ用の設定を担当します。`<img>`がないと画像が表示されないので省略はできません。

ここまでの作業で、低DPIディスプレイなら十分うまくいくものができあがりましたが、もう少し鍛え上げて高DPIディスプレイではさらに高画質の画像を利用しましょう。

高DPIディスプレイへの対応

`<picture>`要素を高DPIディスプレイに対応させるのはとても簡単です。`<source>`タグの属性srcsetをもう少し調整するだけで良いのです。このWebサイトでは`<picture>`要素の内容を変更すれば高DPIディスプレイでより美しい画像を表示できます。リスト5.6では変更点を太文字で表示しています。

リスト5.6 `<picture>`を使って高DPIディスプレイ用の画像を追加

```
<picture>
    <source media="(min-width: 704px)"
            srcset="img/amp-medium.jpg 384w,
                    img/amp-large.jpg 512w"
            sizes="33.3vw">
    <source srcset="img/amp-cropped-small.jpg 1x,
                    img/amp-cropped-medium.jpg 2x"
            sizes="75vw">
    <img src="img/amp-small.jpg">
</picture>
```

- 高解像度画像（amp-large.jpg）が追加されている
- amp-cropped-small.jpgに比率1xが割り当てられている
- amp-cropped-medium.jpgが比率2xで追加されている

このちょっとした調整でしていることは2つです。大きい画面では、ブラウザが幅384pxあるいは512pxのどちらかの画像を選択し、小さい画面では低DPIディスプレイ用画像（amp-cropped-small.jpg）か高DPIディスプレイ用画像（amp-cropped-medium.jpg）のどちらかを選択します。

どちらの画像がどちらのタイプのディスプレイ用なのかをブラウザに伝えるために、属性srcset内では幅の値を使う代わりにx値（x value）が使われています。「倍率」だと考えてください。1xは標準DPI画面向けの画像を表し、2x以上はDPIのより大きな画面向けの画像を表します。必要であれば3x以上の倍率を使うこともできます（5Kディスプレイまで市販されています）。

属性typeによるデフォルト画像の指定

次に新しい画像形式をサポートしていないブラウザでの互換性を維持しつつ利用する方法を紹介します。`<picture>`タグを使って異なる形式の異なるフォールバック画像（デフォルト画像）を指定することで実現できます。

たとえばGoogleが提案しているWebP形式を使う際にこの機能を利用できます。WebPは高性能の画像フォーマットで、概して他の形式よりファイル容量が小さくなりますが、WebP形式をサポートしていないブラウザがあるので、その対策が必要です。次のコードを見てください。

```
<picture>
    <source srcset="img/amp-small.webp" type="image/webp">
    <img src="img/amp-small.jpg">
</picture>
```

`<source>`タグの属性typeに"image/webp"を指定すると、WebP画像を優先して表示します。WebPをサポートしていないブラウザでは`<img>`タグに指定されたJPEG画像が使われます。index.htmlの30行目から始まる`<picture>`...`</picture>`の指定を上のように修正してみてください。

こうすることで、WebPに対応しているブラウザではWebPの画像が、そうでない場合はJPEGの画像が表示されます。さらに`<picture>`タグに対応していないブラウザについても`<img>`タグが有効になるため、最悪のケースでもamp-small.jpgが表示されることが保証されます。このようなコードを用いると、新しい画像形式を安心して使えます。

5.4.4　Picturefillを使った画像の代替

srcsetと`<picture>`はどちらも有用ですが、すべてのブラウザでサポートされているわけではありません。幸いなことに、両者をサポートしていないブラウザでも、Picturefillという名前の小さな（11Kバイトの）スクリプトを使えばこの機能が利用できます。

Picturefillの使用

Picturefillも他のよくできたポリフィル同様で、`<picture>`とsrcsetをサポートしているブラウザはその機能を使い、サポートしていないブラウザでは**Picturefill**を使って類似の機能を実現します。

まずPicturefillをhttps://scottjehl.github.io/picturefillからダウンロードし、プロジェクト内に配置します。Picturefillの使い方を見てみたいなら、次のコマンドを入力してPicturefillが含まれている新しいブランチに切り替えてください。

```
git checkout -f picturefill
```

ブランチをダウンロードしたらindex.htmlを開き、7行目と8行目を見てください。`<head>`内に2つの`<script>`ブロックがあります。

```
<script>document.createElement("picture");</script>
<script src="js/picturefill.min.js" async></script>
```

1番目の`<script>`ブロックは`<picture>`要素を認識しないブラウザ用で、Picturefillの読み込みが完了しないうちにブラウザがHTML内の`<picture>`要素を解析してしまうことで起こる不具合を防ぐためのものです。2番目のブロックはPicturefillを読み込むもので、属性asyncを指定することでページのレンダリングをブロックせずに読み込みます（asyncについては第8章で説明します）。

これだけでPicturefillが動作します。スクリプトの読み込みが完了すれば、HTMLの新しい画像配信機能をサポートしていないブラウザも問題なくサポートするようになります。

残念ながらこの方法では、`<picture>`とsrcsetをサポートしているブラウザが不必要なPicturefillをダウンロードしてしまうことを防ぐことができません。次に、Modernizrを使って`<picture>`とsrcsetのサポートをチェックし、必要としているブラウザについてのみPicturefillを読み込むようにする方法を説明しましょう。

Modernizrを使ったPicturefillの条件付き読み込み

Modernizr（http://modernizr.com）は、堅牢な機能検出ライブラリで、ブラウザが一群の機能をサポートしているかどうか簡単に検出する仕組みを提供しています。ここでの目的のために筆者は`<picture>`とsrcsetに限って機能を検出するコードのみを備えた、1.8KバイトのModernizrのカスタムビルドを作成しました。

Modernizrを使って、11KバイトのPicturefillライブラリをモダンブラウザがダウンロードするのを避けるには、まずブラウザがそれを必要としているかどうかチェックします。どちらかの機能の検出に失敗したら、Picturefillを読み込みます。両機能とも検出に成功すればPicturefillを読み込まないので、ブラ

ウザに不要なコードをダウンロードさせません。

まず、`index.html`の8行目を削除します。`picturefill.min.js`を読み込んでいる`<script>`ブロックです。それから次のコードを`</body>`タグの直前に追加します。

```
<script src="js/modernizr.custom.min.js"></script>
<script>
    if(Modernizr.srcset === false || Modernizr.picture === false){
        var picturefill = document.createElement("script");
        picturefill.src = "js/picturefill.min.js";
        document.body.appendChild(picturefill);
    }
</script>
```

上のコードはModernizrのカスタムビルドを読み込むコードで始まります。続いて別の`<script>`タグとして、Modernizrオブジェクトに`srcset`と`<picture>`のサポートがあるかどうかをチェックする短いコードを書きます。いずれかのチェックに失敗したら、もう1つ`<script>`タグを作成し、属性`src`がPicturefillを指すようにしてDOMに挿入します。いろいろなブラウザの開発者用ツールでネットワークのタブを調べれば、サポートのないブラウザでは`picturefill.min.js`をダウンロードしているのに対し、モダンブラウザは読み込んでいないことがわかるでしょう。図5.19に例を示します。

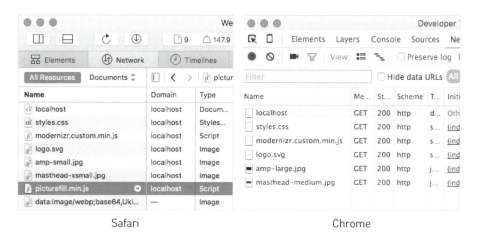

図5.19 2つのブラウザのネットワーク解析機能でPicturefillの条件付き読み込みの様子を表示したもの。左は`<picture>`や`srcset`をサポートしていないバージョンのSafariでPicturefillを読み込んでいる。右はChromeで、機能を完全にサポートしているためPicturefillを読み込んでいない

このわずかなコードがあるだけで、機能をサポートしているブラウザによる不要なPicturefillのダウンロードを回避できます。リクエストが減少しコードが少なくなることでロード時間が短縮されます。

5.4.5　HTML内でのSVGの利用

CSSにおいてはSVGで表現できるのであればSVGを使うのが最善の選択肢となりましたが、HTMLに

ついても同じことが言えます。SVGで表現できる画像であれば、複数の画像を用意する手間を省けますから、SVGを利用しない手はないでしょう。

> **注意!** この項ではSVGのインライン展開についても説明しますが、HTTP/1サーバーにホストされているサイトでは有効な技法ではあるものの、HTTP/2サーバーでは避けるべきものです。この方法に限らず、利用しようとしている技法が自分の環境で有効なものか、常に確認してから採用しましょう。

HTMLでSVG画像を利用する方法は2つあります。1つは単純に`<img>`タグを使う方法、もう1つはSVGファイルをインライン展開する方法です。

まず、`<img>`タグを使うほうを`index.html`のヘッダー部分のロゴで試してみましょう。現在は次のようにPNG版を指定しています。

```
<img src="img/logo.png" alt="Legendary Tones" id="logo">
```

SVG版のロゴは`img/logo.svg`に入っているので、次のように変更してブラウザで再読み込みをして確認してください。

```
<img src="img/logo.svg" alt="Legendary Tones" id="logo">
```

HTMLの`<img>`タグにSVGファイルを指定する場合、`<picture>`の内部で使ったり、`srcset`とともに使ったりする必要があることはほとんどありません。例外は`<picture>`の中で、他の形式がサポートされない場合のデフォルト画像として指定される場合です。

続いて、SVGファイルをインライン展開する方法を説明しましょう。SVGはXMLで書かれています。したがって、SVGファイルの内容を直接HTML内に展開できます。

インライン展開には長所と短所があります。長所はHTMLのリクエストが1つ減りロード時間が短くなることですが、これは「HTTP/2をサポートしたサーバーを使っていない場合」という条件付きです。短所は複数ページで使われていてもキャッシュされにくくなることです。どちらの方法が良いか、利点を比較してください。

`index.html`の中に`logo.svg`の内容をインライン展開して試してみましょう。まず、次のコマンドでブランチ`inline-svg`に切り替えてください。

```
git checkout -f inline-svg
```

SVG画像のインライン展開は簡単です。このWebサイトであれば、フォルダ`img`にある`logo.svg`を開き、`<svg>`から`</svg>`までをクリップボードにコピーし、`index.html`の`<img>`タグを置き換えます(ファイルの先頭の`<?xml>`ヘッダーなどは含めないでください)。最終結果はリスト5.7のようになるはずです(本体部分は省略)。

リスト5.7　HTML内にインライン展開されたSVG

```
<section id="masthead">
    <svg id="logo" xmlns=http://www.w3.org/2000/svg
        ...
    </svg>
    <h2 id="tagline">Your Source for Great Guitar Tone</h2>
</section>
```

インライン展開された logo.svg の内容（途中省略）

　SVGのインライン展開に向いているのは何かのコンテンツの一部として単一のページ内に表示されるリソースです。たとえばベクター化されたインフォグラフィックスなどはSVGインライン化に適している可能性があります。

　とはいえ、インターネット接続のボトルネックは「遅延」だということを念頭に置くことはきわめて重要です。インライン化によりリクエストが減りロード時間が短縮されます。ただ、一方でキャッシュを効果的に利用するのも大切です。選択肢を比較し、自分のサイトではどうするとよいのか検討してください。

5.5　まとめ

　この章では、機器にあった画像の送信することの重要性とその具体的な手法を学びました。

- CSS内でメディアクエリを使ってレスポンシブな画像を配信することと、配信先の機器に正しく対応する画像を届けることが読み込み時間や処理時間にいかに良い影響を与えるか
- `<picture>`と`srcset`を使ってHTML内でレスポンシブな画像を配信する方法
- `<picture>`と`srcset`をサポートしていない（古い）ブラウザ用にポリフィルを提供する方法
- SVG画像をCSSおよびHTMLで利用する方法（ベクター形式であるSVGを利用することにより、すべての機器で最良の画質が得られる）

　この章で学んだことを身につければ、必要な画像だけをダウンロードするよう最適化しつつ、可能な限り質の良い画像を配信できます。

　次章では、画像分割、さらなる画像圧縮、WebPの利用など、画像の最適化についてさらに詳しく説明します。

さまざまな画像最適化手法

- 6.1 スプライトの利用
    - 6.1.1 ツールの準備
    - 6.1.2 スプライトの生成
    - 6.1.3 生成されたスプライトの指定
    - 6.1.4 スプライトに関する考慮点
    - 6.1.5 Grumpiconを使った代替ラスター画像の利用
- 6.2 画像の軽量化
    - 6.2.1 imageminを使ったラスター画像の軽量化
    - 6.2.2 SVG画像の最適化
- 6.3 WebP画像
    - 6.3.1 imageminを用いた不可逆圧縮WebP画像の作成
    - 6.3.2 imageminを用いた可逆圧縮WebP画像の作成
    - 6.3.3 WebPをサポートしないブラウザのサポート
- 6.4 画像の遅延読み込み
    - 6.4.1 HTMLの設定
    - 6.4.2 遅延ローダーの作成
    - 6.4.3 JavaScriptなしのユーザーへの対応
- 6.5 まとめ

CHAPTER 6 この章の内容

- 自動処理ツールを使って、複数の画像ファイルからスプライト（CSSスプライト）を作成する方法
- 画質の大幅な劣化なしにファイルサイズを小さくする方法
- GoogleのWebP形式の利用と従来の形式との比較
- ビューポートの外にある画像の遅延読み込み

前の章では最適な画像を配信することの重要性を学びましたが、この章では、画像の処理についてさらに深く学びます。

6.1 スプライトの利用

多くのフロントエンド開発者はサイトのパフォーマンスを向上させる方法を常に探しています。画像は転送されるデータの大きな部分を占めますから、この「扱いにくい厄介者」をうまく手なずけようと思うのは当然のことです。

サイトによっては小さな画像がたくさん使われています。評価を表す星印、SNSのアイコン、コンテンツを「シェア」するためのボタン、などなどです。こういった画像の多くは「スプライト（CSSスプライト）」の一部になっています。

> **注意：** スプライトは画像を結合してHTTPリクエストを減少させる手法です。ページ読み込み時間を短縮するために、**HTTP/1ではスプライトを使うべき**ですが、**HTTP/2では避けるべき**です。詳しくは第11章を参照してください。

スプライトとは、複数の画像を1つのファイルにまとめたもので、多くの場合、アイコンなどさまざまな場所で使われる画像で利用されます。図6.1にスプライトの例を示します。

図6.1 さまざまなサイトのアイコンからなるスプライト

スプライトはCSSの background-image で指定し、background-position を使って必要な部分だけを所定の場所に表示します。「バウンディングボックス」によってスプライトの余計な部分を表示しないよう

にするため、1つの画像だけが表示されているように見えます。

スプライトの利点は、元々多数であるはずのものが1つの画像になることです。画像配信が効率化され、Webサーバーへのリクエストが少なくなるためロード時間が削減されます。

この節では、6個のSVGアイコンを使うレシピサイトでスプライトを作成します。4個はSNSのアイコンで、2個はレシピの評価を表すのに使う星のアイコンです。コマンドラインのユーティリティを使い、スプライトと、それを使うのに必要なCSSを生成します。続いてCSSを使ってすべてのアイコンを、生成したスプライトに置き換えます。HTTPのリクエスト数は25から20に減少し、全アイコンの読み込みに約500ミリ秒かかっていたものが約90ミリ秒に短縮されます（Google Chromeで3G接続を指定して計測）。最後にSVGをサポートしないブラウザのためにPNGの代替画像を作成します。

6.1.1　ツールの準備

まずスプライトを生成するユーティリティをダウンロードします。次のコマンドを実行してインストールしてください。

```
npm install -g svg-sprite
```

インストールが終わったら、適当なフォルダに移動して、いつものようにgitでWebサイトのコードをダウンロードしてください。

```
git clone https://github.com/webopt/ch6-sprites.git
cd ch6-sprites
npm install
node http.js
```

ブラウザに`http://localhost:8080`を指定すると、レシピサイトが表示されます。

> **MEMO**　作業を省略して、結果を見たい場合は、`git checkout -f svg-sprite`と入力してください。いつものことですが、ローカルのファイルに行った変更は保存されませんので気を付けてください。

それではスプライトの作成を始めましょう。

6.1.2　スプライトの生成

フォルダimg内にはicon-imagesという名前のサブフォルダがあります。ここには6個のSVG画像があり、それをこれから1個のスプライトにまとめるわけです。表6.1に各画像の詳細を示します。

表6.1 レシピサイトのSVGアイコン（これから1つにまとめる）

画像ファイル名	用途	画像サイズ（バイト）
icon_facebook.svg	Facebookのアイコン	600
icon_google-plus.svg	Google Plusのアイコン	938
icon_pinterest.svg	Pinterestのアイコン	563
icon_star-off.svg	評価の星（オフ）	299
icon_star-on.svg	評価の星（オン）	302
icon_twitter.svg	Twitterのアイコン	759

バラバラの画像だとリクエストは6つになりますが、スプライトによって1つだけになります。スプライトを生成するには、レシピサイトのルートフォルダから、次のようにコマンド svg-sprite を実行します。

```
svg-sprite --css --css-render-less --css-dest=less --css-sprite=../img/icons.svg
 --css-layout=diagonal img/icon-images/*.svg
```

このコマンドでいろいろな操作が行われます。各引数の役割を図6.2に説明します。

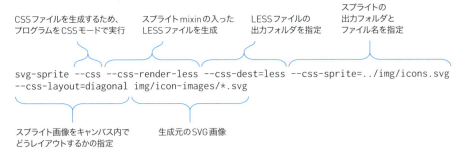

図6.2 LESSのmixin付きでSVGスプライトを生成するのに使うコマンド svg-sprite の詳細説明

コマンドを実行するとフォルダ img の下にスプライト（図6.3）が、フォルダ less の下には sprite.less という名前の新しいLESSファイルができています。

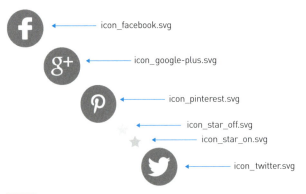

図6.3 生成されたスプライト画像。元になったファイル名を併記した

スプライトはアイコン以外にも使えます（とはいえアイコンに使われるのが普通ですが）。反復なしの背景やボタンの画像など、コンテンツとは無関係に使われる画像もスプライトにできます。

6.1.3　生成されたスプライトの指定

次のステップは、生成されたファイル`sprite.less`を`main.less`にインクルードすることですが、どちらのファイルもフォルダ`less`にあります。`main.less`の最初に次の行を追加します。

```
@import "sprite.less";
```

これでスプライト用のLESSのmixin（ミックスイン）（複数のプロパティをまとめて指定できる機構）がCSSに追加されます。以降は各アイコン画像への参照をLESSのmixinに置き換えて、スプライトを使うようにしていきます。変更は6箇所です。文字列`.svg`を検索し、表6.2に示した対応するLESSのmixinでそれぞれの`background-image`の参照を置換していきます。

表6.2　画像ファイルと置き換えに使うLESSのmixin

画像名	LESSのmixin
icon_facebook.svg	.svg-icon_facebook;
icon_google-plus.svg	.svg-icon_google-plus;
icon_pinterest.svg	.svg-icon_pinterest;
icon_star-off.svg	.svg-icon_star-off;
icon_star-on.svg	.svg-icon_star-on;
icon_twitter.svg	.svg-icon_twitter;

見本として画像を1つスプライトに置き換える手順を示しましょう。表6.2の第1行目にあるFacebookのアイコン画像を置き換えるには次のようにします。

1. `global_small.less`内を検索して`icon_facebook.svg`を探し、`icon_facebook.svg`が含まれる行全体をmixinの`.svg-icon_facebook`で置き換えます。
   この例では、置き換える行は次のようになっているはずです。

   ```
   background-image: url("../img/icon-images/icon_facebook.svg");
   ```

   この行をmixinの`.svg-icon_facebook`で置き換えます。

   ```
   .svg-icon_facebook;
   ```

2. **LESSファイルをコンパイルする**——Unix系のシステム（およびGit Bash）では`less.sh`を実行します（「`sh less.sh`」）。

上記のステップを完了したら、ページを再読み込みしてください。Facebookのアイコンは、予想どおり以前とまったく変わりなく表示されています。ブラウザの開発用ツールで画像要素を調べてスプライトが使われていることを確認し、CSSもチェックしてください。

ここまでくれば、あとは表6.2にあげた残りの画像について上記のステップを繰り返すだけです。全部

完了すれば、HTTPのリクエスト数は25から20に、スプライト化した画像の読み込み時間は約500ミリ秒から約90ミリ秒に減少します。

この例ではアイコン6個だけでしたので、改善はそれほどでもありませんでしたが、スプライトに追加される画像の数が増えるほどパフォーマンスの改善効果は大きくなります。たとえばFacebookでは、サイト内のあちこちで使われているアイコン、ボタン画像、背景画像など、多数の画像を、スプライトを使って配信しています。こういったアイコンが別々に送信されるとすれば、パフォーマンスはかなり低下してしまうでしょう。

6.1.4 スプライトに関する考慮点

ここまで、SVGスプライト生成プログラムを使ってスプライト画像を生成する方法を学んできましたが、考慮しなければならない点がいくつかあります。

この節の冒頭で触れましたが、スプライトはたとえば図6.4のようにページのあちこちで使われる「グローバルな」視覚要素を組み合わせたものです。特定ページのコンテンツだけに使われる画像をスプライトにするのは意味のある作業と言えません。特定のコンテンツの画像を含んだスプライトを作成すると、必要としないページでも画像がダウンロードされることになってしまいます。たとえばレシピサイトの画像であれば図6.4のように分けるとよいでしょう。

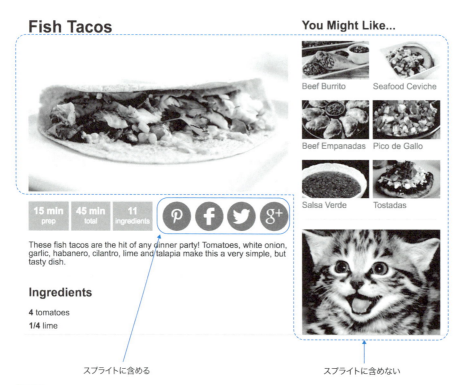

図6.4 スプライトに含めるべき画像と含めるべきでない画像をレシピサイトの画面全体で示したもの。アイコンは含めるべきだが、レシピ画像や広告のような画像は含めるべきでない

どれがグローバルな画像であるかを決めるのは、それほど神経質になる必要はありません。アイコンによってはすべてのページで使われていないものもあるでしょうが、スプライトに追加してもファイルサイズが少ししか増えないことを考えれば、ある程度使われるものならば追加すべきです。最初に読み込んでおくことでキャッシュに入るので、以降のロードも速くなります。画像の一覧を作成して必要だと判断したものをまとめ、Webサイトに最適なスプライト画像を作成してください。

6.1.5　Grumpiconを使った代替ラスター画像の利用

先ほどコマンドラインを使ってSVGのスプライトを作成しました。対象とした画像はアイコンで、SVG形式に適したものですから、SVGを使うのは自然なことでした。

ほとんどのブラウザがSVGをサポートしているといっても、もっと広くサポートされている古くから使われている形式の代替画像が必要な場合もあるでしょう。そんなときにはGrumpiconが便利です。

GrumpiconはWebベースのツールで、SVGファイルからPNG版のスプライトを代替オプション付きで生成してくれます。スプライト `icons.svg` を古いブラウザ用のPNG版に変換してくれるわけです。まずはじめに、次のコマンドでコードを新しいブランチに切り替えましょう。

```
git checkout -f png-fallback
```

新しいコードがダウンロードされたら、`http://grumpicon.com` に移動し、フォルダ `img` から `icons.svg` をアップロードします。ファイル選択ダイアログを使ってもよいですし、図6.5に示す「Grumpiconビースト」にドラッグ＆ドロップすることもできます。

`icons.svg` をアップロードすると、zipファイルのダウンロードを自動的に開始します。ファイルを開いて、その中にあるフォルダ `png` を開いてください。`icons.png` という名前のファイルがありますから、このファイルをレシピサイトのフォルダ `img` に入れます。

LESSの mixin を手直しして、SVGがサポートされていない場合にこのファイルを代替画像として使うよう複数の `background-image` を指定します。`sprite.less` を開き、1行目にある mixin `.svg-common()` を確認してください。mixin の内容をリスト6.1のように修正します。

図6.5　「Grumpiconビースト」にSVGファイルをドラッグ＆ドロップしてPNGに変換する（ダイアログボックスで指定も可能）

リスト6.1　SVGをサポートしないブラウザ用の代替PNG画像

```
.svg-common(){
  background: url("../img/icons.png") no-repeat;   ← PNG版による代替を最初に記述
  background: none, url("../img/icons.svg");       ← 複数項目を指定（本文に説明あり）
}
```

このコードがしていることは2つです。最初のbackground-imageでは代替画像としてicons.pngを指定しています。次の行では複数の背景画像を指定し、その最後がSVGスプライトになっています。代替画像を組み込む修正が終わったら、less.shを実行してLESSファイルを再コンパイルしてください。

この代替がうまくいくのは、古いブラウザが最初の属性backgroundを読み込んでそれをページに適用するからです。古いブラウザが2番目の属性backgroundを読み込もうとしても、複数の背景画像の指定を構文解析できずに失敗します。そこでSVGに対応できないブラウザでは最初に読み込んだicons.pngへの参照を採用するのです。SVGに対応したブラウザではicons.svgを認識するのでそちらを使い、ファイルicons.pngは無視されます。icons.pngがicons.svgへの参照で上書きされるので、ブラウザはicons.pngはダウンロードしない、という仕組みです。

6.2 画像の軽量化

画像がふんだんに使われたレシピコレクションのサイトを所有しているクライアントがいたとしましょう。

> このクライアントは、サイトで使われている画像がレスポンシブであるにもかかわらず、どんな機器でもトップページの読み込みにとても時間がかかることに気づきました。このページはサイト内の他のページにユーザーを誘導する魅力を備えたページです。クライアントは、このページの読み込み時間を短くできれば、自分のサイトを訪れる気の短いユーザーもサイトの中へ誘導できると考えました。

> **MEMO** 画像軽量化の自動化
> この節では、画像の軽量化（最適化）を行うNodeスクリプトの書き方を紹介します。ここで紹介した自動化技法に興味を持ったら、第12章のgulpの説明も読んでみてください。

ここで登場するのが画像の「軽量化」あるいは「最適化」（画質を大きく落とすことなしにファイルサイズを小さくする処理）です。画像編集プログラムの多くはWebに最適化された画像を作成してくれません。その良い例が画像編集＆デザインソフトPhotoshop CCの［Web用に保存］のダイアログボックスです。これは皮肉な名前で、プリセットやオプションには有用なものも多いのですが、最近の画像軽量化アルゴリズムで可能なレベルとは比較になりません。

まず次のコマンドを入力して新しいレシピサイトをダウンロードし、サーバーを起動してください。

```
git clone https://github.com/webopt/ch6-image-reduction.git
cd ch6-image-reduction

npm install
node http.js
```

　http://localhost:8080にアクセスすれば、図6.6のようなこのクライアントのレシピサイトが表示されます。
　Webサイトが表示されたので、imageminという名前のNodeプログラムを使ってJPEG画像を最適化しましょう。それからさらに同じプログラムを使ってPNG画像を、最後にNodeプログラムsvgoを使ってSVG画像を最適化します。

図6.6　新しいレシピサイト（タブレット用表示）

6.2.1　imageminを使ったラスター画像の軽量化

　ここではimageminというツールを使います。これはNodeで書かれた汎用の画像最適化モジュールで、Webで使われる全形式の画像を最適化する能力があります。以下では、レシピサイトのフォルダimgにあるすべてのJPEG画像を最適化するのに、imageminを使う小さなNodeプログラムを作成します。

> **MEMO**　言うまでもないことかもしれませんが、こういった技法を作業中のサイトで利用するかどうかは、あなたの業務上の役割に関わることです。デザイナーとプログラマーの両方の役割をこなしているなら、選択の幅は広いでしょう。しかし、会社の組織がもっと細かく分かれていてあなたの責任がプログラミングに関することに限定されているなら、最適化を実行する仲間にデザイナーを引き入れましょう。

　ここまでの作業と異なり、このツールを使うにはNode用のJavaScriptを少しばかり書かねばなりません（npmでインストールできるツールを単に実行するだけではありません）。しかし心配は無用です。1ステップずつ説明していきます。

JPEG画像の最適化

　作業にかかる前に、プロジェクトで使われる画像の一覧を作成しておきましょう。サイトのフォルダ

imgを見ると、-1x.jpgあるいは-2x.jpgで終わる34個のレシピ画像があります。これは実は17組のJPEG画像です（一方は標準DPI画面用、もう一方は高DPI画面用）。このページでは、画面の解像度に従って画像を配信するのに、第5章で学んだ属性srcsetを使っています。

ページの「重さ」に画像がどれだけ影響しているのかを判断するパラメータは2つ、画面の種類と機器の解像度です。表6.3はこのWebサイトについて、画面のDPI値、画像のサイズの合計と、各条件下の読み込み時間をChromeのNetworkパネルを使って、速度として［3G］を指定して計測したものです。

表6.3 画面のDPI値と、画像の容量、ページの総読み込み時間との関係

画面の種類	画像サイズ	ロード時間
高DPI値	2089Kバイト	11.5秒
標準DPI値	732Kバイト	4.38秒

標準DPIディスプレイを備えた機器では何とかそれなりの時間でサイトが読み込まれていますが、高DPIディスプレイの機器では明らかに遅すぎます。それではimageminという強力な味方の力を借りて、ちょっと気合いを入れてやってみましょう。次のコマンドを実行します。

```
npm install imagemin imagemin-jpeg-recompress
mkdir optimg
```

1番目のコマンドは2つのパッケージをインストールします。モジュールimageminと、jpeg-recompressという名前のimagemin用JPEG最適化プラグインです。2番目のコマンドはoptimgという名前のフォルダを新しく作成しますが、これはimageminのコードが最適化した画像を書き込む場所です。インストールが終了したら、作業を実行する小さなNodeプログラムを書きます。Webサイトのルートフォルダの中にreduce.jsという名前で新しいファイルを作成し、リスト6.2の内容を書き込みます。

リスト6.2 imageminを使ったフォルダ内の全JPEG画像の最適化

```
var imagemin = require("imagemin"),    // Nodeパッケージimageminをインポート
    jpegRecompress = require("imagemin-jpeg-recompress");
    // imagemin用プラグインjpeg-recompressをインポート
imagemin(["img/*.jpg"], "optimg", {    // JPEGを読み込んで最適化し書き出すimageminオブジェク
                                       // トを生成
  plugins: [
    jpegRecompress({
      accurate: true,    // jpeg-recompressに速度より正確さを優先するよう指定
      max: 70    // 出力のJPEGファイルの画質の最大値を指定
    })
  ]
});
```

上に示したコードは単純です。requireで2つのimageminモジュールをインポートします。両方のモジュールを使ってimg内のすべてのJPEG画像を処理し、最適化した画像をフォルダoptimgに書き出すimageminのオブジェクトを生成します。コードの入力が済んだらreduce.jsを保存し、Nodeで実行します。

```
node reduce.js
```

　実行には少し時間がかかります。私のノートブックでは、このコマンドを実行するのに10秒程度かかりました。スクリプトの実行に時間がかかりすぎる場合、リスト6.2のフラグ`accurate`の値を`false`に設定すれば実行時間が短縮されます。

　プログラムが終了すると、フォルダ`optimg`に最適化された画像ができています。`chicken-tacos-2x.jpg`について、最適化されていない画像と最適化されたものを各フォルダから探し出して見てみましょう。図6.7に両者を並べて示します。

最適化されていない画像　　　　　　　　最適化された画像
（181.9Kバイト）　　　　　　　　　（79.41Kバイト）

図6.7　chicken-tacos-2x.jpgについて最適化されていない画像（左）と最適化された画像との比較。最適化されたほうは約55％小さいが、視覚的な違いはほとんど感じられない

　JPEG画像が最適化されたので、`index.html`が新しい画像を指すようにしなければなりません。そのためには、フォルダ`optimg`からフォルダ`img`に画像をコピー＆ペーストし、すでに存在するという警告に対しては上書きを選択します。この方法なら`index.html`は何も変更する必要はありません。もし最適化前のファイルをとっておきたいなら、`<img>`タグの参照先を書き換えてフォルダ`optimg`内にあるファイルを指すようにします。

　ページを表示してChromeの「Network」タブで読み込み時間を見てみると、ページの読み込み時間が劇的に改善していることがわかるでしょう。それでも画像は、最適化前の画像とまったく（控えめに言えばほとんど）変わっていないはずです。

　`imagemin`を使ったスクリプトのおかげで、どちらの解像度の画像もファイルサイズの59％削減が達成できました。図6.8にパフォーマンスの改善の程度を示しましたが、ページ読み込み時間が50％減少しています。

　この結果を見れば、クライアントの予想をはるかに超えたものを達成したことがわかります。極端に気の短いユーザーを除けば、この改善されたパフォーマンスに満足するはずで、トップページからより多くのレシピにスムーズに移動できるようになっています。

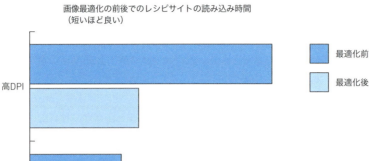

図6.8 画像の最適化の前後でのWebサイトの読み込み時間。Chromeで[Fast 3G]に設定して計測

reduce.jsの中でimagemin-jpeg-recompressのオプションを追加して細かく調整すれば、画像のさらなる軽量化も可能です（詳しいオプションはimagemin-jpeg-recompressのページhttps://www.npmjs.com/package/imagemin-jpeg-recompressを参照）。軽量化しすぎると画質の劣化が目立ってしまう恐れがあります。結果が問題ない品質を保っているか、最適化前と後の画像を比較して常に確認してください。

なお、imagemin-jpeg-recompressが唯一のJPEG最適化ライブラリだというわけではありません。npmのページ（https://www.npmjs.com/browse/keyword/imageminplugin）にさまざまなライブラリが載っています。

PNG画像の最適化

imageminによるPNG画像の最適化はJPEGの最適化とほとんど同じですが、PNGの最適化についても方法を解説しておくことにしましょう。作業にかかる前に、次のコマンドを入力して、新しいブランチのコードをダウンロードしてください。

```
git checkout -f pngopt
```

このコマンドによりファイル構成が変更され、この節の前のほうで最適化されたJPEGが採用されるとともに、サイトのロゴがSVGから一連のPNG画像に置き替えられます。PNGファイルは標準DPI画面用のlogo.pngと高DPI画面用のlogo-2x.pngの2つが追加されています。それぞれ4.81Kバイトと8.83Kバイトです。最適化を開始するには、次のコマンドでプラグインimagemin-optipngをダウンロードする必要があります。

```
npm install imagemin-optipng
```

インストールが完了したら、reduce.jsを開き、内容をリスト6.3のように変更します。

リスト6.3　imageminを使ったPNG画像の最適化
```
var imagemin = require("imagemin"),    // imagemin用プラグインoptipngをインポート
    optipng = require("imagemin-optipng");    // プラグインoptipngをインポート

imagemin(["img/*.png"], "optimg", {
    plugins: [optipng()]    // img内のPNGファイルを処理し、出力をフォルダoptimgに書き出す
});
```

このコードはJPEGの最適化プログラムと同様の作業をします（違いは処理するのがPNGファイルという点だけです）。「npm install imagemin」でimageminをインストールしてから、次のようにnodeでreduce.jsを実行します。

```
node reduce.js
```

実行が終わると、ディレクトリoptimgに最適化されたPNGファイルが入っています。logo.pngのサイズは最適化前が4.8Kバイトだったものが3.2Kバイトに、logo-2x.pngは最適化前が8.8Kバイトだったものが5.5Kバイトに減っています。

最適化の結果、logo.pngは33％、logo-2x.pngは37％、ファイルサイズが小さくなりました。PNG形式ですから画質の劣化はありません。

プラグインimagemin-optipngのオプションoptimizationLevelを使えば、より高い圧縮率を得ることも可能です。このオプションはこのプラグインで利用できる唯一のオプションで、0から7で指定します。値が大きいほどファイルサイズが小さくなります。しかし、ある点を超えると良い結果が出なくなります。optimizationLevelのデフォルト値は2ですが、この例では最大値の7まで上げてもデフォルトの場合より小さくはなりませんでした。画像が違えば結果も違う可能性がありますから、どこまで可能か実験してみてください。

その他のPNG最適化プラグインは先ほどと同じnpmのページ（https://www.npmjs.com/browse/keyword/imageminplugin）で入手できます。

6.2.2　SVG画像の最適化

SVG画像の最適化に使われる仕組みはラスター画像（ビットマップ画像）の場合と少し違います。その理由はラスター画像がバイナリファイルであるのに対し、SVGファイルはテキストファイルだからです。そのため縮小化（ミニフィケーション）やサーバーによる圧縮などの最適化が行えます。

> レシピサイトのクライアントはあなたの仕事に満足し、無事ひと仕事終えることができました。そのことを聞きつけた同僚が、今度は自分のクライアントのためにデザインしたSVGのロゴについてメールを送ってきました。「Weekly Timber」という木材とパルプを扱う会社のロゴで、非常に良いロゴなのですが、40Kバイトもあるのです。容量を減らすために何かできることはないかという相談です。

都合の良いことに、svgoというNodeのコマンドラインツールがimageminのプラグインとして利用できます。最適化するファイルは1個なのですから、JavaScriptのプログラムを書くよりコマンドラインツールのほうが簡単です。まずsvgoをインストールしましょう。

```
npm install -g svgo   ## Unix系OSではsudoが必要
```

　これでsvgoがグローバルにインストールされるので、どこでも使用可能になります。次にhttp://jlwagner.net/webopt/ch06/weekly-timber.svgからSVGファイルを入手します。ダウンロードしたら、ターミナルで保存先のフォルダに移動し、次のコマンドを実行してみてください。

```
svgo -o weekly-timber-opt.svg weekly-timber.svg
```

　最初の引数-oはsvgoが最適化した出力画像のファイル名で、2番目の引数は最適化前のSVGファイル名です。このコマンドを実行すると、次のようなメッセージが出力されます。

```
weekly-timber.svg:
Done in 201 ms!
39.998 KiB - 27% = 29.201 KiB
```

　svgoはデフォルトでSVGのコードを単純化し、縮小化もしてくれます。元の画像と比較して27%も節約できました。ブラウザで最適化前と後の画像を表示して両者を比較し、画質への影響を見てみましょう（図6.9）。

最適化前（40.00Kバイト）　　　　　　　最適化後（29.20Kバイト）

図6.9　svgoのデフォルトオプションを使った最適化

　画質への影響は事実上ありません。PhotoshopやIllustratorといったプログラムを使って両方のファイルを開いて比較することもできます。画像ソフトを持っていないなら、モダンブラウザを使えばSVGファイルを表示できます。両者の違いにはほとんど気づかないはずです。SVG画像を極度に最適化すると細かい部分が失われ、特にベジェ曲線の質が低下します。

　svgoは多くのオプションを備えた強力なプログラムです。この画像をさらに最適化できないか、研究してみるものもよいかもしれません。svgo -hと入力すると他のオプションが表示されます。特徴的なのは-pで、浮動小数の有効桁数を制御します。次のコマンドのようにこの値を1に設定して実行し、どんな出力になるか試してみてください。

```
svgo -p 1 -o weekly-timber-opt.svg weekly-timber.svg
```

このコマンドを実行すると、次のように出力されます。

```
weekly-timber.svg:
Done in 193 ms!
39.998 KiB - 51.7% = 19.304 KiB
```

さらに25%小さくなりました！　でも、あわてて「勝利宣言」をしないようにしましょう。出力を見て、画像がおかしくなっていないか観察する必要があります。図6.10は最適化前の原画像とさらに最適化した画像を比較したものです。

最適化前（40.00Kバイト）　　　　最適化後（19.30Kバイト）

図6.10　svgoの小数有効桁を1に設定してさらに最適化する前（左）と後（右）のWeekly Timberロゴ

両方の画像を詳しく比較するとそれとわかる違いがあるのが観察されますが、違いは比較的小さいものです。もっと極端なこともできます。図6.11は同じSVG原画像を小数点以下を一切無効（-p 0）にして最適化するとどうなるかを拡大して示したものです。

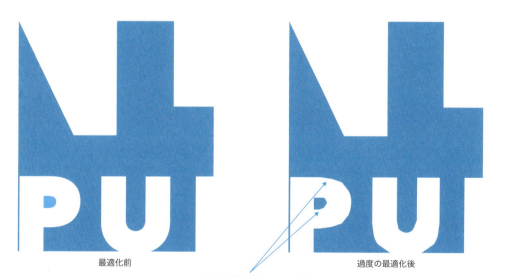

最適化前　　　　　　　　　　　　過度の最適化後

過度に単純化されたベジエ曲線

図6.11　最適化前のlogo.svg（左）と過度に最適化したもの（右）の部分拡大。SVG画像の小数点以下を無効にすると、特にベジェ曲線で粗さが目立つ

このSVG画像の容量は10.80Kバイトで、最小ではありますが、ファイルサイズの削減は画質の低下に見合うものではありません。過度の最適化は避けるべきです。結果が満足すべきものか、とりわけクライアントにとってどうかを常に確認してください。SVG最適化の悪影響は、画像を拡大して最適化前の原画像と比較することで見つけ出せるのが普通です。

6.3 WebP画像

ここまでで従来Webで使われてきた画像形式について最適化の手法を説明しました。ネット上のラスター画像としてはJPEG、GIF、PNGの3つが長い間使われてきましたが、比較的最近になって新しい形式が登場しました。GoogleによるWebP（ウェッピー）です。

> レシピサイトを運営するクライアントはこの新しい画像形式の登場を知って、WebPを使うことで何か良いことがあるのではないかと考えました。クライアントはあなたに、特にレシピコレクションのページでどれだけのパフォーマンス向上が見込めるか調べてほしいと言ってきたのです。

今まで使ってきたプログラム`imagemin`には画像をWebPに変換するプラグイン（`imagemin-webp`）があり、同じように利用できます。

他の画像形式と違い、WebPは可逆圧縮と不可逆圧縮の両方の形式をサポートしています。この節ではプラグイン`imagemin-webp`を使って可逆・不可逆両方の最適化を行います。WebPに対応していない場合に代替画像を表示するために`<picture>`も使います。

6.3.1 imageminを用いた不可逆圧縮WebP画像の作成

`imagemin`を使えば不可逆圧縮WebP画像の生成は簡単です。JPEG画像の最適化に使ったのと同じパターンで、今度はJPEG画像をWebPに変換するのに使います。はじめに次のコマンドでクライアントのレシピサイトを新しいブランチに切り替えましょう。

```
git checkout -f webp
```

このコマンドの実行が終わったら、`imagemin`とプラグイン`imagemin-webp`をインストールする必要があります。

```
npm install imagemin imagemin-webp
```

続いてWebP画像用の変換コードを書きますが、今まで書いてきた他の`imagemin`プログラムとほぼ同じです。`reduce-webp.js`という名前でファイルを作成し、リスト6.4のようなコードを入力します。

リスト6.4　imageminを使ってJPEG画像を不可逆WebPに変換

```
var imagemin = require("imagemin"),
    webp = require("imagemin-webp");  // プラグインimagemin-webpをインクルード

imagemin(["img/*.jpg"], "optimg", {
  plugins: [webp({
    quality: 40   // WebPエンコーダの画質を40にする（最大100）
  })]
});
```

　ターミナルに`node reduce-webp.js`と入力してこのスクリプトを実行しましょう。実行が終わると、フォルダ`img`にあったすべてのJPEG画像がWebPにエンコードされフォルダ`optimg`に保存されています。次に、前に最適化したJPEG画像を1つ選んでWebPで出力されたものと画質を比較してみてください（図6.12）。

最適化後のJPEG（79.41Kバイト）　　　　　　　　WebP（67.67Kバイト）

図6.12　imageminのプラグインjpeg-recompressを使って最適化されたJPEG画像（左）と、最適化されていないJPEG原画像から画質設定40でWebPにエンコードされた画像との比較

　大きな違いはなさそうに見えます。WebPには画質を低く設定すると視覚的ノイズ（アーティファクト）を生ずるという欠点がありますが、これはJPEGについても言えることです。すべての画像がWebPに変換されたら、`index.html`内のJPEG画像への参照をすべてWebPファイルへの参照に書き換えてください。Chromeでネットワーク接続条件を設定し、WebPの読み込みのパフォーマンスを最適化前後のJPEGと比較してみましょう。図6.13に比較の結果を示します。

　この最適化により、高DPI画面と標準DPI画面で最適化後のJPEG画像と比較して、ロード時間がそれぞれ35％と20％短縮されました。WebPのサポートがまだ限定的であるとはいえ、これでWebPへの変換は意味があることが明らかになりました。

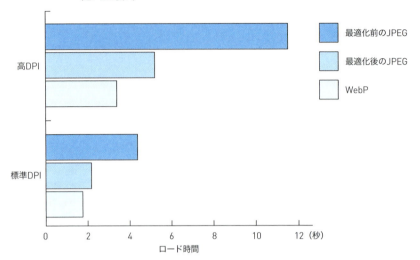

図6.13 JPEGとWebPのロード時間を標準DPI画面と高DPI画面とで比較したもの（3G）。WebP画像は、最適化前後のJPEG画像のどちらと比較しても読み込みのパフォーマンスが良い

6.3.2　imageminを用いた可逆圧縮WebP画像の作成

　今度はWebPの可逆圧縮について見ていきましょう。WebPはフルカラーPNGと似た可逆圧縮エンコーディングをサポートしており、24ビットカラーと透明度をフルサポートしています。この節ではレシピサイトのロゴをPNG形式からWebPに変換してみましょう。スクリプト`reduce-webp.js`を少し修正します（リスト6.5の太字部分）。

リスト6.5　imageminを使ってPNG画像を可逆WebPにエンコーディング

```
var imagemin = require("imagemin"),
  webp = require("imagemin-webp");

imagemin(["img/*.png"], "optimg",{   // imagemin第1引数を変更
  plugins: [webp({
    lossless: true   // losslessに置き換え、trueに設定
  })]
});
```

　imageminの第1引数のワイルドカードをフォルダ`img`内のPNGファイルに、`webp`オブジェクトのオプションを`lossless: true`（可逆圧縮）に変更します。それでは、スクリプトを実行してください。
　変換結果はフォルダ`optimg`に保存されています。図6.14は可逆圧縮WebPファイルのサイズを前の最適化されたPNGファイルや元の最適化されていないPNGファイルのサイズと比較したものです。

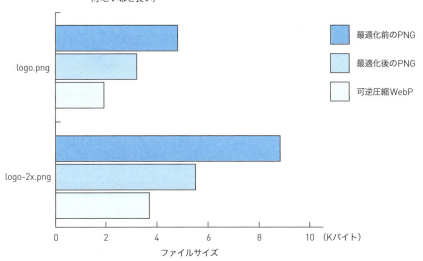

図6.14 　最適化されていないPNGファイル、最適化されたPNGファイル、可逆圧縮WebPファイルの比較

ロゴの画質を損なわずに、`logo.png`と`logo-2x.png`についてそれぞれさらに40％と33％の軽量化ができました。

6.3.3　WebPをサポートしないブラウザのサポート

WebPは今日すぐにでも使い始めるべき優れた画像形式ですが、対応しているブラウザは多くありません。単純に指定しただけでは、FirefoxやSafariといったブラウザのユーザーは図6.15のような画面を目にすることになります。

このままにはできませんので代替画像を用意しましょう。こういう場合こそ`<picture>`タグが持つ、画像のタイプに従って代替画像を表示する機能が役に立つのです。

この方法についてはすでに第5章で説明しましたが、ここではWebPをサポートしているブラウザのことも考慮します。まず最初にgitを使ってWebサイトのコードを新しいブランチに切り替えておきましょう。

図6.15 　SafariではWebP画像を表示できない

```
git checkout -f webp-fallback
```

コードのダウンロードが終わったら、サイトを

Chromeで開き、さらにWebPをサポートしていない（SafariやFirefoxといった）ブラウザでも開いてみてください。Chromeでは画像がきちんと表示されますが、その他のブラウザでは図6.15に示したように画像の読み込みに失敗します。

この時点で`index.html`を開き、ファイル`logo.webp`への参照を見つけてください。次のようになっています。

```html
<img src="optimg/logo.webp"
    srcset="optimg/logo.webp 1x, optimg/logo-2x.webp 2x"
    alt="AllTheFoods" id="logo">
```

この`<img>`タグを、`<picture>`タグで囲んでリスト6.6のように変更します。

リスト6.6　`<picture>`を使った代替画像の指定

```html
<picture>
  <source srcset="optimg/logo-2x.webp 2x, optimg/logo.webp 1x"
          type="image/webp">
  <source srcset="img/logo-2x.png 2x, img/logo.png 1x"
          type="image/png">
  <img src="img/logo.png" id="logo">
</picture>
```

- 最も優先したいwebp画像ソース。ソースはWebP画像
- 代替PNG画像を参照するバックアップ用の画像ソース
- `<picture>`をサポートしないブラウザ向けのデフォルトの画像ソース

`<img>`要素には`logo`という値を持った属性`id`が残っていることに注意してください。これは`#logo`に付与されたスタイルを画像に確実に適用するために残してあるのです。`<picture>`にスタイルを付与する場合、`<img>`にスタイルを付与します。`<picture>`は選択された`<source>`の画像をこのタグに割り当てているからです。

このパターンを使って、`index.html`全体を検索し、ヒーロー画像（画面のトップに掲載される大画像）とコレクションギャラリーの画像の`<img>`タグを修正していきましょう。

> **MEMO**　最終結果を見るには、`git checkout -f webp-picture-fallback`を実行してください。

HTML内のすべての画像について作業を完了したら、ChromeのNetworkパネルやFirefoxの「ネットワーク」タブなどを開いてページを再読み込みした際に何が起こるか注目してください。ChromeはWebP画像をダウンロードしますが、Firefoxは自分がサポートする画像タイプを表示します（図6.16）。

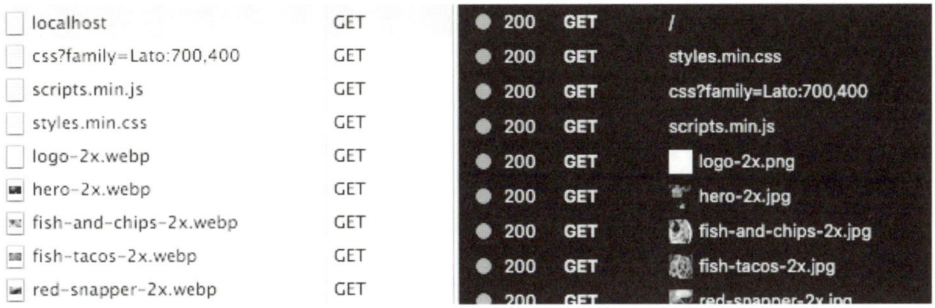

```
localhost              GET        200  GET   /
css?family=Lato:700,400 GET       200  GET   styles.min.css
scripts.min.js          GET       200  GET   css?family=Lato:700,400
styles.min.css          GET       200  GET   scripts.min.js
logo-2x.webp            GET       200  GET   logo-2x.png
hero-2x.webp            GET       200  GET   hero-2x.jpg
fish-and-chips-2x.webp  GET       200  GET   fish-and-chips-2x.jpg
fish-tacos-2x.webp      GET       200  GET   fish-tacos-2x.jpg
red-snapper-2x.webp     GET       200  GET   red-snapper-2x.jpg
```

　　　Google ChromeはWebPを読み込む　　　　　FirefoxはJPEGとPNGで代替する

図6.16　例題のレシピコレクションページを2つのWebブラウザで表示した場合のネットワークリクエスト

6.4 画像の遅延読み込み

　WebP画像の利用方法やWebPをサポートしていないブラウザへの代替画像の提供方法がわかったので、次に画像の遅延読み込みについて説明します。

> レシピサイトのクライアントは、画像の最適化に関するあなたのすばらしい仕事に感服しましたが、もう1つだけ頼みがあると言いだしました。ライバルのWebサイトが「画像がビューポートにあるときにだけ画像を読み込んでいる」ことに気づいたのです。クライアントは「同じことができないのだろうか？」と尋ねてきました。

　クライアントがこの機能を望んでいるのは目新しい機能だからというだけではありません。必要なときだけ画像をロードすれば不必要なロードを回避できるので、バンド幅を節約し、サイトの初回ロード時間を短縮できます。

　この節では、単純な遅延読み込みプログラムをJavaScriptでどう書くか、それをレシピサイトでどう実装するか、JavaScriptをサポートしないブラウザで最低限の機能をどう実現するかを説明します。遅延読み込みプログラムを書き始める前に`git`で新しいリポジトリのコードをダウンロードします。適当なフォルダで次のコマンドを実行してダウンロードしてから、いつものようにサーバーを起動してください。

```
git clone https://github.com/webopt/ch6-lazyload.git
cd ch6-lazyload
npm install
node http.js
```

ここまでうまくいったら、HTMLに画像に関するパターンを定義していきましょう。どこかで行き詰まってしまったら、`git checkout -f lazyload`と入力すれば完成した`index.html`と`lazyloader.js`が見られます。

6.4.1　HTMLの設定

遅延読み込み用のHTMLの記述は、全体の作業の中で占める割合は小さいものの必要不可欠な作業です。ブラウザがデフォルトで画像をロードしないようにする手法が必要です。

まず最初に、ページを見渡してどの画像を遅延読み込みするべきかを決めましょう。ページの境界（折り目）より下にある画像や下に来る可能性のある画像が遅延読み込みの対象（候補）となる画像です。ユーザーにとって境界がどこにくるのかを判定するには第4章で説明したブックマークレットのVisualFold！（`http://jlwagner.net/visualfold`）を使うのもよいでしょう。図6.17に、どの画像を通常の方法で読み込み、どの画像を遅延読み込みの候補とするか、案を示します。

図6.17　どの画像を遅延読み込みの対象とするのが理にかなっているかの検討

ページを開いて検討すると、遅延読み込みの候補となり得ない画像が2つあることにすぐ気づきます。ロゴの画像と、マーケティング用語で「ヒーロー画像」と呼ばれる大きなメイン画像です。この2枚はどんなことがあっても境界より上に来ます。一方、`.collection`の中にあるレシピコレクションのやや小さめの画像は遅延読み込みの対象です。ヒーロー画像が画面の大きな部分を占めるので、ほとんどの機器で境界より下になってしまうでしょう。境界より上に来ることがあっても、ページロード時のスクリプト初

期化の際に遅延ローダーが取得することになるため、いずれにせよ読み込まれます。必要とあれば、どの要素を遅延読み込みするかを後から微調整することも可能です。

ページ上には`.collection`の要素が4つあり、それぞれ`<picture>`タグに囲まれた画像が合計4種類指定されています。たとえば先頭の要素は次のようになっています。

```html
<picture>
  <source srcset="img/fish-and-chips-2x.webp 2x,
                  img/fish-and-chips-1x.webp 1x"
          type="image/webp">
  <source srcset="img/fish-and-chips-2x.jpg 2x,
                  img/fish-and-chips-1x.jpg 1x"
          type="image/jpeg">
  <img src="img/fish-and-chips-1x.jpg" class="recipeImage">
</picture>
```

2つのことをする必要があります。まず属性`srcset`と`src`をデータ属性（`data-`で始まる属性）に移し、画像が読み込まれないようにします。次に`<img>`要素にクラスを追加してそこに遅延ローダーのスクリプトを割り当てられるようにします。リスト6.7のように変更してください。

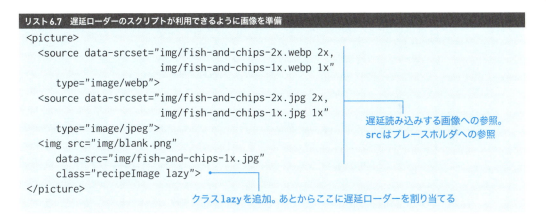

HTMLの書き換えは単純です。`<source>`要素と`<img>`要素の属性`srcset`と`src`を`data-srcset`と`data-src`に書き換えます。この「プレースホルダ」の役目をする属性に画像のURLを保存することで、ソースを見失うことなしに必要になるまで画像の読み込みを延期できます。

続いて、`<img>`タグの属性`src`を、灰色の背景色で16×9ピクセルの大きさのプレースホルダPNG画像を指すように変更します。同じスペースを占める画像を指定することで、レイアウトの変化を最小限に抑えることができます。最後のステップが`<img>`タグへのクラス`lazy`の追加です。これは遅延ローダのスクリプトが実行される際に画像を読み込む対象を見つけるためのものです。

この後、`.collection`要素内の残りすべての`<picture>`要素に対して同じ変更を行います。それが済んだら遅延読み込みスクリプトを書く準備ができたことになります。

6.4.2　遅延ローダーの作成

HTMLの変更が完了したので、遅延ローダーのスクリプト作成にとりかかりましょう。おそれることはありません。逐一リストを示してすべてのステップを解説していきます。

土台の作成

まず土台を作成することから始めます。土台の1つは遅延ローダー lazyLoader のオブジェクトのためにクロージャを作成することで、クロージャはこれから作成するスクリプトのスコープをこのページの他のスクリプトから分離する働きをします。

フォルダ js 内に lazyloader.js という名前で新しい JavaScript ファイルを作成します。リスト 6.8 の内容をファイルに入力してください。

リスト6.8　遅延ローダーの開始

```
(function(window, document){          ← クロージャの始まり
    var lazyLoader = {
        lazyClass: "lazy",            ← HTMLで遅延読み込みする画像に使われるクラス名
        images: null,
        processing: false,            ← 処理状況。多重呼び出しを防ぐのに使われる
        throttle: 200,
        buffer: 50                    ← ビューポートバッファ。ビューポートの
    }                                   端に近い画像のロードに使われる
})(window, document);
```

これだけでもかなりの内容があります。遅延ローダーのオブジェクトを作成し、変数 lazyLoader に代入し、すべてをクロージャの内部にカプセル化します。このオブジェクトは、遅延読み込みの動作を円滑にするためのプロパティと関数の集合体です。プロパティ lazyClass の内容を使ってクラス lazy の画像要素をすべて選択し、変換後の画像のコレクションをプロパティ images に保存します。

プロパティ processing は遅延ローダーがドキュメント内の画像をスキャンしているかどうかを表すもので、スクリプトが多重に実行されることを防ぐために起動後にチェックされます。プロパティ throttle は、遅延ローダーが画像のスキャンを開始する前に待つべき時間をミリ秒単位で表したものです。プロパティ buffer は、ビューポートの下辺からのピクセル数を指定するもので、どれだけ離れた画像までバッファとして遅延読み込みしておくかを表します。図6.18はこのプロパティの役割を図示したものです。

骨格ができたので、遅延ローダーオブジェクトの初期化と廃棄を行うメソッドを作成しましょう。

イニシャライザとデストラクタの作成

イニシャライザとデストラクタも重要です。イニシャライザがなければ遅延読み込みを実行する起点がなくなってしまいます。デストラクタがなければ、スクリプトの実行は止まらず、すべての画像の読み込みが終了しても無駄に CPU 時間を消費してしまいます。

では続けてオブジェクトのプロパティを新たに2つ作成しましょう。プロパティ init と destroy で、それぞれ遅延ローダーを初期化するメソッドと削除するメソッドに結び付けられています。リスト 6.9 に

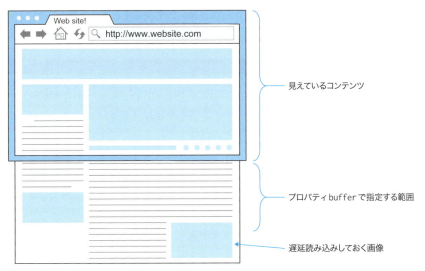

図6.18 プロパティbufferは、ビューポートの下辺からどれだけ離れたところまで遅延ローダーが画像を読み込んでおくかを指定する。遅延ローダーが読み込んでおく対象をビューポートの外まで拡大しておくことで、ブラウザが画像の読み込みを前もって行える

コードを示します。プロパティbufferを定義した部分の続きからです。

リスト6.9　イニシャライザとデストラクタ

```
buffer: 50,
init: function(){
  lazyLoader.images = [].slice.call(document.getElementsByClassName
      (lazyLoader.lazyClass));
  lazyLoader.scanImages();
  document.addEventListener("scroll", lazyLoader.scanImages);
  document.addEventListener("touchmove", lazyLoader.scanImages);
},
destroy: function(){
  document.removeEventListener("scroll", lazyLoader.scanImages);
  document.removeEventListener("touchmove", lazyLoader.scanImages);
},
```

- プロパティ lazyClass で指定されたクラスの要素を取得
- 遅延読み込みの動作を開始
- init で scanImages を実行
- scroll イベントで scanImages を実行
- タッチスクリーンでの scanImages 実行
- ページから遅延読み込み機能を削除
- ページから scroll イベントリスナを削除
- タッチスクリーンのスクロールイベントリスナを削除

➡ は誌面の都合で折り返していることを表します。

　ここまで来れば、後はいわば「具を入れる」だけです。適切な画像要素に遅延読み込み機能を付加するためのフレームワークが準備できました。ジグソーパズルの次のピースはメソッドscanImagesです。

ドキュメントからの画像の抽出

　先に示したコードの断片ではメソッドscanImagesがたくさん出てきましたが、まだ定義を書いてはいませんでした。このメソッドは、scrollイベント（モバイル機器ではtouchmoveイベント）により起動さ

れ、クラスlazyの画像がビューポートの下辺から50ピクセル以内にあるかどうかをチェックします。リスト6.10はメソッドscanImagesの定義です。

リスト6.10　メソッドscanImagesの定義

```
scanImages: function(){
  if(document.getElementsByClassName(lazyLoader.lazyClass).length === 0){   ← 遅延読み込みすべき画像が残っているかどうかチェック
    lazyLoader.destroy();   ← すべての画像が読み込まれていたら遅延ローダーを削除
    return;
  }

  if(lazyLoader.processing === false){   ← ドキュメントから画像が抽出されているかどうかをチェック
    lazyLoader.processing = true;   ← 処理中フラグprocessingをtrueに設定し、コードが多重に実行されることを防ぐ

    setTimeout(function(){   ← 指定された時間だけコードブロックの実行を遅延させる
      for(var i in lazyLoader.images){   ← コレクション内のすべての画像について繰り返す
        if(lazyLoader.images[i].className.indexOf(lazyLoader.lazyClass) !== -1){
          if(lazyLoader.inViewport(lazyLoader.images[i])){
            lazyLoader.loadImage(lazyLoader.images[i]);   ← 現在処理中の要素をメソッドloadImageに渡して起動
          }                                                  画像要素がビューポート内にあるかどうかチェック
        }
      }
      ← 要素がクラスlazyを持つかどうかチェック
      lazyLoader.processing = false;   ← 処理中フラグをクリア
    }, lazyLoader.throttle);   ← プロパティthrottleにより遅延時間を指定
  }
},
```

このメソッドはまず遅延読み込みすべき画像がまだ残っているかどうかをチェックします。もうなければメソッドdestroyが実行され、遅延ローダーは終了します。処理すべき画像がまだあればsetTimeoutが実行され、内部のforループではメソッドinViewportを使ってすべての画像がビューポート内にあるかどうかが調べられます。メソッドinViewportがtrueを返した画像はロードが行われます。このメソッドがscrollイベントリスナから多重に呼び出されないように、プロパティprocessingをtrueに設定して多重呼び出しを防いでいます。残るはscanImagesが参照しているメソッドinViewportとloadImageの作成です。

遅延読み込みの核となるメソッドの作成

遅延読み込みを起動するには、ある画像がビューポート内にあるかどうかを決定できるような、どのブラウザとも互換性のあるメソッドが必要です。リスト6.11に示すのがそのメソッドinViewportです。

リスト6.11　メソッドinViewportの定義

```
inViewport: function(img){   ← メソッドinViewportの定義
  var top = ((document.body.scrollTop ||
             document.documentElement.scrollTop) + window.innerHeight) +
             lazyLoader.buffer;   ← ビューポートの位置と高さ、bufferの値を取得
```

```
    return img.offsetTop <= top;  ←───── 与えられた画像要素がビューポート内にあるかどうかをチェック
},
```

　メソッドinViewportは単純です。まずユーザーがページをどれだけ下へスクロールしたかを取得します。これはプロパティのdocument.body.scrollTopまたはdocument.documentElement.scrollTopから条件文で値を取得します。2つのどちらかを使うのは、IE 9にdocument.body.scrollTopが必ず0を返すという互換性の問題があるからです。このため、演算子「||」を使って別のよく似たプロパティを代替として使います。この値にウィンドウの高さを加えてユーザーのビューポートの下辺の値とし、さらにbufferの値を加えてビューポートの近くにあるが内部には入っていない画像のロードも促すようにします。図6.19に、この計算がブラウザのビューポートとinViewportに渡された画像要素にどう関係するかを示します。

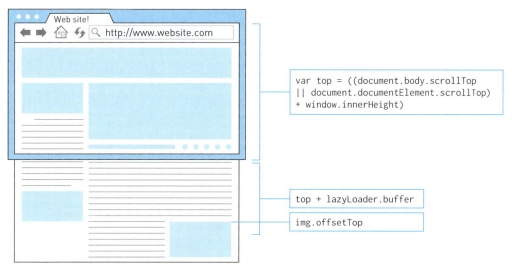

図6.19　メソッドinViewportで行われる位置計算と、それがビューポートや対象の画像要素とどのように関係するかを示す。この例では、ビューポートの高さとbufferで指定された先読み範囲の和が画像の上縁を超えた場合にtrueを返す

　ここからは、遅延読み込みそのものを行うプログラムの中心部分を書いていきます。リスト6.12に示すメソッドloadImageです。

リスト6.12　メソッドloadImageの定義
```
loadImage: function(img){                ←───── メソッドloadImageの定義
  if(img.parentNode.tagName === "PICTURE"){  ←───── 画像要素の親要素が
    var sourceEl =                                    <picture>であるかどうか確認
      img.parentNode.getElementsByTagName("source");  ←── <picture>要素内の
                                                          <source>要素を取得
    for(var i = 0; i < sourceEl.length; i++){  ←──┐
      var sourceSrcset = sourceEl[i].getAttribute("data-srcset");
    ─ 画像を読み込むのに属性data-srcsetを取得      <picture>要素から取得したすべての
                                                  <source>要素について繰り返し
```

```
      if(sourceSrcset !== null){              ← <source>要素にsrcsetが存在するかどうかチェック
        sourceEl[i].setAttribute("srcset", sourceSrcset);
        sourceEl[i].removeAttribute("data-srcset");
      }
    }                                           srcsetに値を設定しdata-srcsetを削除
  }

  var imgSrc = img.getAttribute("data-src"),    <img>からdata-srcと
      imgSrcset = img.getAttribute("data-srcset");  data-srcsetを取得

  if(imgSrc !== null){              ← <img>要素にdata-srcが存在するかどうかチェック
    img.setAttribute("src", imgSrc);
    img.removeAttribute("data-src");           <img>のsrcにdata-srcの値を設定
  }

  if(imgSrcset !== null){           ← <img>要素にdata-srcsetが存在するかどうかチェック
    img.setAttribute("srcset", imgSrcset);     srcsetの値をdata-srcsetの
    img.removeAttribute("data-srcset");        内容で置き換え
  }

  lazyLoader.removeClass(img, lazyLoader.lazyClass);  ← <img>要素からクラスlazyを削除
},
```

メソッドloadImageは、最初に自分自身が<picture>要素の直接の子どもであるかどうかチェックします。そうであれば近接する<source>要素が検索され、その属性data-srcとdata-srcsetが属性srcとsrcsetにそれぞれ移し替えられます。それが済むと、<img>要素の属性data-srcとdata-srcsetが処理されて属性srcとsrcsetに移し替えられます。そうするとブラウザはWebサーバーに対してこの要素についてのリクエストを送ります。関数をこのように書くことで、遅延ローダーは<picture>要素で指定された画像に対して作用するだけでなく、srcsetをサポートする標準の<img>要素に対しても作用するのです。属性が書き換えられて画像の読み込みが始まると、クラスlazyはこれから書くremoveClassという名前の新しいメソッドを使って削除されます。リスト6.13にremoveClassを示します。

リスト6.13　メソッドremoveClassの定義

```
removeClass: function(img, className){       ← メソッドremoveClassの定義
  var classArr = img.className.split(" ");   ← 文字列classNameを配列に変換

  for(var i = 0; i < classArr.length; i++){  ← 配列を順に処理
    if(classArr[i] === className){           ← 配列要素がlazyであれば…
      classArr.splice(i, 1);                 ← …配列要素を削除
    }
  }

  img.className = classArr.toString().replace(",", " ");  ← 配列を文字列に変換し、
}                                                            代入し直す
```

このメソッドは、画像要素の文字列`className`を配列に変換し、要素を順に処理します。`lazy`の指定があるものが見つかると、それを削除し、配列を元の文字列に変換し、画像要素のプロパティ`className`に代入し直します。

スイッチを入れてスクリプトを実行

オブジェクトの中身が全部定義できたので、`lazyLoader`オブジェクトの定義の後の`onreadystatechange`イベントでメソッド`init`の起動を指定します。

```
document.onreadystatechange = lazyLoader.init;
```

このイベントはDOMが読み込まれるのを待ち、読み込みが完了すると指定された画像要素に遅延ローダーが結び付けられます。残った作業は`lazyloader.js`を参照する`<script>`タグを`scripts.min.js`への参照の後に置いてスクリプトが読み込まれるようにすることだけです。

```
<script src="js/lazyloader.js"></script>
```

スクリプトが読み込まれると、（文法エラーがなければ）ページを下にスクロールしていくと画像が画面に表示されるにつれて読み込まれていくのが確認できるはずです。遅延ローダーの働きを見るには、ブラウザで［Network］タブを開き、ページを再読み込みしてください。ページが読み込まれるのを待って、ページをスクロールしてください。画像が遅延読み込みされるに従って、ウォーターフォールチャートに新しいネットワークリクエストが現れるのが見えるはずです。図6.20にこの様子を示します。

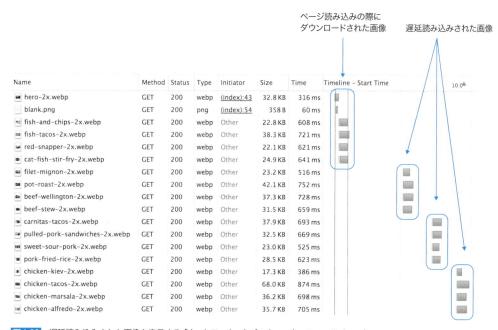

図6.20 遅延読み込みされた画像を表示する「ネットワーク」タブのウォーターフォールチャート

遅延ローダーを書き終わりましたが、もう1つ仕事が残っています。JavaScriptを無効にしているユーザーのために代替経路を提供することです。

6.4.3　JavaScriptなしのユーザーへの対応

非常に少数だとは考えられますが、JavaScriptを無効化していたり、利用できなかったりするユーザーがいます。遅延ローダーのスクリプトを配置しても、そのようなユーザーはプレースホルダ画像しか見ることができません。図6.21にその状態を示します。

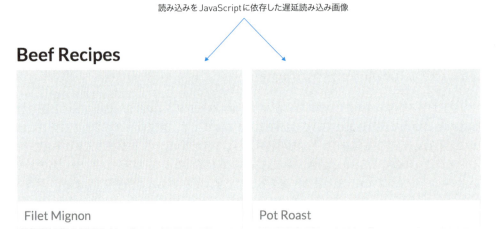

図6.21　JavaScriptを無効化したブラウザでのスクリプトによる遅延読み込みの効果。JavaScriptが実行されることはないので、画像が読み込まれることもない

たとえこのようなユーザーが少数であるとしても、放置するわけにはいきません。しかし`<noscript>`という「強い味方」があるので、対応は難しくありません。HTMLを修正して、属性`src`と`srcset`に一連の画像ファイルを設定した`<noscript>`タグを加えればよいのです。次のようにします。

```
<noscript>
  <picture>
    <source srcset="img/fish-and-chips-2x.webp 2x,
                    img/fish-and-chips-1x.webp 1x"
            type="image/webp">
    <source srcset="img/fish-and-chips-2x.jpg 2x,
                    img/fish-and-chips-1x.jpg 1x"
            type="image/jpeg">
    <img src="img/fish-and-chips-1x.jpg" class="recipeImage">
  </picture>
</noscript>
```

`<noscript>`タグの内容が、遅延ローダーを導入するために修正する前の`<picture>`要素そのものだ

ということに注意してください。このコードを追加する際には、遅延読み込みされる<picture>要素の直後に追加する必要があります。ブラウザでJavaScriptを無効化し、ページを再読み込みしてみてください。図6.22のような画面になるはずです。

図6.22　<noscript>タグの働き。プレースホルダ画像と<noscript>タグにより読み込まれた画像の両方が見えている。JavaScriptが無効化されてもプレースホルダ画像が隠されるわけではない

　遅延ローダー用のプレースホルダ画像と<noscript>タグにより読み込まれた画像の両方が表示されています。これではクライアントが受け入れるわけはありませんから、JavaScriptが無効化されている際にはプレースホルダ画像が表示されないようにする必要があります。解決法は簡単です。まず<html>要素にクラスno-jsを追加します。

```
<html class="no-js">
```

　このクラスを使って、CSSがマークアップ内で遅延読み込みされた画像を抽出できるようにします。それにはフォルダless/componentsにあるglobal_small.lessの最後に次のような単純なルールを追加します。

```
.no-js .lazy{
  display: none;
}
```

　追加したら、less.sh（あるいはless.bat）でLESSファイルを再コンパイルします。
　何が起こっているのでしょうか。<html>タグにクラスno-jsを追加し、DOM内の.lazy要素を非表示にするスタイルを追加したことで、JavaScriptが無効化されている場合にプレースホルダ画像とレシピ画像の両方が同時に表示されないようにしたのです。
　ところが、このままではJavaScriptが有効化されているブラウザでは両方とも非表示になってしまい

ます。これを直すには、JavaScriptが有効化されている際には`<html>`タグからクラス`no-js`を削除するような、小さなインラインスクリプトを追加します。index.htmlを開き、次の1行スクリプトを`</head>`タグの直前に追加します。

```
<script>document.getElementsByTagName("html")[0].className="";</script>
```

これで、JavaScriptが利用できるブラウザでは遅延読み込みの恩恵が受けられ、JavaScriptが無効化されているブラウザでも画像が表示されるようになりました。JavaScriptが使えないユーザーは遅延読み込みスクリプトの恩恵を受けられませんが、許容してもらえる範囲でしょう。

> **MEMO** HTML要素からクラスを削除する際の注意点
>
> 上記の方法は`<html>`の属性class全体をヌル文字列にすることでクラス`no-js`を削除するという、根こそぎ削除の方法を採用しました。保存しておかねばならないクラスが他にあるなら（Modernizrのクラスを保存したい場合など）、たとえばjQuery関数の`removeClass()`のようなものを使用するなどしてクラス`no-js`だけを削除してください。第8章で説明するネイティブなメソッドの`classList`を使うほうがよいかもしれません。

クライアントはようやく満足してくれたので、この章の内容をまとめて、次の章に進みましょう。

6.5 まとめ

この章では次のような画像最適化手法と、その長所を説明しました。

- スプライト（CSSスプライト）は複数の画像を1つのファイルにまとめる方法で、HTTPリクエストを削減できる。SVGスプライトはNodeユーティリティの`svg-sprite`を使うことで複数のSVG画像から簡単に生成できる
- すべてのブラウザがSVG画像をサポートしているわけではない。SVGを使えないユーザーがいる場合は、http://www.grumpicon.com/ にあるオンラインユーティリティGrumpiconを使って代替のPNG画像を提供する必要がある
- ユーザーがサイトを訪問した際にダウンロードするデータの大きな部分を占めるのが画像である。Nodeユーティリティの`imagemin`を、さまざまな画像形式に合わせた`imagemin`プラグインとともに使えば、サイトの画像の容量を減少させることができる
- ChromeやChromeから派生したブラウザを使うユーザーを多く抱えている場合には、Googleの画像形式WebPを使えば同じ画質でよりファイルサイズの小さい画像を配信できる。Nodeのプラグイン`imagemin-webp`を使えば、JPEGの代わりになる不可逆圧縮WebPを生成することも、PNGの代わりになる可逆圧縮WebPを生成することもできる

- 全員がChromeを使っているわけではないので、サイトにWebP画像を貼り付けておいて全員が見えるだろうと高をくくることはできない。`<picture>`要素を`<source>`要素の属性`type`と組み合わせて使うことで、WebPをサポートしないブラウザに対して従来の形式の代替画像を指定できる
- 画像の遅延読み込みは、サイトの初期ロード時間を短縮させるすばらしい方法である。この方法には、サイト訪問者が見ないで終わる画像の読み込みを避けることでトラフィックを削減する効果もある。遅延読み込みスクリプトを書くことで、サイトにこの機能を実装できる。JavaScriptを無効化しているユーザーに対しても`<noscript>`タグを使った解決策で対応可能である

以上の技法を習得すれば、速度や互換性を犠牲にすることなしに、豊かなビジュアルコンテンツでサイト訪問者の要求に対応できるサイトを構築できるようになります。次章ではフォントの世界へと移動し、ユーザーへのフォント配信を最適化する方法を学びましょう。

7
フォントの最適化

7.1 フォントの賢い使い方
    7.1.1 フォントとフォントバリアントの選択
    7.1.2 独自の`@font-face`カスケードの作成
7.2 EOTおよびTTFの圧縮
7.3 フォントのサブセット化
    7.3.1 手作業によるサブセット化
    7.3.2 属性`unicode-range`を使ったフォントサブセットの配信
7.4 フォント読み込みの最適化
    7.4.1 フォント読み込みに関する問題
    7.4.2 CSS属性`font-display`の使用
    7.4.3 Font Loading APIの利用
    7.4.4 Font Face Observerの利用
7.5 まとめ

CHAPTER 7　この章の内容

- フォントの選択
- `@font-face`カスケードの作成
- 旧来のフォント形式に対するサーバー圧縮の効果
- フォントサブセットの作成による容量の削減
- CSS属性`unicode-range`を使ったフォントサブセットの配信
- JavaScriptによるフォントの読み込みの管理

　前章では画像の最適化方法を説明しましたが、まだまだ最適化できるものがあります。この章ではフォントについて検討していきます。フォントは多くのWebサイトで転送量のかなりの部分を占めるので、その配信方法は注意深く検討する価値があります。

　以前はフォントに関して開発者ができることは特にありませんでしたが、開発者の操作対象になってからもそのサポートは「揺れている」状態です。CSS属性`@font-face`は広くサポートされていますが、埋め込み可能なフォント形式のサポートは完全ではありません。

　TrueTypeやEmbedded OpenTypeは古いブラウザでもモダンブラウザでも広くサポートされていますから、このいずれかで済めば話は簡単ですが、いずれも圧縮されておらずWebには最適ではありません。WOFFやWOFF2などの新しい形式はデータサイズが小さく埋め込みに適しています。だからといって古いフォント形式を使ってはならないということではありません。古い形式のフォントも`@font-face`で指定する一群のフォント（「フォントカスケード」）の一部とするべきなのですが、より適した新しい形式をサポートしていないブラウザの最後のよりどころとしてのみ使うようにします。

　この章ではまず、表示するページに必要な最小限のフォント（やそのバリアント）の選択と、最適な`@font-face`カスケードの構築の方法を説明します。さらに、サーバー圧縮で古いフォント形式の容量がいかに小さくなるか調べ、サブセットの作成によりすべてのフォント形式の容量を縮小する方法を説明します。そして、CSS属性`font-display`を使ったフォントの表示方法の制御に取り組みます。また、代替手段として素のJavaScript（ネイティブJavaScript）の機能であるFont Loading APIを使ったり、最後の手段として古いブラウザ向けにFont Face Observerを使う方法も紹介します。

7.1　フォントの賢い使い方

　フォントの最適化はフォントの選択から始まります。Adobe TypekitやGoogle Fontsなどの「フォントプロバイダ」が提供してくれているものを選択するという手もありますが、自分のサーバーでフォントを提供しなければならない場合もあるでしょう。必要なフォントがそういったサービスにはない、あるい

はクライアントの要求が特別でそういったフォントが使えないなどといった場合です。

> さて、ギター関連ブログ「Legendary Tones」のクライアントがまた訪ねて来ました。人気のある記事の1つを宣伝する契約を結んだので、そのページをもっと美しいフォントを使って見映え良くしてほしいというのです。

　この節では、サイトに必要なフォントとフォントバリアントを選び出し、適切な形式に変換して、ページ専用の@font-faceカスケードを作成します。作業にとりかかる前に、次のコマンドを入力してこのクライアントのサイト（以下「サンプルサイト」）をダウンロードして、ブラウザで確認してください。

```
git clone https://github.com/webopt/ch7-fonts.git
cd ch7-fonts
npm install
node http.js
```

7.1.1　フォントとフォントバリアントの選択

　このサイトはフォントを換えればデザイン的に良くなりそうです。プロジェクトのデザイナーはOpen Sansという名前の「サンセリフ」のフォントを推薦し、フォルダcss内のopen-sansという名前のサブフォルダにOpen Sansのフォントファミリーを入れてくれました。このフォルダを見ると10種類ものスタイル（フォントバリアント）が用意されています。取捨選択しないと読み込みにかなりの時間がかかってしまいます。

> **MEMO**　作業を省略して最終結果を見るには`git checkout -f fontface`を実行してください。

　それでは、必要なスタイルをどのようにして決めればよいのでしょうか。最初のステップは簡単です。フォントファミリーOpen Sansにはイタリック体と通常のスタイル（ローマン体）の2つが入っています。このサイトのコンテンツに必要なのはローマン体だけですから、必要なフォントは5つだけで、それぞれのLight（細）からExtra Bold（極太）までのウェイトに絞ることができます。

　5つなら「とても多い」というほどではありませんが、不必要なウェイトをまだいくつか削除できます。それにはクライアントの要求を明確にするためにデザイナーと話をする必要があります。幸い、要求は明確で、どのフォントバリアントを使うべきかを示した小さな図を手渡してくれました。図7.1がその図で、すべてのフォントバリアント（この場合はウェイトの違い）が注記されています。

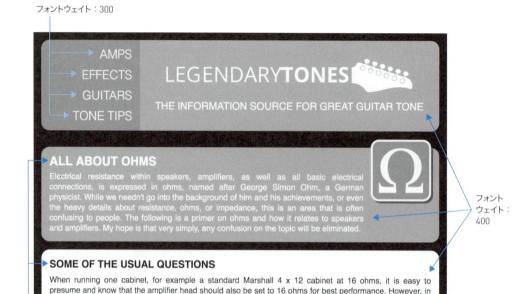

図7.1 すべてのフォントにウェイトを注記したクライアントのコンテンツページ

　バリアントはCSS属性`font-weight`の値によって決定します。`font-weight`は対象となる文字列がどれほど「太く」表示されるべきかを指定します。`normal`、`bold`、`bolder`、`lighter`といったプリセット値でも指定できますし、最も細い100から最も太い900まで、100刻みの整数値で指定もできます。ほとんどの要素のデフォルト値は`normal`ですが、これは400に相当します。表7.1は、フォントウェイトの値とOpen Sansのファイル名との対応表です（このページで利用するかどうかも示しました）。

表7.1 フォントファミリー Open Sans のウェイト値とファイル名の対応

フォントウェイトの値	フォントバリアントのファイル名	利用する／しない
300	OpenSans-Light.ttf	○
400	OpenSans-Regular.ttf	○
600	OpenSans-SemiBold.ttf	×
700	OpenSans-Bold.ttf	○
800	OpenSans-ExtraBold.ttf	×

　どのフォントバリアントが必要かわかったので、不要なものを削除し、`OpenSans-Light.ttf`、`OpenSans-Regular.ttf`、`OpenSans-Bold.ttf`の3つだけを残します。フォントファイルによってはかなりの大きさになるので、きちんと選択することでデータの転送量を減らすことができます。

7.1.2　独自の`@font-face`カスケードの作成

　利用するフォントのスタイル（バリアント）が決まったので、Webサイトでのフォント指定を始めたい

ところですが、その前にTrueTypeフォントを別の形式に変換する必要があります。

フォントの変換

Open SansにはTrueTypeフォント（TTF）しかありませんので形式の変換が必要です（3つの形式（フォーマット）に変換します）。表7.2にフォントの形式とブラウザのサポート状況を示します。

表7.2 フォント形式、拡張子とブラウザのサポート状況（Opera Miniはカスタムフォントをサポートしていない）

フォント形式	拡張子	ブラウザのサポート
TrueType	ttf	IE8以下を除くすべて
Embedded OpenType	eot	IE6以上
WOFF	woff	Androidブラウザ4.3以下とIE8以下を除くすべて
WOFF2	woff2	Firefox 39以上、Chrome 36以上、Opera 23以上、Android Browser 4.7以上、Android用ChromeおよびFirefox、Opera Mobile 36以上

変換にはWeb版を含めさまざまなツールが使えますが、ここではnpmを使って取得できるコマンドラインのユーティリティを使いましょう。次のようなツールです。

- **ttf2eot** —— TTFをEmbedded OpenType（EOT）に変換
- **ttf2woff** —— TTFをWOFFに変換
- **ttf2woff2** —— TTFをWOFF2に変換

Webサイトで使っているフォントがOpenType（OTF）形式でしか入手できない場合は、先に進む前にOTFファイルをTTFに変換するNodeパッケージ**otf2ttf**をダウンロードしてください。しかしOpen Sansの場合はTTFがあるので、このユーティリティは不要です。上の3つのユーティリティをシステムのどこからでも使えるようにグローバルにインストールするには、次のコマンドを実行します。

```
npm install -g ttf2eot ttf2woff ttf2woff2
```

実行には1分前後かかりますが、終了すればどのフォルダからでもこのコマンドを実行できるようになります。npmが終了したら、フォントの変換を始めましょう。

注意！ **利用規約に注意！**

フォントの利用規約を必ず確認してください。Open Sansは（あらゆる意味で）フリーなフォントで、使用に関して明確な許諾を与えています。作成者によっては使用料を要求する場合があります。また、埋め込みに関しては特別な制限が付く場合があります。利用規約を確認し、違反しないようにしましょう。

Open Sansの変換は、ターミナルでフォルダ**css/open-sans**に移動してIE用EOTファイルを生成することから始めましょう。

```
ttf2eot OpenSans-Light.ttf OpenSans-Light.eot
ttf2eot OpenSans-Regular.ttf OpenSans-Regular.eot
ttf2eot OpenSans-Bold.ttf OpenSans-Bold.eot
```

これで必要なEOTフォントはすべて生成されたはずです。ttf2woffを用いたWOFFフォントの生成は、手順も構文もttf2eotと同じです。

```
ttf2woff OpenSans-Light.ttf OpenSans-Light.woff
ttf2woff OpenSans-Regular.ttf OpenSans-Regular.woff
ttf2woff OpenSans-Bold.ttf OpenSans-Bold.woff
```

最後に、tt2woff2を用いてWOFF2を作成するのですが、構文が少し違います。

```
cat OpenSans-Light.ttf | ttf2woff2 > OpenSans-Light.woff2
cat OpenSans-Regular.ttf | ttf2woff2 > OpenSans-Regular.woff2
cat OpenSans-Bold.ttf | ttf2woff2 > OpenSans-Bold.woff2
```

> **MEMO** Unix系システム（Git Bashを含む）とWindowsシステム
>
> 上の例では、catコマンドを使ってパイプ演算子（「|」）経由でフォントファイルの内容をtt2woff2プログラムに渡しました。Windowsではcatの代わりにtypeを使います。

これで最適な@font-faceカスケードを作成するのに必要なファイルはすべて生成できました。それでは、できあがったフォントを埋め込みましょう。

@font-faceカスケードの構築

@font-faceカスケードをうまく構築することで、ブラウザに合った形式のフォントファイルが配信されるようになります。モダンブラウザではWOFFやWOFF2などの高圧縮フォーマットが、古いブラウザでは最適化の程度が低いEOTやTTFといった形式が使われます。

> **MEMO** SVGフォントに関する注意
>
> フォントを埋め込んだ経験がある人の中には、「SVGフォントはどうなっているんだ」と思う人もいるかもしれません。端的にいえば、出番はありません。SVGフォントは主要なブラウザではサポートが終了したか将来のバージョンでサポートがなくなります。使わないようにしましょう。

フォルダcssにあるstyles.cssを開いて、@font-faceのコードを書き始めましょう。まず、ウェイト400（レギュラー）のコードを、styles.cssの最初に記述します（リスト7.1）。

リスト7.1　Open Sansレギュラーの@font-face規則

```
@font-face{
    font-family: "Open Sans Regular";         ← 埋め込まれたフォントフェイスのフォントファミリー名を表す文字列
    font-weight: 400;                         ← タイプフェイスのウェイト
    font-style: normal;                       ← フォントスタイル
    src: local("Open Sans Regular"),          ┐ リモートファイルをダウンロードする前にlocalで指定
         local("OpenSans-Regular"),           ┘ されたフォントをユーザーのシステム内で探す
         url("open-sans/OpenSans-Regular.woff2") format("woff2"),  ← WOFF2版
```

```
        url("open-sans/OpenSans-Regular.woff") format("woff"),              ← WOFF版
        url("open-sans/OpenSans-Regular.eot") format("embedded-opentype"),  ← EOT版
        url("open-sans/OpenSans-Regular.ttf") format("truetype");           ← TTF版
}
```

　この`@font-face`カスケードでは、最適化のレベルが最高のものから最低のものまで4種類の形式を指定しています。属性`src`を見てください。この属性には「,」で区切られたリストを指定します。最初は`local()`で、ブラウザを使っているユーザーのシステム内にフォントがあるかどうかチェックします。あればダウンロードなしで利用できるので、最も効率が良くなります。

　`local()`で指定されたソースが見つからない場合、一連のフォント形式のうちから1つをダウンロードします。どの形式をダウンロードするかは、ブラウザの能力によって決まりますが、対応していればWOFF2版がダウンロードされます。最適化の程度が低い形式を後ろに書くことで、できるだけ効率の良い形式を使うことになります。図7.2にこの過程を示します。

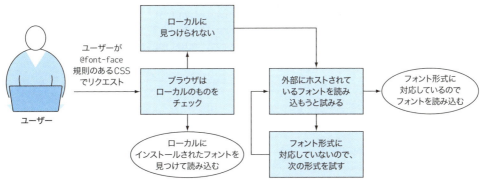

図7.2　ユーザーのブラウザが`@font-face`カスケードを処理していく過程。ブラウザはローカルにインストールしてあるフォントを（指定があれば）検索し、見つからなければ`@font-face`の`src`の指定に基づき同じフォントの異なる形式を順に調べていく

　WOFF2のリクエストが失敗すると、一連の形式から次のものをチェックしますが、それは最適化の度合いがやや低いWOFF版になります。ほとんどのブラウザはこの時点で成功しWOFF版を読み込みます。残りのブラウザはEOTかTTFで代替します。

　`@font-face`の指定が終わったら、`body`の`font-family`を書き換えて、デフォルトでこのフォントを参照するよう変更します。

```
font-family: "Open Sans Regular", Helvetica, Arial, sans-serif;
```

　フォントを優先度の高いものから順に指定するため、`Open Sans Regular`が使われることになります。その後に続くいくつかのフォントは、指定されたフォントがロードできなかった場合の代替フォント（フォールバック）です。フォントの指定が済んだら、いろいろなブラウザでドキュメントを読み込んでみてください。指定したフォントが使われているのがわかります。

　いろいろなブラウザで［Network］タブを見てみると、FirefoxとChrome、それにSafari 10以降がWOFF2ファイルを使うことがわかります。Safariの旧バージョンはWOFFファイルを使います。IE8の

ような古いブラウザはEOTファイルをダウンロードします。開発に使っているシステムにこの例で採り上げたTTFフォントファイルをインストールすると、フォントがまったくダウンロードされず、システム内のものが参照されるのがわかります。この振る舞いは`local()`によるソース指定をすべて削除すれば回避されますが、製品レベルのWebサイトでは最適な方法ではありません。いつも必ず`local()`によるソース指定をすべて削除してリモートのフォントファイルがきちんと機能していることを確認し、それが済んだらサイトをデプロイする前に`local()`を忘れずに追加しましょう。

最後に、残りの2つのウェイト用の@font-faceをリスト7.2のように指定します。

リスト7.2　残ったOpen Sansフォントバリアント用の@font-face指定

```
@font-face{
  font-family: "Open Sans Light";
  font-weight: 300;
  font-style: normal;
  src: local("Open Sans Light"),
    url("open-sans/OpenSans-Light.woff2") format("woff2"),
    url("open-sans/OpenSans-Light.woff") format("woff"),
    url("open-sans/OpenSans-Light.eot") format("embedded-opentype"),
    url("open-sans/OpenSans-Light.ttf") format("truetype");
}

@font-face{
  font-family: "Open Sans Bold";
  font-weight: 700;
  font-style: normal;
  src: local("Open Sans Bold"),
    local("OpenSans-Bold"),
    url("open-sans/OpenSans-Bold.woff2") format("woff2"),
    url("open-sans/OpenSans-Bold.woff") format("woff"),
    url("open-sans/OpenSans-Bold.eot") format("embedded-opentype"),
    url("open-sans/OpenSans-Bold.ttf") format("truetype");
}
```

両方の@font-faceを書き終わったら、`styles.css`内で300と700の値を持った属性`font-weight`を検索します。値が700の`font-weight`を持ったセレクタには次の指定を追加します。

`font-family: "Open Sans Bold";`

値が300の`font-weight`を持ったセレクタには次の指定を追加します。

`font-family: "Open Sans Light";`

これでこのサイトのドキュメント内のすべてのテキストが、さまざまなウェイトのOpen Sansフォントファミリーで表示されるようになりました。フォント形式のうち、最小でパフォーマンスに最も優れたものが最初に選択されるようにフォントを埋め込んだので、ユーザーのロード時間は短縮されました。古いブラウザは最適化されていない形式を受信することになりますが、指定のフォントが表示されることに

変わりありません。もちろん古い形式の読み込みには時間がかかります。そこでサーバー圧縮が登場します。

7.2 EOTおよびTTFの圧縮

`@font-face`カスケードの最初は、WOFF2やWOFFといった高パフォーマンスの形式で始まっていましたから問題ありません。しかし後に続く2つの形式は、広くサポートされてはいるものの、最適化の度合いが低いものです。WOFF2およびWOFFは内部で圧縮されているのでサーバーで圧縮する必要がありません。これに対してTTFおよびEOTのフォントは圧縮されていないためサーバーで圧縮しなければなりません。圧縮のためのオーバーヘッドが生じますが、データ転送量の削減のほうが効果が大きくなります。

圧縮モジュールが組み込まれているNode Webサーバーを使えば、TTFおよびEOTはデフォルトで圧縮されます。しかし、Webサーバーによってはデフォルトでは圧縮されません。たとえばApacheでは`mod_deflate`を使う必要があります。Apacheサーバーの設定ファイルにリスト7.3の内容を加えることで、TTFおよびEOTが圧縮されるようになります（Apache以外のWebサーバーについてはドキュメントを参照してください）。

リスト7.3　TTFおよびEOTの圧縮を指定するApacheサーバーの設定

```
<IfModule mime_module>          ← モジュールmime_moduleがインストールされているかどうかチェック
  AddType font/ttf .ttf         ← TTFフォントのメディアタイプ定義を追加
  AddType font/eot .eot         ← EOTフォントのメディアタイプ定義を追加
</IfModule>
<IfModule mod_deflate.c>        ← モジュールdeflateがインストールされているかどうかチェック
  AddOutputFilterByType DEFLATE font/ttf font/eot   ← メディアタイプに従って.ttfと.eotのファイルを圧縮
</IfModule>
```

図7.3は`OpenSans-Regular.ttf`と`OpenSans-Regular.eot`のフォントファイルについて圧縮の前後でファイルサイズを比較したものです。約45%小さくなっています。

TTFやEOTのファイルを圧縮してもWOFF2よりは大きくなってしまいますが、圧縮しないまま送るよりもはるかに転送量が小さくなります。ただし、次のような点も考慮する必要があります。容量の小さいファイルは効率よく圧縮できますが、TTFやEOTのフォントのように大きなファイルでは圧縮に時間がかかり、結果としてTTBF（Time To First Byte：最初の1バイトが到着するまでの時間）が長くなってしまう危険性があります。どちらの設定がロード時間を短くできるか、必ずテストして確認してください。また、小さいファイルでは、圧縮に時間をかけるよりもそのまま送ってしまったほうが速い場合もあるので注意が必要です。

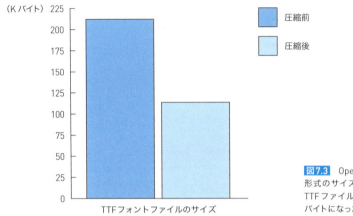

図7.3 Open Sans RegularフォントのTTF形式のサイズを圧縮の前後で比較したもの。TTFファイルは212.26Kバイトから113.76Kバイトになった（EOTの場合もほぼ同じ）

7.3 フォントのサブセット化

　フォントを追加したことで見映えはよくなりましたが、送信されるデータ量は増えてしまいました。フォントを3つ追加したことで、WOFF2フォントの分の約185Kバイト増加してしまいました。古いブラウザでは代替の形式を使うことで約260Kバイトの増加になります。これはかなりの増加です。

　そこで、サブセット化によってフォントのデータ量を少なくしましょう。サブセット化はフォントファイル中の必要な文字だけを選び出して、残りを削除してしまうものです。1つの方法は言語によるフォントのサブセット化です。たとえばサイトのコンテンツが英語であれば、ラテン文字（Latin）で十分なはずです。なお、Google Fontsのサイトでは、図7.4に示すように、フォントを選択したあとでサブセットを選択できるようになっています。

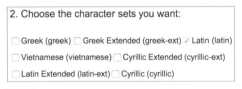

図7.4 Googleで提供されている、各言語のサブセット

　Google FontsやAdobe Typekitといったサービスではサブセットを使えるようになっていますが、状況によってはサードパーティーのサービスを利用できません。特にサイトのデザインがフォントサービスで提供されていないフォントを要求している場合や、フォントに利用料が必要な場合です。この節では、コマンドラインツールを使って手作業でフォントのサブセットを作成する方法を説明します。また、多言語サイトにフォントを配信するのに使えるCSS属性`unicode-range`の使い方も説明します。

7.3.1 手作業によるサブセット化

フォントのサブセット化には、Pythonベースのコマンドラインユーティリティfonttoolsが使えます。この節ではまずUnicode文字コード範囲について説明し、続いてfonttoolsに含まれるユーティリティpyftsubsetを使ってフォントのサブセットを生成します。

Unicodeの範囲

サブセット化がどのような仕組みで働くのかを理解するには、Unicodeとはどのようなもので、あらかじめ定義されているUnicode文字のコード範囲（ブロック）内にさまざまな言語が持つ文字の字形（グリフ）がどのように存在しているのかを知る必要があります。

Web開発に関わったことが少しでもあればUnicodeについて聞いたことがあるかもしれませんが、それが何であるのかを正確には知らない人も多いのではないでしょうか。Unicodeはすべての言語の文字が表示される方法を標準化するものです。さまざまな言語のために12万以上の文字が定義されており、さらに多くを取り入れるための改訂も行われています。

Unicodeの思想は、ただ単に広範囲の文字を収容しようというものではありません。Unicode文字セットが使用された場合には、一貫した方法で文字のコード位置を確保しようというものなのです。広く使われているUnicode文字セットがUTF-8で、Webの事実上の標準（デファクトスタンダード）になっています。Unicode文字セットが使われていれば、すべての文書で同じ文字が占める位置は同じになります。たとえば小文字のpは常にU+0070というUnicodeコードポイントに位置します。図7.5はこのコードポイントを他のポイントとともに表にして示したものです。

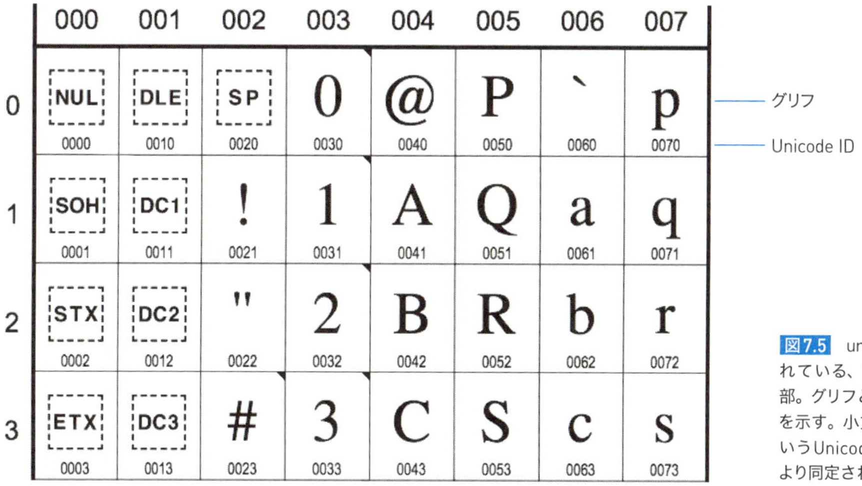

図7.5 unicode.orgに掲載されている、Unicode文字表の一部。グリフとそのコードポイントを示す。小文字のpはU+0070というUnicodeコードポイントにより同定される

フォントが特定の文字のためのコード位置を確保するのにUnicodeコードポイントを使うので、Unicode文字を理解しておく必要があるのです。

Unicodeコードポイントはフォントのサブセット化にも使用します。フォントによってはめったに使わ

れることのない文字を多数収容しています。コンテンツを英語で書くなら、フォントがキリル文字を提供していたとしてもそれが必要ないことは明らかです。サブセット化により、Webサイトのコンテンツに合ったグリフのみを取り出せます。そうすればフォントファイルの容量は小さくなり、結果、ページの読み込み時間が速くなります。

フォントのサブセット化は、**Unicode 文字コード範囲**を使って行うのが典型的な方法です。Unicode文字コード範囲は2つのUnicodeコードポイントにより表され、その間にあるすべてのコードポイントが含まれます。よく使われるUnicode文字コード範囲の1つが基本ラテン文字（Basic Latin）で、英語アルファベットの小文字と大文字、0から9までの数字、「,」「.」など複数の特殊記号を含みます。この範囲は`U+0000`から`U+007F`までとして表されます。サブセット化ツールにこの範囲を入力すると、指定された範囲を取り出して小さなファイルを生成します。

> **MEMO 他のUnicode文字コード範囲の探し方**
>
> Unicodeコンソーシアムが開設するUnicode標準の公式サイト（unicode.org）には、Unicode標準がコード位置を定めているすべての言語についての完全な一覧表があります。Unicode文字コード範囲を探すなら、`http://unicode.org/charts`を開いて一覧表の中を見てください。探している言語をクリックするとその言語のPDF文書が表示されますが、その冒頭に範囲が掲載されています。たとえばアルメニア文字の範囲は`0530`から`058F`ですし、CJK Unified Ideographs（CJK統合漢字）は`4E00`から`9FEA`です。

fonttoolsのインストール

Open Sansの「基本ラテン文字」のサブセットを作成しましょう。`fonttools`というライブラリに入っている`pyftsubset`というコマンドラインツールを使って行いますが、まずはこのツールのインストールが必要です。

第3章でRubyをダウンロードしてインストールし、ユーティリティ`uncss`をインストールするためのパッケージマネージャ`gem`を使えるようにしました。ここでは、同様のことをしますが、インストールするのはPythonで、パッケージ`fonttools`をインストールするためのパッケージマネージャ`pip`を使えるようにします。パッケージ`fonttools`をインストールすると、コマンドラインでフォントをサブセット化する`pyftsubset`という名前のユーティリティが使えるようになります。

MacユーザーならPythonはプレインストールされています。Linuxディストリビューションの多くも同様です。Pythonがすでにシステムにインストールされているかどうかを確認するには、コマンド`python --version`を実行します。インストールされていればバージョン番号が表示されるので、そのまま先に進めます。`fonttools`の開発者によると、Python 2.7あるいは3.3以上が必要です。

WindowsユーザーはPythonのプレインストールの恩恵にあずかれませんが、大した障害ではありません。Pythonをインストールするには`http://python.org/downloads`を開き、インストーラを入手してください。インストーラがあれば手続きは簡単で、いくつかのステップを踏むだけです。

Pythonがインストールされたら、コマンドラインから`pip -V`と入力し、パッケージマネージャ`pip`が利用可能なことを確認してください。エラーが起こってバージョン番号が表示されない場合は、`pip`のインストールが必要です。この段階ではすでにPythonが使えるのですから、コマンド`easy_install pip`

を実行すれば簡単にインストールできます。それが済んだらコマンド`pip install fonttools`を入力すれば、パッケージ`fonttools`がインストールされます。

`fonttools`がインストールできたら、コマンドラインから`pyftsubset --help`と入力してユーティリティ`pyftsubset`が利用可能かどうかチェックします。ヘルプテキストが（たくさん）表示されればユーティリティはインストールされているので、フォントのサブセット化を開始する準備は完了です。

pyftsubsetを使ったフォントのサブセット化

`fonttools`がインストールされ`pyftsubset`が使えるようになったので、仕事にとりかかりましょう。コンテンツは英語ですから、Unicode文字コード範囲の基本ラテン文字（Basic Latin）でサブセット化します。この範囲は英語のアルファベットで用いられる文字と数字、それに句読点などを含んでいます。Unicodeの公式Webサイトで文字コード範囲Basic Latinを探すと、範囲はU+0000からU+007Fであることがわかります。ユーティリティ`pyftsubset`でサブセットを生成するときにこの情報を入力します。

このユーティリティを使ってフォントのサブセット化を行うには、ターミナルのウィンドウを開いて、ディレクトリ`css/open-sans`に移動します。`pyftsubset`の実行にはTTF、OTF、WOFFのいずれかのファイルが必要です。話を簡単にするために、元のTTFファイルをサブセット化し、この章の最初の節で説明したコンバーターを使ってサブセット化されたTTFフォントから必要な他の形式に変換することにしましょう。

次のコマンドを使って`OpenSans-Regular.ttf`フォントをサブセット化します。

```
pyftsubset OpenSans-Regular.ttf --unicodes=U+0000-007F --output-file=
    OpenSans-Regular-BasicLatin.ttf --name-IDs='*'
```

このコマンドではいろいろな項目を指定していますから、ひとつひとつ説明しましょう。図7.6にそれぞれのオプションの意味を示します。

図7.6 `pyftsubset`によるフォントのサブセット化。入力ファイル、サブセットのUnicode文字コード範囲、出力ファイル名の順に指定する。最後のオプションは名前テーブルのエントリを保存するためのもので、これによりフォントコンバーターとの互換性が高くなる

少し待つとプログラムは終了し、フラグ`--output-file`で指定した`OpenSans-Regular-BasicLatin.ttf`が出力されます。このファイルの容量を`OpenSans-Regular.ttf`と比較すると、212.26Kバイトから17.68Kバイトと、ファイルが約90％縮小されたことがわかります。これはフォントの全容量からすると大幅な縮小です。おまけに、最適化されたフォント形式ではないのです。Open Sansは多くの言語を幅広くサポートしているため非常に多くの文字が収められています。フォントをサブセット化したからといって常にこのような成果が得られるとは限りませんが、何が可能かを調べるのにかけた時間は無駄にはなりません。

「勝利宣言」をする前に、サブセット化されたフォントをEOT、WOFF、WOFF2の各形式に変換しておく仕事がまだ残っています。次のコマンドを使います。

```
ttf2eot OpenSans-Regular-BasicLatin.ttf OpenSans-Regular-BasicLatin.eot
ttf2woff OpenSans-Regular-BasicLatin.ttf OpenSans-Regular-BasicLatin.woff
cat OpenSans-Regular-BasicLatin.ttf | ttf2woff2 > OpenSans-Regular-BasicLatin.woff2
```

すべてのフォントを変換したら、`OpenSans-Bold.ttf`と`OpenSans-Light.ttf`についても`pyftsubset`を使って同じサブセット化の過程を繰り返し、それぞれについて対応するEOT版、WOFF版、WOFF2版を変換により作成します。それから`styles.css`内の`@fontface`のソースを修正して、サブセット化されたフォントファイルを参照するように更新しておく必要があります。

> **MEMO 特殊記号について**
>
> フォントをサブセット化する際には、そのフォントを使うサイトのコンテンツを念頭に置かねばなりません。たとえばコーヒー関連製品を扱うサイトなら「café」というアクセント付きのeが必要になるでしょう。文字コード範囲「基本ラテン文字」にはこういった文字は入っていませんから、コンテンツ全体で必要とされるグリフが含まれるように気を配らなければいけません。

ここまでの努力の結果、フォントのファイル容量をかなり削減できました。フォントの形式によって、元の容量から85%から90%の範囲でフォントファイルをスリム化したのです。この変換の結果、ページのロード時間は図7.7に示すように、かなり改善されました。

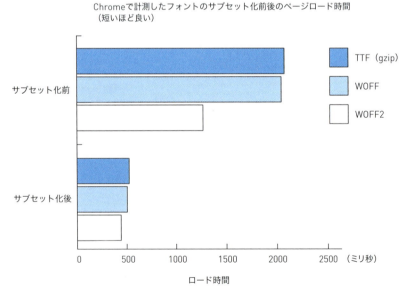

図7.7 フォントのサブセット化前後のロード時間。200%を大きく超える改善を示している。ロード時間はサイト内のすべてのリソースを含む。この測定ではTrueTypeフォントはサーバー圧縮されている（EOTは互換性の問題から省略したが、ファイル容量はTTFとほぼ同じ）

7.3.2　属性unicode-rangeを使ったフォントサブセットの配信

> クライアントはコンテンツを別の言語でも表示したいと言いだしました。なぜかわかりませんが、このサイトはユーラシア大陸の国々、とりわけロシアで人気があるというのです。

そのため、@font-faceカスケード内で属性unicode-rangeを使って言語によるサブセット化をしましょう。この属性を使えば、pyftsubsetでしたのと同じように、Unicode文字コード範囲により特定の言語をターゲットにできます。

> コンテンツを翻訳してもらわなければならないので、修正はちょっとした作業になります。しかし、コンテンツの翻訳をしている間に、こちらは自分の仕事ができます。クライアントは作業用にロシア語用のプレースホルダファイルをくれました。

ロシア語で用いられるキリル文字を配信できるようにするには次の2つの方法があります。

1. どんな場合でも、すべての言語が必要な文字を自由に使用できるように、サブセット化されていないフォントファイルを配信する
2. 各ページでそのページが必要としているサブセットだけを配信する

どちらの方針のほうがよいでしょうか——2番目が正解です。手作業でのサブセット化を説明した前節で見たように、サブセット化されていないフォントを配信するとパフォーマンスが低下しますから、他の言語についても適切にサブセット化しましょう。英語を使うユーザーにキリル文字のサブセットをダウンロードさせる必要はありません。

ここでCSS属性unicode-rangeの登場です。pyftsubsetプログラムで指定したのと同じ形式でUnicodeコードポイントの範囲や組みを@font-faceで指定します。ページコンテンツがこの範囲に該当する文字を含んでいることをブラウザが検出すると、フォントをダウンロードします。検出しなければフォントはダウンロードされません。

この属性はすべてのブラウザでサポートされているわけではないので、使う場合には何らかの代替手段を講じておく必要があります。unicode-rangeに関しては、現時点ではきちんとメンテナンスされているポリフィル（代替プログラム）がありませんので他の回避策が必要となるのが普通です。回避策についてはこの項で後述します。

では、pyftsubsetを使って必要なキリル文字を含んだ新しいフォントサブセットを作成しましょう。変換が終わったら、できたフォントを新しい@font-faceに埋め込み、属性unicode-rangeを使って、関連づけられている@font-faceのどの文字が該当するのかを知らせます。そのあとで、JavaScriptを使ったフォールバックについて説明します。

サブセット化の前に、gitを使ってコードを新しいブランチに切り替えておく必要があります。git checkout -f unicoderangeを実行してください。まず最初に目にするのはHTMLファイルが2つあ

ることです。以前見たことのある英語版の記事（`index-en.html`）とキリル文字を使ったロシア語版（`index-ru.html`）です。それでは始めましょう。

キリル文字フォントサブセットの生成

`unicode-range`を使ってロシア語ユーザーに正しいフォントサブセットを配信できるようにするためには、まず`pyftsubset`を使ってキリル文字のサブセットを作成する必要があります。

このプログラムを使ってキリル文字（Cyrillic）サブセットを生成する方法は基本ラテン文字（Basic Latin）サブセットを生成したときとほぼ同じです。唯一の違いは文字を取得するのに別のUnicodeコードポイントが必要となるところです。

基本ラテン文字のUnicode文字コード範囲は単純でしたが、キリル文字のUnicode文字コード範囲は複雑です。`pyftsubset`のオプション`--unicodes`にはカンマで区切った3つの独立した範囲を渡す必要があります。この例に実際の範囲を記述しますが、UnicodeのWebサイトにも掲載されています。フォントファイル`OpenSans-Regular.ttf`のキリル文字サブセットを作成するには、フォルダ`css/open-sans`内からコマンドラインで次のコマンドを実行します[1]。

```
pyftsubset OpenSans-Regular.ttf --unicodes=U+0400-045F,U+0490-0491,U+04B0-04B1
    --output-file=OpenSans-Regular-Cyrillic.ttf --name-IDs='*'
```

Open Sans Regularの基本ラテン文字サブセットを生成したときに使ったコマンドと今回のものの違いは、オプション`--unicodes`に与えたUnicode文字コード範囲と、出力ファイル名だけです。実行が終わると、`OpenSans-Regular-Cyrillic.ttf`という名前の新しいファイルがフォルダ内にできているのがわかるでしょう。前と同じように、このフォントからEOT版、WOFF版、WOFF2版を変換して作成する必要があります。

```
ttf2eot OpenSans-Regular-Cyrillic.ttf OpenSans-Regular-Cyrillic.eot
ttf2woff OpenSans-Regular-Cyrillic.ttf OpenSans-Regular-Cyrillic.woff
cat OpenSans-Regular-Cyrillic.ttf | ttf2woff2 > OpenSans-Regular-Cyrillic.woff2
```

この変換が終わったら、`OpenSans-Light.ttf`と`OpenSans-Bold.ttf`に対してもこのキリル文字サブセットを生成する作業を繰り返し、それぞれ`OpenSans-Light-Cyrillic.ttf`と`Open-Sans-Bold-Cyrillic.ttf`を生成します。さらに、できあがったファイルを変換してそれぞれの`@font-face`で使用するのに必要な形式のファイルを作成してください。

`unicode-range`の指定

CSS内での属性`unicode-range`の使用法は、`pyftsubset`を使ってフォントのサブセットを作成する際にオプション`--unicodes`にUnicode文字コード範囲を渡すのとあまり違いがありません。`styles.css`を開いて`@font-face`を見ると、基本ラテン文字サブセットでもすでに`unicode-range`が指定されているのがわかります。

---

[1] ［訳注］`--text-file=subset.txt`の形式で、含める文字の一覧を書いたファイル（subset.txt）を指定することもできます。なお、日本語フォントのサブセットの作成については「pyftsubset 日本語」などの文字列で検索を行うと参考になるサイトが見つかります（たとえば https://qiita.com/sygnas/items/89e4a3a8dee79e6159c6）。

```
unicode-range: U+0000-007F;
```

この属性の形式は単純ですが柔軟性があります。単独のUnicodeコードポイントをいくつでも指定できますし、範囲も、ワイルドカードも、それらを一緒にしたものも指定できます。この属性のいろいろな使用法をリスト7.4に示します。

リスト7.4　unicode-rangeの値
```
/* 単独の値 */
unicode-range: U+0026;   ●────── 単一の値で表現された単独のUnicodeコードポイント

/* 範囲 */
unicode-range: U+0000-007F;   ●────── ハイフンで分離されたUnicodeコードポイントで表現された範囲

/* ワイルドカードで示された範囲 */
unicode-range: U+002?;   ●────── 疑問符（?）を使って指定するUnicodeコードポイントのワイルドカード範囲

/* 複数の値 */
unicode-range: U+0000-007F, U+0100, U+02??;   ●────── カンマで区切られた複数の値
```

Unicode文字コード範囲としてラテン文字のサブセットを指定したのですから、ブラウザで`http://localhost:8080/index-ru.html`にアクセスしロシア語版のページを開いても基本ラテン文字サブセットはまったく読み込まれないというのは正しいでしょうか。図7.8を見ればわかるように、その表現は正確ではありません。

	Name	Method	Status
	index-ru.html	GET	200
	styles.css	GET	200
	logo.svg	GET	200
	ohm.svg	GET	200
読み込まれたフォント {	OpenSans-Light-BasicLatin.woff2	GET	200
	OpenSans-Regular-BasicLatin.woff2	GET	200
	OpenSans-Bold-BasicLatin.woff2	GET	200

図7.8　基本ラテン文字サブセットはそのサブセット内の文字を表示するページにだけ使うように属性unicode-rangeで設定したにもかかわらず、ロシア語版のページにも読み込まれている

「ちょっと待ってくれ、いったいどうしたんだ」というのが最初の反応かもしれませんが、ロシア語版のサイトも、作成された基本ラテン文字サブセットの文字を実際に使っています。このフォントサブセットには、英語ばかりでなくロシア語でもよく使われるものが含まれているのです —— カンマやピリオドなどのパンクチュエーションや数字などの文字です。さまざまな理由から、Unicode文字コード範囲「基本ラテン文字」の文字は多くの言語で共通しています。ですからこの例での属性unicode-rangeはまさに役目どおりの働きをしているのです。必要なときだけフォントサブセットを取得しています。

実現したいのは、キリル文字フォントサブセットを必要と**しない**ページにダウンロードされることを防

ぐことです。それには、新しいキリル文字フォントサブセットのそれぞれに対し、それ自身の`unicode-range`の値を入れた新しい`@font-face`指定を作成する必要があります。リスト7.5は、Open Sans Regularのキリル文字サブセット用の`@font-face`指定を示しており、`styles.css`に追加しています。

リスト7.5　Open Sans Regularキリル文字サブセット用の@font-face指定

```
@font-face{
    font-family: "Open Sans Regular";      ←┐
    font-weight: 400;                       │ 同じfont-familyの内部に複数の文字セットを使用できる
    font-style: normal;                     │
    src: local("Open Sans Regular"),       ←┘
         local("OpenSans-Regular"),
        url("open-sans/OpenSans-Regular-Cyrillic.woff2") format("woff2"),
        url("open-sans/OpenSans-Regular-Cyrillic.woff") format("woff"),
        url("open-sans/OpenSans-Regular-Cyrillic.eot") format("embedded-opentype"),
        url("open-sans/OpenSans-Regular-Cyrillic.ttf") format("truetype");
    unicode-range: U+0400-045F,U+0490-0491,U+04B0-04B1;  ← フォントに適用するunicode-range
}
        └─ キリル文字フォントサブセット用のソース形式
```

　この新しいフォントを`styles.css`に追加したら、残っているOpen Sans LightとOpen Sans Boldのキリル文字サブセット用`@font-face`規則も追加しましょう。すべて追加し終わったら、必ず`font-family`と`local()`のソース名を適切なものに書き換えてください。それぞれのフォントバリアントの基本ラテン文字サブセットと同じ値になります。

　残った`@font-face`規則の書き換えも終了したら、`unicode-range`がフォントの配信にどのような影響を与えているかの検証ができます。すでに`index-ru.html`は開いていますから、Chromeの別のタブで`index-en.html`を開いて、［Network］タブでそれぞれのページをチェックしてください。図7.9で英語版とロシア語版のページの［Network］の出力を比較します。

Name	Method	Status	Name	Method	Status
OpenSans-Light-Cyrillic.woff2	GET	200	OpenSans-Light-BasicLatin.woff2	GET	200
OpenSans-Regular-Cyrillic.woff2	GET	200	OpenSans-Regular-BasicLatin.woff2	GET	200
OpenSans-Bold-Cyrillic.woff2	GET	200	OpenSans-Bold-BasicLatin.woff2	GET	200
OpenSans-Light-BasicLatin.woff2	GET	200			
OpenSans-Bold-BasicLatin.woff2	GET	200			
OpenSans-Regular-BasicLatin.woff2	GET	200			

　　　　　　　　　ロシア語版　　　　　　　　　　　　　　　　　　　英語版

図7.9　ダウンロードされたフォントのロシア語版ページ（左）と英語版ページ（右）での比較。両ページとも同じスタイルシートを使用している。属性`unicode-range`はドキュメント内の文字が定義された範囲内にあるかどうかを検出しており、範囲内にあれば関連づけられている`@font-face`リソースが使用される

　見てわかるように、ロシア語版ページはキリル文字サブセットと基本ラテン文字サブセットをダウンロードしているのに対し、英語版ページはキリル文字を必要としていないので、属性`unicode-range`を利用してキリル文字サブセットを無視しています。

この技法は異なった文字コード範囲を使う言語を表示する多言語Webサイトで役に立ちます。ドイツ語、スペイン語、フランス語といった西欧言語の多くは、範囲の広いラテン文字（Latin）サブセットを使用すれば問題なく表示できますが、ギリシア語やロシア語といった言語はアルファベットが異なるので、サブセット化の意味があります。アジアの言語は何千もの文字を使うので、この技法が特に有用です。

古いブラウザ向けの代替手段

unicode-rangeはすばらしい機能ですが、どのブラウザでも完全にサポートされているという状況にはなっていいません。新しいWebKitブラウザとFirefoxではよくサポートされていますが、その他のブラウザではこの本の執筆時点ではサポートされていませんでした。そのようなブラウザは属性unicode-rangeを無視して、CSSファイル内で見つけたすべてのフォントサブセットを無条件にダウンロードします。図7.10は英語版のページを読み込んだときのSafari 9の振る舞いです。まるで属性unicode-rangeがなかったかのようにすべてのフォントを読み込んでいます[2]。

Name	Domain	Type	Method
OpenSans-Regular-Cyrillic.woff	localhost	Font	GET
OpenSans-Regular-BasicLatin.woff	localhost	Font	GET
OpenSans-Light-Cyrillic.woff	localhost	Font	GET
OpenSans-Light-BasicLatin.woff	localhost	Font	GET
OpenSans-Bold-Cyrillic.woff	localhost	Font	GET
OpenSans-Bold-BasicLatin.woff	localhost	Font	GET

図7.10　属性unicode-rangeにかかわらず英語版ページでキリル文字サブセットが読み込まれている（Safari 9で実行）

それではunicode-rangeをサポートしていないブラウザに対しては何をすればよいのでしょうか。可能な方法の1つは、グリフを増やしてもページのパフォーマンスにそれほどの悪影響を与えない場合に、範囲を広げたサブセットを作成するというものです。どちらの言語のページも余分なグリフをダウンロードすることになりますが、3つのフォントバリアントに対して6つのリクエストを送る代わりにリクエストは3つだけとなります。

この方法は日本語のような言語のコンテンツでは役に立ちません。日本語のグリフ数は膨大でフォントファイルの容量を巨大にしているからです。そのような言語のサイトをコーディングする開発者はサイトのペイロードの大きな部分がフォントに割り当てられるのを当然だと思っているかもしれませんが、必要としていないユーザーにそのようなサブセットを強制するのはよくありません。サイトの訪問者に対してしてはならないことです。したがって、JavaScriptで解決することになります。

多言語サイトでは、開発者は`<html>`タグの属性langを使ってドキュメントの言語を定義します。使用される言語コードはISO 639-1標準に準拠したものです。index-ru.htmlでは`<html lang="ru">`のようになっています。小さなJavaScriptのインラインスクリプトを書いて、このタグ内の言語コードをチェックします。言語コードが探しているものであれば、もっとサイズの小さい別のスタイルシートを読み込みます。そのスタイルシートには必要なサブセットの`@fontface`指定が入っており、遅延読み込みしてもらいたいのです。

これをロシア語版コンテンツに実装するには、まずキリル文字の`@fontface`指定を`ru.css`という名前

---

[2]　Safari 10 以降は unicode-range をサポートしています。

の別のCSSファイルに移動します。次に`<link>`タグにプレースホルダ属性data-hrefを追加し、そこに値としてru.cssの参照をもたせます。さらに、ページに付与したい言語コードを値として持つ属性data-langも追加します。

　こうすれば、CSSはその後に続く`<script>`ブロックによって評価されるまで、まったく読み込まれません。スクリプトにより、`<html>`の属性langの値と`<link>`タグの属性data-langの値が一致すると判定されれば、スタイルシートをすぐさまダウンロードして解析します。リスト7.6は、この仕組みを実装しています。

リスト7.6　JavaScriptによるフォントサブセット遅延読み込み

```html
<!doctype html>
<html lang="ru">                    ← 属性langは言語コードru（ロシア語）に設定されている
  <head>
    <title>Легендарные Тонизирует-Этого не случится.</title>
    <link rel="stylesheet" href="css/styles.css" type="text/css">
    <link rel="stylesheet" data-href="css/ru.css"
          data-lang="ru" type="text/css">    ← キリル文字サブセット用の@font-faceは
                                                別のCSSファイルに移動
    <script>
      (function(document){
        var documentLang = document.querySelector("html").getAttribute("lang"),   ← <html>タグの属性langを変数に格納
            linkCollection = document
              .querySelectorAll("link[data-href]");   ← 属性data-hrefを持った
                                                        <link>タグを変数に格納

        for(var i = 0; i < linkCollection.length; i++){   ← <link>タグのコレク
                                                             ションについて繰り返す
          var linkLang = linkCollection[i]
              .getAttribute("data-lang"),   ← <link>タグの属性data-langを取得
              linkHref = linkCollection[i]
              .getAttribute("data-href");   ← <link>タグの属性data-hrefを取得

          if(documentLang === linkLang){   ← 属性data-langがドキュメントの言語に
                                              一致するかどうかをチェック
            linkCollection[i].setAttribute("href", linkHref);
          }                                 ← 適切な<link>タグの属性data-href
        }                                     を属性hrefに変換
      })(document);
    </script>
    <noscript>
      <link rel="stylesheet" href="css/ru.css" type="text/css">   ← <noscript>による代替がフォント
    </noscript>                                                      サブセットをダウンロードする
  </head>
```

　`<script>`ブロックはドキュメントの始めに近いところにあるので、ブラウザはすぐにそれを見つけますから、実行も早くなります。そのため遅れは最小になります。

　このスクリプトは、data-hrefのパターンに従う複数の`<link>`タグを扱えます。このためコードには、追加のフォントサブセットに必要なだけの数の`<link>`タグへの参照を設定できます。このコードを多言語Webサイトの各ページの`<head>`に入れれば、そのページの言語に必要なCSSとフォントサブセットだけが読み込まれます。

JavaScriptを無効化しているユーザーのことも考慮する必要があります。そんなユーザーをカバーするために`<noscript>`要素に入れた`<link>`タグによりフォントサブセットを提供することにします。この代替手段は`<html>`の属性`lang`の値に従ってサブセットを選択するわけではないので最適とは言えませんが、ページに必要なフォントサブセットをユーザーが確実に得られるようにしてくれます。

　これによって属性`unicode-range`を使ったのと同じ最終結果がすべてのブラウザで得られることになります。図7.11はSafariで英語版とロシア語版の記事を読み込んだときのこのスクリプトの効果を示したものです。

英語コンテンツページ	ロシア語コンテンツページ
index-en.html	index-ru.html
styles.css	styles.css
logo.svg	ru.css
ohm.svg	logo.svg
OpenSans-Regular-BasicLatin.woff	ohm.svg
OpenSans-Light-BasicLatin.woff	OpenSans-Regular-Cyrillic.woff
OpenSans-Bold-BasicLatin.woff	OpenSans-Regular-BasicLatin.woff
	OpenSans-Light-Cyrillic.woff
	OpenSans-Light-BasicLatin.woff
	OpenSans-Bold-Cyrillic.woff
	OpenSans-Bold-BasicLatin.woff

図7.11 Safariでコンテンツページの英語版（左）とロシア語版（右）を表示した場合の［ネットワーク］タブの内容。どちらのページでも代替用スクリプトが有効化されている。英語版は必要なフォントしかダウンロードしていないが、ロシア語版はそれに加えて`ru.css`と、それに含まれるフォントサブセットを取得している

　JavaScriptで言語コードをチェックする方法は`unicode-range`を使う方法に比べると、「JavaScriptで何とか解決した」というレベルにすぎません。条件がもっと単純なら、JavaScriptの解決策ももっと単純になる可能性もあります。サーバーサイドで解決するほうがより賢明かもしれません。たとえば言語コードをクッキーに保存し、PHPなどのサーバーサイド言語を使って、条件文によりフォントサブセットの入った`<link>`要素をドキュメントに挿入することもできます。

　やがて`unicode-range`のサポートが普及すれば、最終的には古いブラウザは最適化されていない使い心地のままでよいというようになるでしょう。大事なのは、`unicode-range`が使えなくても、他にも選択肢があるということです。

7.4　フォント読み込みの最適化

　Webサイトにリソースを読み込む際には、リソースのタイプによりさまざまな落とし穴があります。たとえば`<link>`タグでCSSを読み込むと、そのスタイルシートがダウンロードされて解析され、スタイ

がドキュメントに適用されるまで、レンダリングがブロックされます。外部のJavaScriptファイルを参照する`<script>`タグも、ドキュメントの冒頭のほうにあると、同様にページのレンダリングをブロックします。

フォントについても同様で、ロード時にサイトの可読性に影響する問題に事欠きません。この節では、フォント読み込みの際に起こりうる表示の乱れについて説明します。続いて、CSS属性`font-display`を使ってフォントの表示のされ方を制御する方法を説明し、さらに`font-display`が利用できない場合に使うJavaScriptベースのFont Loading APIを使った代替手段を説明します。ブラウザでそのどちらも利用できない場合に、サードパーティー製のスクリプトにフォールバックして同じ結果を得る方法も説明しましょう。

7.4.1 フォント読み込みに関する問題

> ブログ「Legendary Tones」のオーナーがメールを送ってきました。そのメールには、フォントの見え方は気に入っているが、遅い接続だとページ上のテキストが表示されるまでに少し時間がかかると気づいた、と書いてありました。

これはそのとおりで、ブラウザによってはそのような現象が起こってしまいます。クライアントが言っている現象は「見えないテキストのちらつき（Flash of Invisible Text：FOIT）」と呼ばれています。

FOITは第3章で説明した「スタイル未指定のコンテンツのちらつき（Flash of Unstyled Content：FOUC)」と似た現象で、スタイル付けされていないコンテンツが一瞬表示されるのと同様、ドキュメントのフォントがすべて読み込まれるまでテキストのない画面が表示されるという現象です。高速の接続環境でも注意して見れば確認できますが、3Gや2Gといった遅いモバイルネットワークで遅延の影響が増すとますます目立つようになります。図7.12にこの現象を示します。

 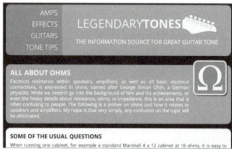

フォントのロード中　　　　　　　　　　　　　　フォントのロード完了

図7.12　ページが埋め込みフォントを読み込んでいると、テキストは初めのうちは見えない（左）。フォントの読み込みが完了すると、そのフォントフェイスでスタイルされたテキストが現れる

これはやっかいな「バグ」のように思えますが、ブラウザはまさにそう振る舞うように設計されているのです。「スタイルされていない**テキスト**のちらつき（Flash of Unstyled Text：FOUT）」と呼ばれる現

象を避けるために、フォントのダウンロード中はテキストを描画せず待機するのです。FOUTはFOUC（スタイル未指定のコンテンツのちらつき）に似ており、スタイルされていないページが現れるのと同様に読み込まれたテキストがシステムフォントで一瞬表示され、その直後に突然指定のタイプフェイスで描画し直される現象です。ブラウザはフォントを読み込んでいる間、一定の時間はテキストを隠しておきますが、決まった時間が過ぎると、フォントの読み込みが完了する前でも、スタイル付けされていないテキストを表示してしまいます。フォントが読み込まれると、テキストにスタイルが付与されます。その様子を図7.13に示します。

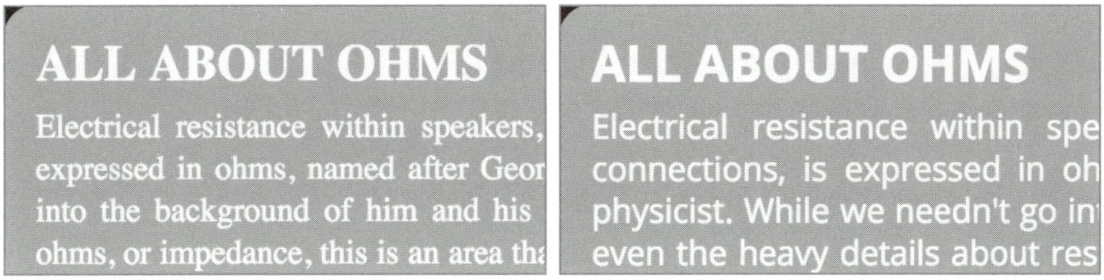

スタイルなしのテキスト　　　　　　　　　スタイル付きのテキスト

図7.13　フォントのダウンロード時間が長すぎると、テキストは結局表示されてしまうが、フォントリソースが読み込み中なのでスタイルが付与されていない（左）。すべてのフォントの読み込みが完了すると、テキストにスタイルが付与される（右）。この現象はFOUTと呼ばれる

　ブラウザの意図するところは理解できますが、データの転送が滞ると、ユーザーはページ上にテキストが表示されるまで3秒、あるいはそれ以上待たされてしまう場合があります。Safariなどのブラウザではリクエストがうまく処理できないとコンテンツがまったく表示されないこともあります。ユーザーがページの読み込みを中止したり、なんらかの理由でフォントが読み込まれなかったりすると、ページがリフレッシュされるまでコンテンツはずっと見えないままです。この現象はWebサイトの開発者が`font-family`の指定でシステムフォントをフォールバックに指定していても変わりません。最近のバージョンのChromeでは、この問題を自動で軽減しようとしますが完全なものではなく、ブラウザによっては何の対策もとりません。

　ではどうすればよいのでしょうか。ページ読み込みの際のFOUTを受け入れ、CSS属性`font-display`を使います。この属性はコンテンツをできるだけ早く表示することを保証してくれ、テキストが見えなくて動揺しているユーザーをそのまま放ってはおきません。

7.4.2　CSS属性`font-display`の使用

　CSSの属性`font-display`を使うと、最小の手間でフォントの表示を制御できます。本書の執筆時点では、使えるブラウザがChrome系に限られていますが、フォントの表示を制御しようとするなら最初に利用すべき手段でしょう。それではまず`git`を使ってWebサイトのコードの新しいブランチをチェックアウトしましょう。

```
git checkout -f font-display
```

> **MEMO** コマンドラインから`git checkout -f font-display-complete`と入力すれば、最終結果のブランチに切り替えることができます。

GitHubから手元のコンピュータにコードがダウンロードされたら、`index.html`と`styles.css`を開いていってください。

フォントを表示する方法とタイミングの制御

最初にNetworkパネルを開き、接続速度を[Slow 3G]に変えてください。FOIT現象を簡単に見ることができます。一般に、接続が遅くなるほどこの現象は目につきやすくなります。フォントが画面に表示される瞬間を狙いたいならビデオカメラのアイコンをクリックし、図7.14のようにオンにしておきます。

図7.14 Chromeの[Network]パネルの、画面を録画するボタン

このボタンがオンになっている状態でページが再読み込みされると、ネットワークリクエストのウォーターフォールチャートの上にページ読み込みのスクリーンショットがコマ撮りで表示されます。この仕組みを使うと、ページ上にフォントが表示される正確な瞬間を特定できます。接続条件として[Fast 3G]が選択されているとページのダウンロードが開始されてから641ミリ秒経過するまでテキストは画面上に現れませんでした([Slow 3G]だと2.18秒かかりました)。接続速度と遅延によってこの値は変動しますが、ユーザーができるだけ早くコンテンツを見られるようにすることが重要です。

> **MEMO** `font-display`のサポートの有無の検出方法なども含め、このプロパティについて詳しく知りたい場合は、「CSS-Tricks」に筆者が書いた記事 https://css-tricks.com/font-display-masses を参照してください。

この振る舞いを制御する道具の1つがCSSの`font-display`です。未サポートのブラウザもありますが、これによりフォントの表示を細かく制御できます。この属性は`@font-face`の内部に置き、以下の値のいずれかをとります。

- `auto`──デフォルト値。ほとんどのブラウザでは次の`block`と同義
- `block`──テキストに関連づけられているフォントが読み込まれるまでテキストの描画をブロックする。これは前項で説明した現象で、この状況はなんとかして避けたい
- `swap`──代替テキストがまず表示され、フォントが読み込まれると指定したタイプフェイスに置き換わる

- fallback —— autoとswapの中間で妥協したもの。短時間（約100ミリ秒）テキストが表示されない。この時間が経過してもフォントがまだ読み込まれていなければ、代替テキストが表示される。フォントが読み込まれると、指定されたタイプフェイスに置き換わる
- optional —— フォントをダウンロードするか適用するかについてブラウザにより広い選択権がある以外はfallbackと同じ。接続速度がある程度以上遅いと、この設定に切り替わる。指定のタイプフェイスの利用が必須ではないサイトでは、この設定が特に有用

ブログ「Legendary Tones」の記事ページではfont-displayの値としてswapを使います。この属性を設定するにはフォルダcss内のstyles.cssを開き、ファイルの先頭に複数ある@font-faceの指定を見つけてください。最初の@font-faceの内部にfont-displayを追加します（リスト7.7）。

リスト7.7　font-displayの指定

```
@font-face{
  font-family: "Open Sans Light";
  font-weight: 300;
  font-style: normal;
  src: local("Open Sans Light"),
    local("OpenSans-Light"),
    url("open-sans/OpenSans-Light-BasicLatin.woff2") format("woff2"),
    url("open-sans/OpenSans-Light-BasicLatin.woff") format("woff"),
    url("open-sans/OpenSans-Light-BasicLatin.eot") format("embedded-opentype"),
    url("open-sans/OpenSans-Light-BasicLatin.ttf") format("truetype");
  font-display: swap;   ← @font-faceの中で指定されているfont-display
}
```

この属性を1つ追加するだけで、ネットワーク接続設定を遅くしてページを再読み込みした際にブラウザがテキストを隠したりせず、徐々に表示されていくのを確認できるでしょう。

フォントのCSSを自分で変更できるなら、これが表示を制御する最も簡単な方法ですが、多くのブラウザでサポートされているわけではなく、またAdobe TypekitやGoogle Fontsなどのフォントプロバイダを利用している場合には設定できません。そのような場合にはより広くサポートされている「Font Loading API」と呼ばれるJavaScriptを使った解決法をフォールバック（代替手段）として使います。

7.4.3　Font Loading APIの利用

「Font Loading API」は、フォントの読み込みを制御するJavaScriptベースのツールです。自由度が高いので、フォントがサーバー自体にホストされているか、Google Fontsなどフォントプロバイダにホストされているかにかかわらず、どのように表示するかかなり自由に設定できます。ただしCSSではなくJavaScriptを使う必要があります。

作業を始める前に、コマンドgitを使ってコードを新しいブランチに切り替えておきましょう。ターミナルでgit checkout -f font-loader-apiと入力してください。実行が済めば準備完了です。なお、この項の最終的な結果を見たければ、git checkout -f font-loader-api-completeと入力してくだ

さい。

　まず最初にstyles.cssの中から、独自のフォントを使っているfont-familyの定義を探し出します。このサイトでは、Open Sans Light、Open Sans Regular、Open Sans Boldという3種類のフォントバリアントを利用しています。表7.3にはこのfont-familyの定義と、適用されるセレクタをあげてあります。

表7.3 埋め込みフォントの属性font-familyの値と、適用されるCSSセレクタ

font-family	適用されるCSSセレクタ
Open Sans Light	.navItem a
Open Sans Regular	body
Open Sans Bold	.articleTitle .sectionHeader

　この情報を使って2つのことをしますが、1つ目は、font-familyをシステムフォントの指定で置き換えることです。このWebサイトでは、表7.3に示した適用されるCSSセレクタについて次の指定を使います。

```
font-family: "Helvetica", "Arial", sans-serif;
```

　こうすると、ページからフォントファミリーOpen Sansは除去されるので、フォントをWebサーバーからダウンロードする必要がなくなり、コンテンツは読み込み直後に表示されます。

　続いて、これらのセレクタをクラスfonts-loaded内に入れます。このクラスはフォントが読み込まれた後に<html>要素に追加します。さらに、フォント読み込みのスクリプトを書く前に、このクラスが<html>要素に追加されたらフォントOpen Sansを適用するCSSを書かねばなりません。リスト7.8のようになります。

リスト7.8 クラスfonts-loadedを使ったフォント表示の制御

```
.fonts-loaded body{
  font-family: "Open Sans Regular";
}

.fonts-loaded .navItem a{
  font-family: "Open Sans Light";
}

.fonts-loaded .articleTitle,
.fonts-loaded .sectionHeader{
  font-family: "Open Sans Bold";
}
```

　この短いCSSをstyles.cssの最後に置くことで、Font Loading APIにより読み込んだタイプフェイスをいつ適用するかを制御できます。最初のフォントセットとしてシステムフォントを指定しているのですから、ページを最初に描画する時点でスタイル付けされていないテキストがすぐさま表示され、独自のタイプフェイスは読み込みが完了してから適用されます。

エディタでindex.htmlを開き、フォント読み込みスクリプトを書き始めましょう。styles.cssをインポートする`<link>`タグ（これが独自のフォントをインポートしてくれます）の下に、リスト7.9にあるコードを追加します。

リスト7.9　Font Loading APIの利用

```
(function(document){
  if(document.fonts){               ← Font Loading APIの存在を確認する
    document.fonts.load("1em Open Sans Light");
    document.fonts.load("1em Open Sans Regular");    ← Font Loading APIはフォントを
    document.fonts.load("1em Open Sans Bold");          読み込むのにメソッドload()を使う
    document.fonts.ready.then(function(fontFaceSet){
      document.documentElement.className += " fonts-loaded";
    });        ← <html>要素にクラスfonts-loadedが追加される
  }                                      指定されたフォントすべてが読み込まれたら
  else{                                  メソッドready.thenが実行される
    document.documentElement.className += " fonts-loaded";
  }                              ← Font Loading APIが利用できない場合は
})(document);                       <html>要素にクラスfonts-loadedを追加する
```

3つのフォントバリアントを扱うので、それぞれのタイプフェイスの読み込みは別々の呼び出しで開始します。これを達成するのに使うFont Loading APIの最も重要なプロパティは`font`オブジェクトのメソッド`load`です。フォントのURLにより直接APIを使って読み込むのではなく、ドキュメントの@font-faceを定義するCSSを使って読み込みます。@font-faceが定義されているからといって、ブラウザがそのフォントを読み込むというわけではありません。ブラウザの振る舞いは高度に最適化されているので、モダンブラウザは定義されている@font-faceが実際に使われているかどうか、ドキュメント内を調べます。使われていればフォントがダウンロードされますが、最初に`font-family`の値をシステムフォントを使うように設定しておいたので、リスト7.9に示したメソッド`load()`によりブラウザに命令しない限りフォントバリアントは1つもダウンロードされないのです。

すべてのフォントが読み込まれると、`<html>`要素にクラス`fonts-loaded`が追加されます。こうすれば、ブラウザに現れる最初のFOIT（見えないテキストのちらつき）が防げ、ドキュメントがロードされCSSが適用されればすぐにコンテンツが読めるようになります。その後、指定されたフォントが利用できるようになるとドキュメントに適用されます。そのためユーザー側で何が起こってもテキストは可能な限り早く表示され、フォントがロードできなくてもテキストはそのまま表示されています。

この方法の欠点の1つが、ページのテキスト要素の再描画が起きてしまうことですが、アクセシビリティの改善効果のほうが大きいでしょう。変更後のフォントと違いが小さいシステムフォントを選択すれば、ドキュメントのリフローは最小限に抑えられます。

リピーター向けの最適化

この方法は初回訪問ユーザーにはとてもうまく機能しますが、フォントがユーザーのブラウザキャッシュに存在しているリピーターのためにも最適化する必要があります。今のままのコードでは、フォントがキャッシュに入っているのにリンク先のページを表示したときにFOUTが起こってしまいます。クッ

キーを使い、フォント読み込みのコードを少し修正することでこれが回避できます。

　今書いたコードを2箇所修正しましょう。Font Loading APIの存在をチェックする行に、クッキーの存在をチェックする条件を追加します。

```
if(document.fonts && document.cookie.indexOf("fonts-loaded") === -1){
```

　この修正で、後ほど定義するクッキーの存在チェックが追加されました。このクッキーの名前はfonts-loadedで、値は特にありません。クッキーの存在はStringのメソッドindexOfを使ってチェックします。このメソッドは検索文字列が存在しない場合（直感的にはややわかりにくい）-1という値を返します。これで、Font Loading APIが利用可能でクッキーfonts-loadedが設定されていないときだけフォント読み込みコードが実行されることが保証されます。

　しかし今度はどこかでクッキーを設定しなければなりません。そのためには<html>要素にクラスfonts-loadedを追加した行の後に次のコードを追加します。

```
document.cookie = "fonts-loaded=";
```

　このコードにより、現在のドメインにfonts-loadedという名前の空のクッキーが追加されます。このクッキーが設定されていれば、ユーザーが次のページに移動してもフォント読み込みのコードが再度実行されることはありません。else文が有効になり、<html>要素にクラスfonts-loadedがすぐに追加されます。

　この結果、FOIT現象の可能性が再び生じますが、フォントはブラウザのキャッシュに入っているためFOITの起こる危険性は軽減されています。フォントが読み込まれることが確実であれば問題がないことなのです。フォントはキャッシュにあるのですから、FOITによりコンテンツが表示されないということは起こりません。

　クッキーを確認し、クラスfonts-loadedを付加するにはJavaScriptを使うのが良い方法です。しかし、実行速度をできるだけ上げたいのなら、バックエンドで使われるプログラミング言語（たとえばPHP）を使ってコンテンツをサーバーから配信する際にドキュメントを修正し、<html>要素にクラスfonts-loadedを付加するようにもできます。JavaScriptからクラスを付加しているelse文を削除し、サーバー側でクッキーをチェックして出力を修正するようにします。リスト7.10にPHPを使った方法を示します。

リスト7.10　PHPを使って条件によりクラスfonts-loadedを付加する例

```
<?php if(isset($_COOKIE["fonts-loaded"])){
    ?><html class="fonts-loaded">
<?php }
else {
    ?><html>
<?php } ?>
```

- 関数isset()によりクッキーfonts-loadedが設定されているかどうかをチェック
- クッキーが設定されていれば<html>要素にクラスfonts-loadedを追加
- クッキーが設定されていない場合は<html>要素を修正しない

　バックエンドで使われるプログラミング言語を利用してレスポンスを修正することで、クライアントに配信される前に<html>要素を修正しています。とはいえJavaScriptによる方法も実用的ですから、どちらの方法も妥当ということになります。どんなツールが使えるか、スキルはどうか、かけられる時間はど

れほどか、といったことがどちらを選ぶかの決め手になるでしょう。

JavaScriptを無効化しているユーザーへの対処

いつものように、JavaScriptを無効化しているユーザーへも対処するようにします。この解決策の仕組みから考えて、フォント読み込みスクリプトは実行されず、ドキュメントにクラスfonts-loadedが付加されないのですから、@font-faceによる指定は有効になりません。その結果、コンテンツは最初に表示させるために指定したシステムフォントで表示されます。

きれいで新しいフォントフェイスで表示されるところを見られないごく少数のユーザーがいても、あなた（あるいはあなたの会社）は気にしないのであれば、「これでおしまい」でもよいでしょう。しかしこれが不愉快だと言われればそのとおりですから、<noscript>タグを使って応急処置を施します。<noscript>の中に、フォントファミリーOpen Sansをデフォルトとして適用するインラインの<style>タグを埋め込むことで、ブラウザのデフォルト動作である読み込み処理を有効にできます（リスト7.11）。

リスト7.11　JavaScriptによるフォント読み込みを代替する<noscript>

```
<noscript>  ←──── JavaScriptが無効化されているユーザーのためのスタイルを入れる
  <style>   ←──── クラスfonts-loadedに関係なしにフォントを要素に適用する
    body{
      font-family: "Open Sans Regular", "Helvetica", "Arial", sans-serif;
    }

    .navItem a{
      font-family: "Open Sans Light", "Helvetica", "Arial", sans-serif;
    }

    .articleTitle,
    .sectionHeader{
      font-family: "Open Sans Bold", "Helvetica", "Arial", sans-serif;
    }
  </style>
</noscript>  ←──── JavaScriptが無効化されているユーザーのためのスタイルを入れる
```

この短いインラインCSSを追加することで、JavaScriptを使わないユーザーについてはブラウザがデフォルトのフォント読み込み動作をするように戻しています。これで、（Font Loading APIは利用できないものの）基本機能は提供されることになります。

7.4.4　Font Face Observerの利用

Font Loading APIはすべてのブラウザにサポートされているわけではないという（不幸な）現実があります。モダンブラウザではサポートされていますが、IEなどサポートされていないブラウザもあります。フォントの読み込みを最適化できるブラウザが増えるのならば、クライアントもきっと喜ぶことでしょう。そんなときに登場するのがFont Face Observerなどのポリフィルです。

Font Face Observer（https://github.com/bramstein/fontfaceobserver）はデンマークのプロ

グラマーBram Steinが開発したフォント読み込みライブラリです。ページに入れれば何の障害もなくFont Loading API用のコードが実行されるというわけではないので、直接の代替手段とは言えないかもしれませんが、フォント読み込みに関して似たような制御ができるようになります。

この項では、Font Loading APIが利用できないときに実行されるスクリプトを書きますが、その中で2つの外部スクリプトを読み込みます。Font Face Observerのスクリプトと、それを介してフォントを読み込むスクリプトです。まず最初に、GitHubから新しいコードをダウンロードする必要があります。`git checkout -f fontface-observer`と入力し、コードがダウンロードされたら準備完了です。

外部スクリプトの条件付き読み込み

コマンド`git`を使って新しいブランチをダウンロードすると、2つのスクリプトが入ったフォルダ`js`があるのに気づくでしょう。`fontfaceobserver.min.js`は縮小化（ミニファイ）されたFont Face Observerのライブラリで、`fontloading.js`には代替のフォント読み込み処理を入れるのに使う空のクロージャが入っています。すべてのブラウザにFont Face Observerのスクリプトというオーバーヘッドを課したくはありませんから、Font Face Observerとフォールバックスクリプトを読み込むのは、Font Loading APIが利用できないときだけにしたいものです。それには、オブジェクト`document.fonts`とクッキー`fonts-loaded`をチェックする最初の`if`文と、その後に続く`else`文の間に、リスト7.12に示すコードを追加します。

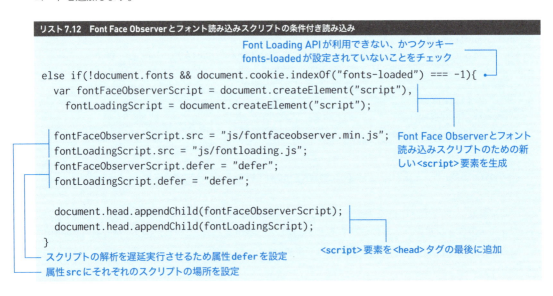

このコードは単純です。Font Loading APIが利用できず、クッキー`fonts-loaded`が設定されてなければ、Font Face Observerとフォント読み込みスクリプトのために新しい`<script>`要素を1つずつ生成し、属性`src`にそれぞれのスクリプトの場所（パス）を設定します。スクリプトがページの描画をブロックしないように、両方に属性`defer`を設定します。仕上げは`<head>`要素の最後にスクリプトを追加することで、両方のスクリプトを読み込むようにブラウザに命令します。

フォント読み込みスクリプトの作成

js/fontloading.jsを開くと、このファイルの中身が空のJavaScriptクロージャであることがわかります。2行目に移動し、リスト7.13の内容をファイルに追加してください。

リスト7.13　Font Face Observerを使ったフォント読み込みの制御

```
document.onreadystatechange = function(){        ← DOMがreadyになるのを待つ
  var openSansLight = new FontFaceObserver("Open Sans Light"),
    openSansRegular = new FontFaceObserver("Open Sans Regular"),
    openSansBold = new FontFaceObserver("Open Sans Bold");
                                                 ← このドキュメント内で使用されるフォントを指定
  Promise.all([openSansLight.load(),
             openSansRegular. load(),
             openSansBold. load()]).then(function(){  ← すべてのフォントの読
    document.documentElement.className += " fonts-loaded";  み込みを待つプロミス
    document.cookie = "fonts-loaded=";           ← クラスfonts-loadedを<html>要素
  });                                              に追加し、指定したフォントで描画
};        ↑ フォントがキャッシュされているので、以降のページ読
            み込みのためにクッキーfonts-loadedを設定しておく
```

Font Face Observerの構文はFont Loading APIと似ていますが、少し違います。読み込みたいフォントバリアントのそれぞれに`FontFaceObserver`のオブジェクトを定義します。それからJavaScriptのプロミスを使って、フォントの読み込みが完了するまで待ちます。フォントが読み込まれたら`<html>`要素にクラス`fonts-loaded`を追加し、クッキー`fonts-loaded`を設定します。そうすることで、Font Loading APIで使ったフォントの表示を制御する仕組みを再利用することが可能になります。

こうした処理により、利用可能な場合には本来のAPIを使用し、利用できない場合にはポリフィル（代替手段）に切り替わるような、効果的で互換性の高い方法が実現できました。これできっとクライアントも満足してくれるでしょう。

7.5　まとめ

この章では次のようなフォントに関わる最適化と配信のためのテクニックを説明しました。

- 必要なフォントバリアントのみを選択することで転送されるデータ量をあらかじめ減らせる（常識のように思えますが、忘れないようにしましょう）。削除できればロード時間が短縮される
- 最適な`@font-face`カスケードを構築すれば、ローカルにインストールされているフォントを先に選択し、それができない場合は最適化の度合いの高いものから低いものへと徐々に選択していくようにできるので、サイトのパフォーマンスが向上する
- TTFとEOTの形式のフォントをサーバーで圧縮することにより、こういった形式の欠点をある程度補うことができる

- フォントをサブセット化すると、フォントファイルをサイトのコンテンツに使われている言語で必要な文字だけに制限できるので、データ転送量を減らすことができる
- モダンブラウザで属性`unicode-range`を使うと、サイトのコンテンツの言語用に必要なフォントサブセットだけを利用してくれる
- フォントのサブセットを選択的に配信したいとき、`unicode-range`を使わなくてもサブセットを配信するのに使えるスクリプトを作成できる
- CSS内で属性`font-display`を使えば、フォントの表示を制御できる。`font-display`が使えない場合や、サードパーティーのフォントプロバイダを利用しているときのようにフォントを配信するCSSを変更できない場合であっても、Font Loading APIを使えばフォントの表示を制御できる。
- Font Loading APIが利用できない場合でも、Font Face Observerを使えばフォントのロードや表示の制御が可能になる

次章では、JavaScriptを最適化する方法を説明します。`<script>`要素の読み込みの制御、JavaScriptネイティブのAPIやjQueryより軽い代替ライブラリの利用といったテクニックを紹介します。

JavaScriptの最適化

- 8.1 スクリプトのロード時間の削減
  - 8.1.1 `<script>`要素の配置
  - 8.1.2 スクリプトの非同期的な読み込み
  - 8.1.3 async属性の指定
  - 8.1.4 複数のスクリプトでasync属性を安全に使う
- 8.2 コンパクトで高速なjQuery互換ライブラリの利用
  - 8.2.1 代替ライブラリの比較
  - 8.2.2 互換ライブラリの紹介
  - 8.2.3 ファイルサイズの比較
  - 8.2.4 処理性能の比較
  - 8.2.5 代替ライブラリの利用
  - 8.2.6 Zepto
  - 8.2.7 ShoestringまたはSprintを使う場合の注意点
- 8.3 JavaScriptのネイティブメソッドの利用
  - 8.3.1 DOMのレディ状態の確認
  - 8.3.2 要素の選択とイベントのバインド
  - 8.3.3 `classList`を使った要素のクラス操作
  - 8.3.4 要素の属性や内容の取得と設定
  - 8.3.5 Fetch APIによるAJAXリクエストの送信
  - 8.3.6 Fetch APIの利用
  - 8.3.7 Fetch APIのポリフィル
- 8.4 requestAnimationFrameによるアニメーション
  - 8.4.1 requestAnimationFrameの概要
  - 8.4.2 タイマー関数によるアニメーションとrequestAnimationFrame
  - 8.4.3 性能の比較
  - 8.4.4 requestAnimationFrameの利用
  - 8.4.5 Velocity.jsの利用
- 8.5 まとめ

CHAPTER 8　この章の内容

- `<script>`タグによる読み込みの改善
- jQueryの代替ライブラリによる置き換え
- jQueryに代わるJavaScriptのネイティブメソッドの利用
- `requestAnimationFrame`メソッドによるアニメーション

　JavaScriptの世界ではさまざまなライブラリやフレームワークが開発され、Web開発には多すぎるほどの選択肢があります。ただ、そうした技術の習得に気をとられ、高速なWebサイトへの最も確実な道は「ミニマリズム」に徹することだということを忘れがちです。

　Web開発にこうしたツールの出る幕はないと言っているわけではありません。とても役に立ち、開発者がコードを書く時間を節約してくれます。しかしこの章の目標は、サイトの利用者のためにJavaScriptの記述時にミニマリズムを推進することです。

　この章では、Webサイトのスクリプト読み込みのパフォーマンスを高めるために開発者に何ができるかを探究します。また、jQueryが行うことの大部分を、それよりも小さなファイルでより高速に処理できるjQuery互換ライブラリについても説明します。さらに一歩進んで、jQueryの処理の大部分をオーバーヘッドなしで行えるJavaScriptのコードで置き換える方法についても検討します。最後に`requestAnimationFrame`メソッドを使って高速なアニメーションを実現する方法を紹介します。

8.1　スクリプトのロード時間の削減

　まず、`<script>`タグのドキュメント内での配置について検討しましょう。この章でも、第1章などで見たサンプルサイト「Coyle Appliance Repair」を題材にしましょう。まず、次のコマンドでGitHubからファイルをダウンロードしてサーバーを起動してください。

```
git clone https://github.com/webopt/ch8-javascript.git
cd ch8-javascript
npm install
node http.js
```

8.1.1　`<script>`要素の配置

　第3章および第4章で説明したように、`<link>`タグはその配置によって（というよりも単に存在するだけで）、CSSの読み込み時にページのレンダリングを一時停止させてしまうことがあります。`<script>`タ

グも同種の事態を引き起こしますが、スクリプトはCSSのインポートのようにページの外観に影響を与えないので、多くの場合<script>タグはどこに置いても機能します。図8.1にその動作を示します。

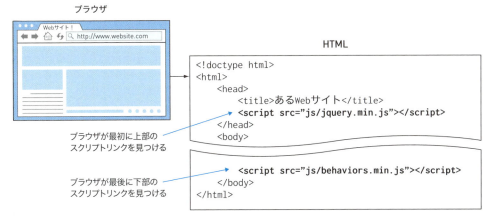

図8.1 ブラウザはHTMLドキュメントを先頭から末尾へ向かって読み込む。この例のスクリプトなどの外部リソースへのリンクを見つけると読み込みを停止して構文解析を行う。この解析の間、レンダリングは停止する

　この挙動はブラウザが最初にページを描画するときに影響を与えることがあります。たとえば、ブラウザが<head>セクション内で<script>タグを見つけると、実行中の処理を一時停止してスクリプトをダウンロードして解析します。この間、ブラウザはページのレンダリングを後回しにします。サンプルサイトのコード内で、jquery.min.jsとbehaviors.jsを読み込む<script>タグは、ドキュメントの<head>セクションにあるためレンダリングを停止させます。その影響はドキュメントの最初のPaintイベントを確認することで計測できます。その計測方法はすでに第4章で説明しましたが、手順を要約しておきましょう。

　サンプルサイトのTime to First Paint（TTFP：最初のPaintまでの時間）を測定するにはChromeでhttp://localhost:8080を表示してからPerformanceパネルを開き、Ctrl+Shift+Eキー（command+shift+Eキー）でページロードの様子をキャプチャします。ページが読み込まれてタイムラインが表示されたら、下のペインの［Event Log］を選択します。続いてPaintingのチェックだけを残し他のイベントを除外します。［Start Time］を昇順でソートすれば、Paintイベントまでの時間が表示されます（図8.2）。なお、低速回線によるページ読み込みをシミュレートするならば、［Online］の右側の▼をクリックして［Fast 3G］あるいは［Slow 3G］を選び、CPUも［6x slowdown］や［4x slowdown］などを選びましょう。

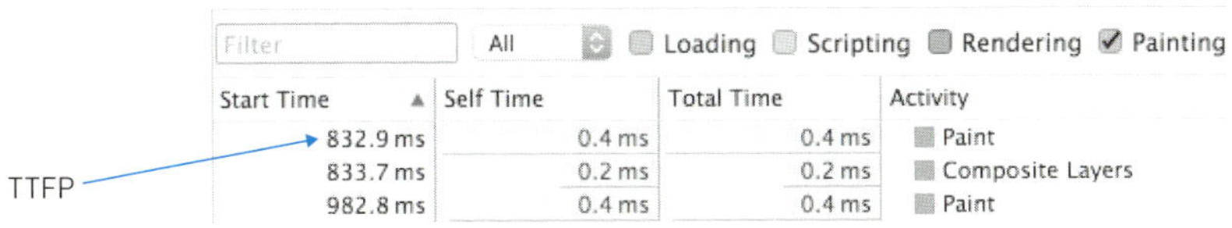

図8.2 サンプルサイトで<script>タグをドキュメントの<head>内に配置した場合のTTFP

筆者の環境で、サンプルサイトで`<script>`タグが`<head>`部分にある場合のTTFPの平均は830ミリ秒でした。これはページの描画開始までの時間としては長いように思われます。スクリプトをindex.htmlの末尾にある終了タグ`</body>`の直前に移動して、この数字がどう変わるか確認してみます（図8.3）。

筆者のテストでは、TTPFを約500ミリ秒にすることができました。これは全体で約40%の短縮です。これはこの例の場合です。ほとんどの最適化作業と同様、他の場合にはまた違ってくるでしょう。スクリプトのサイズと数に加えてHTMLドキュメントの長さも影響する可能性があります。

この方法の良い点は、ほぼすべてのブラウザに同じ効果があるため、少ない労力で簡単にできることです。

図8.3 Coyle Appliance RepairWebサイトで`<script>`タグをドキュメント末尾に配置した場合（Chromeの最初のPaintイベント）

8.1.2 スクリプトの非同期的な読み込み

`<script>`タグに関しては、記述する場所以外にも改善が可能です。最近のブラウザは外部スクリプト読み込み動作の変更をサポートしています、この変更には`<script>`タグのasync属性（asyncronous＝「非同期の」の略）を使います。async属性は、各スクリプトを順に読み込んで順次実行するのではなく、読み込んだスクリプトを即時実行するようにブラウザに指示します。図8.4にこの動作の比較を示します。

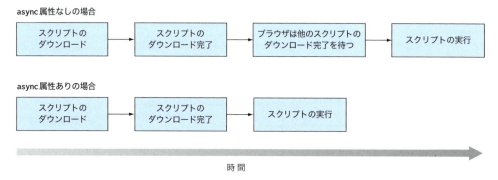

図8.4 async属性を指定しない場合と指定した場合のスクリプト読み込みの比較。主な違いは、async指定で読み込まれるスクリプトは他のスクリプトの読み込み完了を待たずに実行されること

async属性付きの`<script>`タグがasync属性なしの場合と異なるのは、ダウンロード完了後すぐにそのスクリプトが実行されることです。また、そのダウンロード中もレンダリングを停止させません。

8.1.3　async属性の指定

非同期的に実行したい<script>タグにasync属性を指定します。この例では、それによってWebサイトの最初のPaintイベントが約40%早くなります。以下に太字で示すように、jquery.min.jsとbehaviors.jsで試してみてください。

```
<script src="js/jquery.min.js" async></script>
<script src="js/behaviors.js" async></script>
```

簡単にできそうですね。ページを再読み込みして同じように表示されるか確認してみてください。実は再読み込みをすると、図8.5のようにコンソールエラーが発生してしまいます。

これは悲惨です。エラーになっては意味がありません。async属性に利点はありますが、スクリプト間に依存関係がある場合は簡単にいきません。

> ▶ Uncaught ReferenceError: $ is not defined　　behaviors.js:1

図8.5　async属性によって、behaviors.jsが依存しているjquery.min.jsが使用可能になる前にbehaviors.jsが実行されてエラーになる

独立でないスクリプトにasync属性を使うと、いわゆる競合状態が発生し、2つのスクリプトの実行順序が保たれない危険性があります。この例では、jquery.min.jsとbehaviors.jsとの間に競合状態が発生します。behaviors.jsはjquery.min.jsよりもはるかに小さいので、常に先に読み込み完了して先に実行されます。behaviors.jsはjquery.min.jsに依存しているので、behaviors.jsは常にjQueryオブジェクトが使用できないというエラーを起こします。これはjquery.min.jsの読み込みと実行がbehaviors.jsよりも前に完了しないためです。この競合の状況を図8.6に示します。

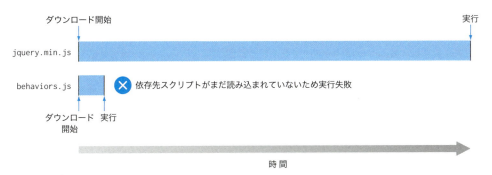

図8.6　jquery.min.jsとbehaviors.jsの競合状態。依存するコードが使用可能になる前にbehaviors.jsが読み込まれて実行されるので常にエラーになる

これは必ず起きるわけではありません。たとえば、どのスクリプトにも依存関係がなければasync属性を自由に使えます。面倒なことになるのはスクリプトに依存関係がある場合です。

これを回避する方法は、依存しているスクリプトを連結して単一のファイルにまとめてしまうことです。

この例の場合、jquery.min.jsとbehaviors.jsをこの順序で連結すればよいのです。コマンドライン
から次のコマンドを実行すれば、スクリプトを連結してscripts.jsという単一のファイルを作れます。

```
cat jquery.min.js behaviors.js > scripts.js
```

　catコマンドはUnix系システム（Git Bashを含む）でしか使えないので、Windowsユーザーは次の
方法で行います。

```
type jquery.min.js behaviors.js > scripts.js
```

　このコマンドはすぐに完了します。次にindex.html内の両方の<script>タグを削除し、その代わり
にscripts.jsを読み込む次のような<script>タグを入れます。

```
<script src="js/scripts.js" async></script>
```

　再読み込みをするとページが再び正しく表示されるようになりますが、これで何か意味があるのでしょ
うか。図8.7にTTFPの計測結果を示します。

図8.7　スクリプトをまとめ、async属性を使って読み込んだ場合（Chromeの最初のPaintイベントの値）

　筆者のテストでは、全部のスクリプトをまとめた状態でasync属性を指定した場合の最初のPaintイベ
ントが平均で約300ミリ秒でした。これは、独立でないスクリプトをasync属性指定なしでページの末尾
に配置した場合よりも約200ミリ秒早くなっています。async属性を使うことには明白な利点があります
が、それだけにとどまりません。async属性を指定しない場合、DOMはページ読み込みの開始後約1.4
秒後まで利用できません。async属性を指定すると、この数字が300ミリ秒に短縮します。

　依存関係を管理できるならば、async属性は使う価値があります。async属性は広くサポートされてお
り、IE10以上を含め主要なブラウザのすべてで使用できます。async属性がサポートされていない場合
には、<script>タグをフッター内に残しておけば、古いブラウザでは通常どおりに読み込まれます。

8.1.4　複数のスクリプトでasync属性を安全に使う

　スクリプトをまとめる方法に異議を唱える人がいるかもしれませんが、HTTP/1を使用しているサーバー
とクライアントの場合には、このバージョンのプロトコルに内在するHOL（head-of-line）ブロッキング
（第1章参照）の問題の軽減に有効な最適化手段なのです。ただし、HTTP/2接続ではリソースをまとめ
るより、小さなサイズで提供するほうが有利です。細かく分かれたリソースのほうがキャッシュの効果が
得られます。HTTP/2は並行的なリクエストへの対応によりHOLブロッキングを解消しているため問題に
なりません（第11章でさらに詳しく説明します）。

依存関係を考慮しながら非同期的にスクリプトを読み込むために、Alamedaというモジュールローダーを使うことができます。Alamedaは、Mozillaの開発者James Burkeによって書かれた非同期モジュール定義（Asynchronous Module Definition：AMD）用のモジュールローダーです。多くの依存関係を含む複雑なプロジェクトに対応できるにもかかわらず小さなスクリプトであり、縮小化と圧縮をしたものはわずか約4.6Kバイトです。ほとんどオーバーヘッドなしで、スクリプトを、依存関係を考慮しつつ非同期的に読み込むようにできます。

> **MEMO** AMDモジュールは、スクリプトをモジュールとして定義し、スクリプトを相互の依存関係を考慮しながら非同期的に読み込む仕組みを提供します。

Alamedaをこの目的に使うのは簡単ですし、本節の冒頭でダウンロードしたGitHubリポジトリに含まれているので、それを使うことができます（AlamedaのGitHubリポジトリは https://github.com/requirejs/alameda です）。最初に `index.html` からすべての `<script>` タグを削除し、次の `<script>` タグを `</body>` の直前に入れます。

```html
<script src="js/alameda.min.js" data-main="js/behaviors" async></script>
```

ここには3つの属性が指定されています。

- `src` ── Alamedaスクリプトの指定
- `data-main` ── `behaviors.js` のインクルードの指定
  Alameda用にAMDモジュールの書式で、拡張子「`.js`」なしで指定
- `async` ── Alamedaを非同期的に読み込み、ページのレンダリングを停止させない

このスクリプトを呼び出すだけですべてがうまくいくわけではありません。`behaviors.js` を開いて、設定コードを追加し、使用するjQueryをAMDモジュールとして定義する必要があります（リスト8.1）。

リスト8.1　Alamedaを設定し、behaviors.jsをAMDモジュールとして定義する

```
requirejs.config({          ←—— Alamedaの設定の始まり
  paths:{                   ←—— 依存関係の定義
    jquery: "jquery.min"    ←—— jQueryスクリプトファイルのbehaviors.jsからの相対位置
  }
});                         ←—— Alamedaの設定の終わり

require(["jquery"], function($){    ←—— AMDモジュールの定義
  /* behaviors.jsの内容は省略 */    ←—— モジュール定義にラップされたbehaviors.jsの内容
});
```

ここでは2つのことをします。Alamedaに `jquery.min.js` のある場所を知らせる設定を定義し、第1引数でjQueryを依存対象として指定したモジュール定義の中に `behaviors.js` をラップします。`require` の第2引数のコードは第1引数に指定された依存対象がロードされた後に実行されます。

これらの変更を加えたページを再読み込みしてTTFPを確認すると、今回もスクリプトをまとめて

async属性を使った場合とほぼ同じ結果になっていることがわかるでしょう。しかし大きな違いは、behaviors.jsがjquery.min.jsに依存しているにもかかわらず、2つを別個のスクリプトとして維持していることです。

> **MEMO** **Alamedaはモダンブラウザが前提**
> AlamedaはRequireJSの改良版であり、動作するにはJavaScriptのプロミスなどモダンブラウザの機能が必要です。広範囲のブラウザをサポートする必要がある場合には、Alamedaの代わりにRequireJSを使います。RequireJSとAlamedaのAPIは完全互換なので、相互に入れ替えることができます。また、RequireJSは縮小化とgzip圧縮をすればAlamedaよりもわずか約2Kバイト大きいだけです。詳しくはhttp://requirejs.orgを参照してください。

この節ではスクリプト読み込みの最適化方法を説明しました。

8.2 コンパクトで高速なjQuery互換ライブラリの利用

　jQueryが登場してからかなりの年月がたちました。DOM要素の選択やイベントの割り当てといった単純な処理のために、ブラウザごとに異なるメソッドを使って複雑なコードを書く必要があった時代のことで、jQueryはブラウザを問わず動作する一貫したAPIを提供することで支持を集めました。

　しかし、jQueryとほぼ共通のAPIを持ちつつ、よりサイズが小さく性能が高いライブラリが登場しています。

　この節ではjQueryの代わりの役目をするライブラリをいくつか紹介します。サイズと性能を比較して、その中からサンプルサイトに適用するものを1つ選定するとともに、そうした代替ライブラリを使う際の注意点もあげます。

8.2.1　代替ライブラリの比較

　多くのJavaScriptライブラリがjQuery互換です。「jQuery互換」と言っても、jQueryの個々のメソッドすべてがそれらの代替ライブラリで提供されているということではありません。jQueryにある**多くの**メソッドが同じ構文で使えるという意味です。つまり、ファイルサイズが小さいことは機能の少なさとトレードオフの関係にあるということです。こうしたライブラリの中には処理性能においても勝っているものがあります。

8.2.2 互換ライブラリの紹介

ここでは、3つのjQuery互換ライブラリ、Zepto、Shoestring、Sprintを比較します。それぞれの概要は次のとおりです。

- **Zepto** —— 軽量でjQuery互換のJavaScriptライブラリで、jQueryの代替ライブラリすべての中で単体で最も機能豊富な上、拡張もできます。代替ライブラリとして最も普及しています（詳細は`http://zeptojs.com`を参照）。
- **Shoestring** —— Filament Groupが開発したものです。Zeptoほどの互換性はありませんが、jQueryが提供するコアDOMのアクセスおよび操作関連のメソッドの大部分と、限定的に`$.ajax`メソッドをサポートしています（詳細は`https://github.com/filamentgroup/shoestring`を参照）。
- **Sprint** —— 最も軽量で機能は少ないのですが、高性能なjQuery代替ライブラリです。あまり機能は多くありませんが、少数の機能から始めるには優れた選択肢であり、さらに必要に応じて機能の豊富なライブラリを追加することもできます（詳細は`https://github.com/bendc/sprint`を参照）。

それぞれのサイズと同等の機能を持つメソッドの処理性能を比べてみましょう。

8.2.3 ファイルサイズの比較

こうした代替ライブラリを使う最大の理由はファイルサイズの小ささです。本書のここまでの内容でわかるとおり、Webサイトのロード時間を短縮するための最良の方法は、利用者に送信するデータ量の削減です。jQueryの代わりに代替ライブラリが使えれば、データ量がかなり削減できます。図8.8に代替ライブラリとjQueryのファイルサイズの比較を示します。すべてのファイルサイズは縮小化とサーバー圧縮を行ったものです。

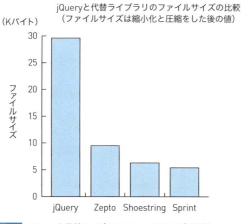

図8.8 jQueryと代替ライブラリのファイルサイズの比較

jQueryが巨大というわけではありませんが、代替ライブラリのほうがずっと軽量です。jQueryに依存したWebサイトの負荷を少なくとも20Kバイト縮小化できるのですから、使いたくなるでしょう。そして、処理性能の面でも違いがあるのです。

8.2.4　処理性能の比較

　この項ではjQueryでよく行われる処理の実行時間を比較します。計測するのはクラス名による要素の選択、`addClass`と`removeClass`の両メソッドを使った要素のクラスのトグル処理、`attr`と`removeAttr`の両メソッドを使った要素の属性のトグル処理です。

　性能の計測には`Benchmark.js`というJavaScriptライブラリ（https://benchmarkjs.com/）を使います。このライブラリを使うと、JavaScriptの一定部分のコードについて1秒当たりの実行回数がわかります。

　`Benchmark.js`の舞台裏での働きについては深入りしません。これはとても精度の高いツールです。筆者の書いたテスト用スクリプトに関心があれば、GitHubリポジトリhttps://github.com/webopt/ch8-benchmarkを参照してください。ここでは、よく使われる数個のメソッドに関して、ここで選んだ代替ライブラリとjQueryでの比較結果のみを示します。

　要素選択のテストでは、クラス名を使って`div.myDiv`にマッチするページ上の要素を選択します。この単純な処理の場合の比較結果を図8.9に示します。このテストではSprintが断トツの勝者で、jQueryはZeptoとShoestringを抑えています。

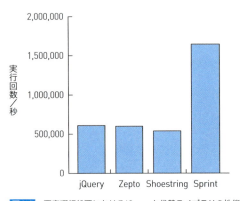

図8.9　要素選択処理におけるjQueryと代替ライブラリの性能比較

　次に、図8.10は、要素のクラスのトグル処理で使用メソッドの呼び出しすべてを合算するとどうなるかを示しています。このテストでは差が付いています。Sprintはそれでも明らかな勝者です。jQueryはShoestringに敗れて3位ですが、Zeptoにはまだ勝っています。

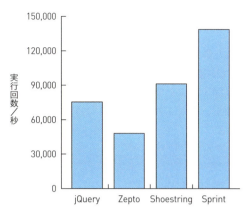

図8.10 要素のクラスのトグル処理におけるjQueryと代替ライブラリの性能比較

属性のトグル処理の場合の結果は図8.11です。ここでもSprintが圧倒的です。Zeptoは最下位で、jQueryが3位、Shoestringが2位です。

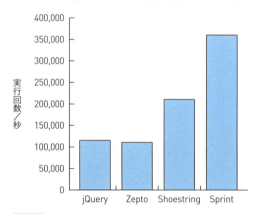

図8.11 要素の属性のトグル処理におけるjQueryと代替ライブラリの性能比較

　これはメソッドを無作為に選んだ結果であることは承知しておいてください。各メソッドは厳密に同等のものではありませんが、ある程度の傾向はわかります。Sprintが最速のようですが、SprintのAPIは100% jQuery互換ではないことに注意してください。ZeptoはjQueryのメソッドの大部分を備えていて、さらに機能を拡張するプラグインもあります。処理性能の面でSprintは魅力的に思われますが、jQueryを中心にしたWebプロジェクトを再構築する場合の最も簡単な代替ライブラリとは言えません。

8.2.5　代替ライブラリの利用

　代替ライブラリのサイズと能力について感触が得られたので、代替ライブラリの1つを使ってサンプルサイトを再構築してみましょう。jQueryを少しだけ使っているサイトにjQuery代替ライブラリを使うのは簡単です。代替ライブラリをjQueryの代わりに放り込むだけのことです。まずこれをやってみましょう。始める前に、(変更した場合は) この章のこれまでの変更を、次のコマンドを実行してすべて取り消してください。

```
git reset --hard
```

8.2.6　Zepto

　サンプルサイトで使う代替ライブラリはZeptoです。これは代替ライブラリの中で最も処理性能が高いというものではありませんが、必要なものはすべてサポートしていてjQueryの3分の1以下のサイズです。サイト全体のデータ容量を122Kバイトから102Kバイトへ簡単に減らせます。

　この場合にZeptoを使うもう1つの重要な理由は、jQueryとの互換性が最も高く作業が最少で済むからです。ShoestringやSprintの場合にはリファクタリング作業が必要になります。作業にかかる時間が重要な環境では (そうでない場合はほとんどないでしょうが)、ほとんどの場合にZeptoは他よりも少ない手間で投入できます。

　リポジトリのjsフォルダにZeptoが入っています。jQueryをZeptoで置き換えるには、src属性をjs/jquery.min.jsから次のように書き換えさえすればよいのです。

```
js/zepto.min.js
```

　ページを再読み込みすると、コンソールエラーは発生せず、予約登録ダイアログでのjQueryのAJAX機能によるフォーム送信を含めて、ページの機能のすべてが揃っていることがわかります。

8.2.7　ShoestringまたはSprintを使う場合の注意点

　ShoestringやSprintを利用する場合はリファクタリングが必要になります。サンプルサイトではjQueryの`$.ajax`メソッドを使って予約登録のメールをサイト所有者に送信しますが、Shoestringの`$.ajax`メソッドの実装は完全なjQuery互換ではありません。Sprintは`$.ajax`が実装されていないので脱落です。

　問題になる可能性があるのは`$.ajax`メソッドだけではありません。jQueryの代替ライブラリはjQueryの行うこと**すべてに対応しているわけではありません**。Shoestringには`toggleClass`メソッドがありませんが、Sprintにはあります。Sprintには`bind`がありませんが、Shoestringにはあります。こうした非互換性の多くには、JavaScriptのネイティブメソッドなどを使ってコードを修正することで対処できます。

jQueryを念頭に新規Webサイトの開発を始めようとしているならば、まずはSprintのような最小構成のライブラリで開始すべきなのです。「Sprintでは要求を満たせない」となった場合には、Shoestringまたは Zeptoを試します。どのライブラリも要求を満たせないのなら、jQueryを使えばよいのです。

ミニマリズムを念頭に開発を始めれば、対象を無駄なくコンパクトに保つことができます。こうした考え方は、利用者のための高速なサイトの構築に役立ちます。これはjQueryに限らず、Web開発のあらゆる面に当てはまります。常に自問してください、「あの最新ライブラリは**このサイト**に必要だろうか」と。そうすることで、当初に考えたのとは違う道筋が見つかる可能性が出てきます。

8.3 JavaScriptのネイティブメソッドの利用

jQueryとその代替ライブラリはすばらしいものですが、同じ機能を提供する多くのメソッドがブラウザのJavaScriptに実装されています（または実装されつつあります）。かつてはクロスブラウザでの互換性のために書くことが重荷であった要素選択やイベントのバインドの処理が、標準化によって同じ構文で書けるようになりました。

この節では、DOMの利用可能性の確認、querySelectorとquerySelectorAllによる要素の選択、addEventListenerによるイベントのバインド、classListを使った要素のクラス操作、setAttributeとinnerHTMLによる要素の属性変更と内容変更、Fetch APIによるAJAX呼び出しの方法について説明します。

> **MEMO** コマンドラインで`git checkout -f native-js`と入力すれば、作業を飛ばして最終の状態を確認できます。

始める前にコマンドラインで次のコマンドを入力して、ローカルリポジトリのサンプルサイトに加えたすべての作業を取り消してください。

`git reset --hard`

これでローカルでのすべての変更が元に戻りましたので、jQueryのコードを1つずつすべてネイティブJavaScriptに書き換えていきます。すべてが終わるまではjQueryのライブラリは残しておきます。完了したら`jquery.min.js`への参照の削除と`async`属性を使った`behaviors.js`の読み込みができ、それによって読み込み時間短縮の恩恵が得られます。それでは`behaviors.js`を開いて始めましょう。

8.3.1 DOMのレディ状態の確認

すでにjQueryを使ったことがあるのならば、コードを実行する前にDOMが使用可能かどうか確認しな

ければならないことをご存じでしょう。これはjQueryに限ったことではなく、DOMに依存したスクリプト一般に言えることです。スクリプトの実行前にDOMが完全にはロードされていないためイベントが要素にバインドされず重要な処理が機能しない場合があるのです。リスト8.2は behaviors.js の一部ですが、DOMが使用可能かどうかをjQueryで確認しているところです。

リスト8.2　jQueryによるDOMが使用可能かどうかの確認
```
$(function(){                        ← DOMが使用可能かどうかの確認
    /* behaviors.jsの内容は省略 */
});
```

　jQueryでは、$(function(){});の内部にカプセル化されたものは、ドキュメントが読み込まれて使用可能になるまでまったく実行されません。これをネイティブJavaScriptで実現するには、addEventListener を使ってDOMが使用可能であることを確認します（このメソッドは他のイベントをバインドする目的にも使います）。リスト8.3に実際の使用例を示します。

リスト8.3　addEventListenerによるDOMが使用可能かどうかの確認
```
document.addEventListener("readystatechange", function(){
    /* behaviors.jsの内容は省略 */        readystatechangeイベントの発生を監視する
});                                       ことでDOMが使用可能になるのを待つ
```

　これだけです。addEventListener メソッドはIE9以降で利用可能なので互換性の問題はありません。

> **MEMO**　IE9より前のバージョンをサポートする場合は、document.onreadystatechange メソッドを使ってDOMが使用可能か監視できます。このメソッドは新しいブラウザでも動作します。

8.3.2　要素の選択とイベントのバインド

　jQueryで特に便利なのは、要素の選択とそれら要素へのイベントのバインドができることです。ネイティブJavaScriptによる要素の選択では、querySelector と querySelectorAll の2つのメソッドが主要な手段です。jQueryの $ メソッドと同様、これらの2つのメソッドはCSSのセレクタ文字列を引数として受け取り、DOM内の操作対象のノードを返します。これら2つのメソッドの違いは、querySelector がセレクタ文字列にマッチする最初の要素を返すのに対して、querySelectorAll はマッチする要素**すべて**を返す点です。

　どちらのメソッドもIE9以上を含む多くのブラウザでサポートされており、IE8でも部分的にサポートされています。リスト8.4は、2つのメソッドと同じ機能を持つjQueryのメソッドと対比したものです。

リスト8.4　querySelector、querySelectorAllとjQueryのコア$メソッドの対比

```javascript
/* 要素1つを選択 */
var element = document.querySelector("div.item");
var jqElement = $("div.item").eq(0);

/* 要素の集合を選択 */
var elements = document.querySelectorAll("div.item");
var jqElements = $("div.item");
```

リスト8.4の最初の文は`div.item`に最初にマッチする要素を`querySelector`を使って選択し、2つ目は`div.item`に最初にマッチする要素をjQueryで選択します。3つ目は`div.item`にマッチする要素すべてを`querySelectorAll`を使って選択し、最後の文は`div.item`にマッチする要素すべてをjQueryで選択します。

これらのメソッドのどれかで要素が返されると、`addEventListener`メソッドを使ってイベントをそれらの要素にバインドできます。リスト8.5に、`querySelector`で返された要素にクリックイベントをバインドする`addEventListener`の簡単な使い方を示します。

リスト8.5　addEventListenerで要素にクリックイベントをバインドする

```javascript
document.querySelector("#schedule").addEventListener("click", function(){
    /* クリックされたときに実行するコード */
});
```

これらのメソッドの組み合わせを使うことで、`behaviors.js`の中のjQueryに依存したコードのほとんどを除去できます。リスト8.6は予約登録のダイアログを開くものです。

リスト8.6　jQueryを中心にした、予約登録のダイアログを開くコード

```javascript
// 予約登録ダイアログを開く
$("#schedule").bind("click", function(){     ← jQueryによる要素の選択と
    $("body").addClass("locked");               クリックイベントのバインド
    openModal();
});
```

ここで注目してほしい部分はコードの1行目です。予約登録のボタン要素（`#schedule`）を選択して、その要素に`bind`メソッドでクリックイベントをバインドしています。これは、`querySelector`と`addEventListener`の組み合わせを使えば、リスト8.7のように書き換えられます。

リスト8.7　ネイティブJavaScriptによる予約登録のダイアログを開くコード

```javascript
// 予約登録ダイアログを開く
document.querySelector("#schedule").addEventListener("click", function(){    ←
    $("body").addClass("locked");
    openModal();                                         ネイティブコードによる要素選択
});                                                      とクリックイベントのバインド
```

再読み込みをすると、今回も予約登録のボタンをクリックしてモーダルダイアログを開くことができ

ます。イベントハンドラ内のコードはまだjQueryによって動作しているのですが、jQueryを全廃するという目標に近づいています

エディタを使って、残りのイベントのバインドをリスト8.7のように`bind`から`addEventListener`に変更してください。変更できる`bind`の呼び出しは、他に3箇所あるはずです。

8.3.3 classListを使った要素のクラス操作

次は、jQueryのメソッド`addClass`と`removeClass`の呼び出しをネイティブ JavaScriptの`classList`メソッドで置き換えます。サンプルサイトのJavaScriptのコードでは、jQueryの`addClass`と`removeClass`を広範に使ってクラスの付与と削除を行っています。ネイティブメソッドの`classList`を使えば同じ機能を実装できます。リスト8.8に、その方法と対応するjQueryによる場合の対比を示します。

リスト8.8　classListとjQueryのremoveClassメソッドおよびaddClassメソッドの対比
```
/* クラスの付加 */
$(".modal").addClass("show");                              ← jQueryのaddClassメソッド
document.querySelector(".modal").classList.add("show");
                                                           ← classListのaddメソッドによるクラスの追加
/* クラスの削除 */
$(".modal").removeClass("show");                           ← jQueryのremoveClassメソッド
document.querySelector(".modal").classList.remove("show");
                                                           ← classListのremoveメソッドによるクラスの削除
/* クラスのトグル処理 */
$(".modal").toggleClass("show")                            ← jQueryのtoggleClassメソッド
document.querySelector(".modal").classList.toggle("show");
                                                           ← classListのtoggleメソッドによるトグル処理
```

サンプルサイトでは`toggleClass`を使っていませんが、`classList`に`toggle`メソッドがあることを知っておくことは重要です。残念ながらこのメソッドはIEでは十分にサポートされていません。それ以外では、`classList`のメソッドは全般によくサポートされており、IE10以上もサポートしています。リスト8.9に、予約登録ダイアログを開く関数`openModal`を示します。

リスト8.9　jQueryを使用したopenModal関数
```
function openModal(){
  window.scroll(0, 0);
  $(".pageFade").removeClass("hide");      ← .pageFadeにマッチした要素のhideクラスを削除
  $(".modal").addClass("open");            ← .modalにマッチした要素にopenクラスを付加
}
```

`classList`のメソッドを使って同じ結果を得るには、少々複雑になります。jQueryによる要素選択のコードの代わりに`querySelector`を使う必要があります。リスト8.9のコードをjQueryを使わずに実現する方法をリスト8.10に示します。

リスト 8.10　jQueryを使わないopenModal

```
function openModal(){
  window.scroll(0, 0);
  document.querySelector(".pageFade").classList.remove("hide");
  document.querySelector(".modal").classList.add("open");
}
```

.pageFadeにマッチした要素のhideクラスを削除
.modalにマッチした要素にopenクラスを付加

次に、behaviors.js内でremoveClassとaddClassを使っている箇所すべてを検索してclassListを使うように書き換える必要があります。その場合、jQueryの要素選択の$メソッドの部分をquerySelectorを使うように書き換えてください。

> **MEMO**　IE9以下をサポートする必要がある場合は、代わりにプロパティclassNameを使うことができます。このプロパティにはクラスの付加、削除、トグル処理のメソッドはありません。その代わり、この文字列を使って、対象とする要素に任意のクラスを割り当てることができます。classListほど便利ではありませんが、いざというときには使えます。

コード全体をclassListのメソッドを使うように変更したら、要素の属性および内容を変更するjQueryのメソッドをそれらに相当するJavaScriptのネイティブメソッドに置き換えます。

8.3.4　要素の属性や内容の取得と設定

サンプルサイトでjQueryを使って実現している他の機能としては、要素の属性や内容の取得と設定があります。こうした処理は、JavaScriptのネイティブメソッドで簡単に置き換えられます。リスト8.11に、jQueryの属性操作メソッドと等価なJavaScriptのネイティブメソッドを示します。

リスト 8.11　jQueryとネイティブJavaScriptによる属性変更の対比

```
/* 属性の取得 */
var jqAttr = $("link").attr("media");
var attr = document.querySelector("link").getAttribute("media");

/* 属性の設定 */
$("link").attr("media", "print");
document.querySelector("link").setAttribute("media", "print");

/* 属性の削除 */
$("link").removeAttr("media");
document.querySelector("link").removeAttribute("media");
```

jQueryを使った属性の取得
ネイティブJavaScriptによる属性の取得
jQueryを使った属性の設定
ネイティブJavaScriptによる属性の設定
jQueryを使った属性の削除
ネイティブJavaScriptによる属性の削除

サンプルサイトでは要素の内容の取得や設定のメソッドも使っています（リスト8.12）。

リスト8.12　jQueryのhtmlメソッドとJavaScriptのinnerHTMLプロパティ

```
/* 要素の内容の取得 */
var jqContents = $(".item").html();                             ← jQueryを使った要素内容の取得
var contents = document.querySelector(".item").innerHTML;       ←
                                                                  innerHTMLプロパティを使った要素内容の取得
/* 要素の内容の設定 */
$(".item").html("Hello world!");                                ← jQueryを使った要素内容の設定
document.querySelector(".item").innerHTML = "Hello world!";
                                                                  innerHTMLプロパティを使った要素内容の設定
```

　jQueryのhtmlメソッドとJavaScriptのネイティブプロパティinnerHTMLの構文の違いは、htmlメソッドが関数であるのに対してinnerHTMLはプロパティであることです。

　サンプルサイトのJavaScriptで属性や要素の内容の設定が必要な箇所は多くはありませんが、それが行われるのが、利用者が予約登録を送信し確認ダイアログが表示されるという重要な局面です。その処理はjQueryのajax呼び出しの中のsuccessコールバック内にあります（リスト8.13）。

リスト8.13　jQueryによる属性と要素内容の変更

```
success: function(data){
  $("#status").html(data.message);          ← テキストエリアstatusにメッセージテキストを設定
  document.querySelector(".statusModal").classList.add("show");
  document.querySelector(".modal").classList.remove("open");

  if(data.status === true){
    $("#okayButton").attr("data-status", "success");
    $("#headerStatus").html("Thank You!");
  }                                                            成功か失敗かによって
  else{                                                        ヘッダーを更新
    $("#okayButton").attr("data-status", "failure");
    $("#headerStatus").html("Error");
  }
}
         okayButtonのdata-status属性を設定する
```

　リスト8.13では、予約登録のメール処理部分からのメッセージをテキストエリアstatusに設定します。data-status属性を［OK］ボタンに設定しますが、これは成功か失敗かの状況に応じてボタンが実行する処理を決定するために使用します。ステータスダイアログのヘッダーは予約登録の成否を反映するように更新されます。

　これまでに学んだことを使えば、上記のコードを変更してリスト8.14のようなコードにすることができます。このコードはjQueryなしで動作します。

リスト8.14　ネイティブJavaScriptによる属性と要素内容の変更
```
success: function(data){
  document.querySelector("#status").innerHTML = data.message;
  document.querySelector(".statusModal").classList.add("show");
  document.querySelector(".modal").classList.remove("open");

  if(data.status === true){
    document.querySelector("#okayButton")
      .setAttribute("data-status", "success");          ← 予約登録のステータスを
    document.querySelector("#headerStatus")               data-status属性に設定
      .innerHTML = "Thank You!";
  }
  else{
    document.querySelector("#okayButton")
      .setAttribute("data-status", "failure");          ← 予約登録のステータスを
    document.querySelector("#headerStatus")               data-status属性に設定
      .innerHTML = "Error";
  }
}
```
— 予約登録スケジューラのメッセージとステータステキストを代入

　もう一箇所jQueryの`attr`メソッドで属性を取得しているところを変更する必要があります。それは利用者がステータスダイアログの［OK］ボタンをクリックしたときの処理です。該当箇所をリスト8.15に示します。

リスト8.15　jQueryのattr属性による属性の取得
```
$("#okayButton").bind("click", function(e){        ← jQueryによるクリックイベントのバインド
  if($(this).attr("data-status") === "failure"){   ← data-status属性の値
```

　この部分はクリックイベントをバインドするコードの中でjQueryの`$(this)`オブジェクトを使って`#okayButton`要素を参照しているので少々複雑です。前に使った`addEventListener`でこれを置き換えるとコードが破綻します。そうするのではなく（関数呼び出しで`e`に代入される）イベントオブジェクトを使って、`$(this)`オブジェクトを置き換えて、`getAttribute`メソッドで`data-status`の値を取得する必要があります。2つのメソッドで置き換えた正しく動作するコードはリスト8.16のとおりです。

リスト8.16　getAttributeによる属性の取得
```
document.querySelector("#okayButton").addEventListener("click", function(e){
  if(e.target.getAttribute("data-status") === "failure"){
```

　上の行がクリックイベントのバインド処理を書き換えたもので、関数呼び出しの中でイベントオブジェクトを使っています。下の行で、プロパティ`e.target`はクリックイベントのバインド先の要素を参照しており、その`getAttribute`メソッドを使って属性`data-status`の値を取得します。
　jQueryの`$(this)`オブジェクトがなくても、イベントハンドラ自体の中でイベントオブジェクトの`target`プロパティを使ってイベントのバインド先要素を参照できます。jQueryに慣れていると、こちら

は取っ付きにくいですがすぐに慣れるでしょう。

8.3.5 Fetch APIによる AJAX リクエストの送信

　まだ最後に残ったjQuery依存の機能を置き換える必要があります。それは予約登録するためにサーバーへAJAXリクエストを送信する$.ajax呼び出しです。jQueryのAJAX機能をそのネイティブJavaScript版であるFetch APIで置き換えます。以前のAJAXリクエストの場合、XMLHttpRequestリクエストオブジェクトを使う必要がありました。このAJAXリクエストの送信手段は扱いにくく、ブラウザごとに異なる方法を使う必要がありました。jQueryはXMLHttpRequestオブジェクトを独自のAJAX機能でラップすることではるかに便利にしました。それは今も立派に機能しますが、一部のブラウザはFetch APIと呼ばれるリソース取得用のネイティブAPIを実装しています。

8.3.6 Fetch APIの利用

　Fetch APIの最も基本的な使い方はリソースを取得するGETリクエストです。具体的な例として、簡単な映画のデータベースにアクセスしてJSONデータを返すAPIを使ってみましょう。リスト8.17はfetchを使ったリクエストです。

リスト8.17　Fetch APIを使ってJSONレスポンスを受け取るAJAXリクエスト
```
fetch("http://www.marlin-arms.com/support/web-performance/sample/ch08-fetch/movie.html")
.then(function(response){
return response.json();
}).then(function(data){
console.log(data);
});
```

　このコードでfetchが受け取っている引数は、リソースのURLの1つだけです。成功するとプロミスが返され、それを使ってJSONデータを扱うことができます。responseにはjsonメソッドがあり、それを使ってチェーン内の次のプロミスにデータを返します。もう1つのプロミスはエンコードされたJSONデータを受け取ります。console.log (data);という行はレスポンスのデータをコンソールに出力します。

　これがFetch APIの基本的な使い方です。サンプルサイトではjQueryの$.ajaxメソッドを使って、フォームデータをPOSTリクエストで送信します。これを実現するにはもう少しの手間が必要ですが、jQueryの$.ajaxを使うよりは少し短いコードで済みます。

　念のため補足すると、この例では説明のためにJSONを含んだレスポンスを返すダミーの場所にフォームを送信しています。この方法をバックエンドのスクリプトを使って自分のWebサイトで試すと、うまく機能することがわかるでしょう。リスト8.18にjQueryの代わりに機能するFetch APIを示します。

リスト 8.18　Fetch APIによる AJAXリクエスト

```
                ─── スケジューラのレスポンスによって完了（fulfill）されるプロミス
fetch("js/response.json", {      ─── Fetch APIがリクエストを送信
  method: "post",      ─── リクエストのメソッド
  body: new FormData(document.querySelector("#appointmentForm"))
}).then(function(response){      FormDataオブジェクトにカプセル化されたリクエストのボディ
  return response.json();
}).then(function(data){      ─── チェーンの最後のプロミスが返され、送信後処理のコードが実行される
  document.querySelector("#status").innerHTML = data.message;
  document.querySelector(".statusModal").classList.add("show");
  document.querySelector(".modal").classList.remove("open");
                      ─── JSONのレスポンスがチェーンの次のプロミスに返される
  if(data.status === true){
    document.querySelector("#okayButton")
        .setAttribute("data-status", "success");
    document.querySelector("#headerStatus").innerHTML = "Thank You!";
  }
  else{
    document.querySelector("#okayButton").setAttribute("data-status", "failure");
    document.querySelector("#headerStatus").innerHTML = "Error";
  }
});
```

　このコードを実行して予約登録ダイアログを試すと問題なく動作することがわかるはずです。ネイティブAPIとして十分使えますし、これまで各種ブラウザに合わせてXMLHttpRequestを使ってきたことを思えばずっと魅力的です。

　jQueryの$.ajaxメソッドのことを悪く言うつもりはまったくありません。それ自体、XMLHttpRequestのすばらしいラッパーです。しかし、ブラウザがFetch APIをサポートするようになってきているので、$.ajaxを捨てるのも悪くありません。もちろん、fetchを使うのであれば、まだそれをサポートしていないブラウザを救済できる必要があります。

8.3.7　Fetch APIのポリフィル

　すべてのブラウザがFetch APIをサポートしているわけではありません。現時点では次のような選択肢があります。

- fetchはまったく使わず、jQueryの$.ajaxメソッドのスタンドアローン実装を使う（例：https://github.com/ForbesLindesay/ajax）
- windowオブジェクトにfetchメソッドがあるかどうかを確認する。あればfetchを使い、なければ通常のXMLHttpRequestオブジェクトを使う。または、（使いにくい点には目をつぶり）広くサポートされているXMLHttpRequestオブジェクトを常に使う
- fetchメソッドの有無を確認し、なければ非同期的にポリフィルを読み込む

この項では、最も無駄のない3番目の方法を選びます。Fetch APIをサポートしているブラウザは、外部スクリプトのオーバーヘッドのないブラウザのネイティブメソッドを利用します。サポートしていないブラウザはポリフィルのオーバーヘッドを背負うことになりますが、それでも共通の構文が使えます。

Fetch API用のポリフィルで推奨できるものは`https://github.com/github/fetch`にあります。話を簡単にするため、このスクリプトの縮小化版をリポジトリに入れておきました。`js`フォルダ内の`fetch.min.js`です。

これまでの章でおなじみの手法を使えば、`fetch`の有無に条件に従ってポリフィルを読み込めます。これは、`index.html`の最後のほう、`</body>`終了タグの前にインラインの`<script>`を配置して行います（リスト8.19）。

リスト8.19　条件に従ってfetch APIのポリフィルを読み込む

```
                   fetch APIのポリフィルを読み込む<script>要素を生成
<script>
  (function(document, window){
    if(!window.fetch){           fetchメソッドが使えないことを確認
      var fetchScript = document.createElement("script");
      fetchScript.src = "js/fetch.min.js";        スクリプトの保存場所を設定
      fetchScript.async = "async";          スクリプトを非同期的に読み込む
      document.body.appendChild(fetchScript);
    }                                       <script>要素を追加して
  })(document, window);                     スクリプトの読み込みを開始
</script>
```

`behaviors.js`が`fetch`を使っているので依存関係が気になるかもしれません。ここで重要なことは、`fetch`の呼び出しはページの読み込み時に実行されるのではないことです。利用者が予約登録ダイアログを開いてフォームに入力して送信ボタンをクリックするまでにポリフィルを読み込む時間がたっぷりあります。これは時間と実行の流れに余裕があるという意味で「ソフトな」依存関係です。全体の流れを図8.12に示します。

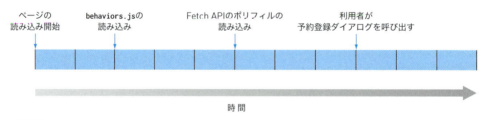

図8.12　Fetch APIのポリフィルの読み込みと利用者が予約登録ダイアログを開こうとする場合のタイミング

Fetch APIをサポートしていないIEなどのブラウザでこの方法を試してどうなるか確認してください。開発者用ツールのネットワークリクエストを調べることにより`fetch.min.js`が読み込まれているかどうかを判断できます。これで、jQueryのメソッドをすべてネイティブJavaScriptできちんと置き換えて`jquery.min.js`への参照を削除できるようになり、`async`属性を使って`behaviors.js`を非同期的に読み込めるようになりました。

8.4 requestAnimationFrameによるアニメーション

当初、JavaScriptによるアニメーションのサポートは現在ほどしっかりしたものではありませんでした。通常、アニメーション効果を出すには`setTimeout`や`setInterval`といったタイマー関数を使う必要がありました。時の流れとともにブラウザの機能は拡大して、JavaScriptで要素の変化を表現するための便利で高性能な新しいメソッドが使えるようになりました。

この節では、従来のタイマーによるアニメーションを使う方法と、その代わりに`requestAnimationFrame`を使う方法を比較検討します。それにより、`requestAnimationFrame`の性能が従来のタイマーによる方法およびCSSトランジションと比べてどう違うかを理解し、このメソッドをサンプルサイトで使うようにします。

8.4.1 requestAnimationFrameの概要

JavaScriptとCSSとでは、アニメーションの表示の仕方は異なります。CSSの場合、`transition`プロパティを要素に付加することでブラウザに対し、特定のプロパティが変化することを指定します。プロパティが変化するときにブラウザはトランジションを開始時点から終了時点までの間アニメーション表示させます。アニメーション表示を行うためのロジックはすべてブラウザが処理します。JavaScriptの場合はこの作業を開発者がする必要があります。アニメーション表示が従来JavaScriptでどのようにして実現されてきたかを確認し、`requestAnimationFrame`と比較してみましょう。

8.4.2 タイマー関数によるアニメーションとrequestAnimationFrame

JavaScriptでアニメーションを表示する場合、タイマー関数を使い、要素の`style`オブジェクトを介して要素の外観や画面上での位置を変化させて動きがあるように見せます。いわゆる古き良き時代には、`setTimeout`と`setInterval`がそのために使われるタイマー関数であり、要素を一定の時間間隔で動かしました。この間隔は通常1/60秒で、これは約60FPSで動かすことを目的としています。この種のアニメーションの一般的なコードはリスト8.20のようなものです。

リスト8.20　タイマー関数によるアニメーション（setTimeout）

```
function draw(){
  var styleObj = document.querySelector(".item").style;
  styleObj.width = parseInt(styleObj.width) + 2 + "px";   ← widthを2ピクセルずつ増加させる
  setTimeout(draw, 1000 / 60);   ← drawを60FPSとなるように再帰的に実行
}
draw();
```

タイマー自体の負荷は高くないのですが、アニメーションのコードは最適なものではありません。この問題に対処するために requestAnimationFrame メソッドが開発されました。その使い方はリスト 8.20 と似ており、リスト 8.21 のようなものです。

リスト 8.21　requestAnimationFrame によるアニメーション

```
function draw(){
  var styleObj = document.querySelector(".item").style;
  styleObj.width = parseInt(styleObj.width) + 2 + "px";
  requestAnimationFrame(draw);           ← 間隔の指定なしで draw を実行
}
draw();
```

このコードは一見、何かが欠けているようですが、それは requestAnimationFrame が setTimeout と異なりユーザーが表示間隔をミリ秒単位で指定できないからです。ではいったいどのように動作するのでしょうか。簡単です。表示間隔については requestAnimationFrame が内部で処理し、ディスプレイのリフレッシュレートに応じた動作をします。リフレッシュレートは大部分のデバイスでは 60Hz です。一般的なデバイスの場合、requestAnimationFrame は 60FPS を目標にします。デバイスのリフレッシュレートがそれ以外の場合は、それに応じたアニメーション処理を行います。

この例は、要素の left プロパティを永久に変化させ続けるのであまり実用的ではありませんが、性能比較の役には立っています。すぐあとで、より現実的な実装をサンプルサイトとして紹介しますが、その前に requestAnimationFrame と、従来のタイマーによるアニメーション、それに CSS トランジションの処理性能を比べてみましょう。

8.4.3　性能の比較

requestAnimationFrame はその先達であるタイマーを使った setTimeout と setInterval よりも高い処理性能を誇ると前に書きました。テスト用に、筆者はそれぞれ用にシンプルなアニメーションのスクリプトを書きました。そのアニメーションは、ボックスが左から右へ 256 ピクセル移動する間に幅と高さが 2 倍になり、不透明度が 50％ に変化するというものです（http://jlwagner.net/webopt/ch08-animation で試せます）。図 8.13 に setTimeout と requestAnimationFrame、それに CSS トランジションを使った場合の性能を示します（Google Chrome の Performance パネルによる）。

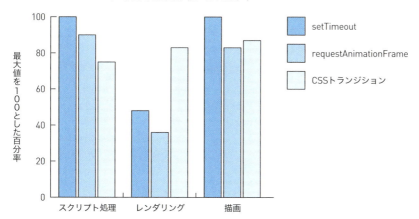

図8.13　各アニメーション方法の性能比較（正規化済み、ChromeのPerformanceパネルによる）

　1つ、setTimeoutとrequestAnimationFrameについて留意すべき点は、両者がJavaScriptに依存しておりCSSトランジションよりもスクリプト処理の時間を要する点で、これは当然のことです。ただし、requestAnimationFrameは他の2つの方法よりも描画とレンダリングの時間が短くなります。

　requestAnimationFrameの使い方と処理性能がわかったので、もう一度、サンプルサイトを開いて予約登録ダイアログをアニメーション表示させましょう。

8.4.4　requestAnimationFrameの利用

　サンプルサイトを立ち上げてから少し時間がたったので、今度はrequestAnimationFrameで実験してみるのは面白いかもしれません。サンプルサイトでアニメーション表示をするのは予約登録ダイアログを開くときだけです。これにはCSSトランジションを使っていましたが、今回はタイマーによるアニメーションからrequestAnimationFrameを使う方法へ移行してみましょう。そのための最新のコードを取得する必要があるので、次のコマンドを入力して新しいブランチに切り替えてください。

```
git checkout -f requestanimationframe
```

　サンプルサイト向けにbehaviors.jsの中でのモーダルダイアログのアニメーション表示にsetTimeoutとrequestAnimationFrameをテストする柔軟な関数を書きました（リスト8.22）。

リスト8.22　setTimeoutを使ったアニメーション関数

```
function animate(selector, duration, property, from, to, units){          ← DOMから要素を選択
  var element = document.querySelector(selector),                            して変数に格納
    endTime = Number(new Date()) + duration,                              ← アニメーションの
    interval = (1000 / 60),              ← 60FPSになるよう計算した描画の間隔   終了時間を計算
    progress = function(){               ← アニメーションを描画
      var progress = Math.abs(((endTime - +new Date()) / duration) - 1);
      return (progress * (to - from)) + from;
    },
    draw = function(){                         ← アニメーション表示時間を
      if(endTime > +new Date()){                  終了したかどうかを判定
        element.style[property] = progress() + units;   ← アニメーション表示を進め、
        setTimeout(draw, interval);                        再帰的にdraw関数を呼び出す
      }
      else{
        element.style[property] = to + units;    ← アニメーションが終わったら
        return;                                     要素を最終位置に配置
      }
    };

  draw();   ← アニメーションの描画を開始する最初の呼び出し
}
```

jQueryのanimate関数ほど完備したものではありませんが、リスト8.20に示したものよりははるかに柔軟な実装です（図8.14）。

図8.14　animate関数の呼び出しと引数の説明

図8.14に示したanimateの呼び出しでは、.modalにマッチする要素を選択し、topプロパティを500ミリ秒間に-150%から10%まで変化させるように指示しています。[SCHEDULE AN APPOINTMENT]のボタンをクリックすると、JavaScriptで作成したアニメーション用コードでダイアログが問題なく開くことが確認できます。では、この関数をrequestAnimationFrameを使うように変更するにはどのような作業が必要でしょうか。驚くほどわずかです。animateのdrawを変更してrequestAnimationFrameを使うようにしたコードをリスト8.23に示します（太字が変更部分）。

リスト8.23　requestAnimationFrameでsetTimeoutを置き換える

```
draw = function(){
  if(endTime > +new Date()){
    element.style[property] = progress() + units;
    requestAnimationFrame(draw);
  }
  else{
    element.style[property] = to + units;
    return;
  }
};
```

これでほぼ完了です。setTimeoutの呼び出しを削除して、代わりにrequestAnimationFrameを呼び出します。性能の高いアニメーション用メソッドを使っているだけで、すべて以前と同様に動作します。

requestAnimationFrameにはすべてのブラウザが対応しているわけではありません。では、Webサイト側で多くの利用者をサポートするには何ができるでしょうか。1つには、まずrequestAnimationFrameがあるか調べて、あればそれを使い、ない場合にはsetTimeoutを使う仕組みを作成することが考えられます。その方法をリスト8.24に示します。

リスト8.24　setTimeoutを使ったrequestAnimationFrameのフォールバック

```
window.raf = (function(){         ← フォールバックメソッドを定義
  return window.requestAnimationFrame || function(callback){
    var interval = 1000 / 60;     ← 60FPSにするための表示間隔を計算する
    window.setTimeout(callback, interval);
  };                              ← 使用可能なメソッドを返す（左側優先）
})();                    ↑ setTimeoutを使う場合、コールバックと変数intervalを設定
```

この方法を使う場合、スクリプトでrequestAnimationFrameメソッドの代わりに上のrafメソッドを使うようにコードを書き換える必要がありますが、アプリケーションのアニメーションメソッドのサポート対象を広げることができます。requestAnimationFrameが使えるときにはその利点を享受し、使えない場合でもsetTimeoutにフォールバックします。悪くない方法です。

次は、requestAnimationFrameを利用したJavaScriptのシンプルなアニメーションライブラリであるVelocity.jsを手短に説明します。

8.4.5　Velocity.jsの利用

上の方法でrequestAnimationFrameに移行するのは、「かえってややこしくなっただけではないか」と感じた人もいるかもしれません。この方法をCSSトランジションやjQueryによるアニメーションの代わりに使うのは、とりわけ要件が複雑な場合には、簡単にはいかないことがあります。この項では、jQueryのanimateメソッドと同じくらい手軽にアニメーションを使えるVelocity.jsを紹介します。

Velocity.js（http://velocityjs.org）は、jQueryのanimateとよく似たAPIを使えるアニメーションライブラリです。Velocity.jsの一番良いところは、jQueryに依存していないことです。jQueryの

animateメソッドに依存しているプロジェクトでも、Velocity.jsを使えばアニメーションの表示は同じようにできます。たとえば、次はjQueryによるアニメーションのコードです。

```
$(".item").animate({
  opacity: 1,
  left: "8px"
}, 500);
```

このアニメーションのコードは、次のようにしてVelocity.jsのアニメーションエンジンを使うよう変更できます（太字が変更部分です）。

```
$(".item").velocity({
  opacity: 1,
  left: "8px"
}, 500);
```

animateをvelocityにするだけです。これにより、requestAnimationFrameを使ったスムーズなアニメーションが実現できます。jQueryのanimateメソッドとは異なり、色の変化、変形、スクロールを使ったによるアニメーションも実現できます。

jQueryなしでVelocity.jsを使う場合は、構文が多少変わります。Velocity.jsは読み込まれたときにjQueryが読み込まれているかどうかを確認します。jQueryが読み込まれていない場合、例の場合と同じ要素をアニメーション表示する構文は次のようになります。

```
Velocity(document.querySelector(".item"), {
  opacity: 1,
  left: "8px"
}, {
  duration: 500
});
```

意味は別にして、この構文はそれほど大きく異なってはいません。jQueryの有無にかかわらずVelocity.jsは、自分でアニメーションの詳細なコードを書かなくてもJavaScriptによるアニメーションをずっと滑らかで効率の良いものにしてくれます。

このライブラリは縮小化と圧縮をした上で約13Kバイトあることに注意が必要です。対象のWebサイトでアニメーションを多用していて処理性能が重要な場合にのみ利用を検討してください。アニメーションを多用していないWebサイトに13Kバイトのオーバーヘッドを追加すると、利用者の使用感を一段落とすことになり、独自にアニメーションのコードを書くかCSSトランジションを使ったほうが良い場合があります。

8.5 まとめ

　この章ではJavaScriptのコードをコンパクトで高速に保つ方法を紹介しつつ、多くの概念を説明しました。

- `<script>`タグはその配置によってはレンダリングを一時停止させて、ブラウザのページ表示を遅らせてしまう。`<script>`タグをドキュメントの最後のほうに配置するとページのレンダリングを高速化できることがある
- async属性は、それを使うスクリプトの実行を管理できる場合にはWebサイトの性能を向上させるのに有効な場合がある
- 依存関係のあるスクリプトでasync属性を使った場合の実行管理は複雑になることがある。AlamedaやRequireJSなどのサードパーティーのスクリプト読み込みライブラリは、スクリプトの非同期的な読み込み・実行の利点を生かしつつ、依存関係管理のための便利なインターフェイスを提供してくれる
- jQueryは有用だがサイズが比較的大きい。機能的に十分であれば、ファイルサイズがもっと小さいjQuery互換の代替ライブラリを使ったほうがよく、場合によっては処理性能で勝る
- ブラウザは時代の流れに伴って、jQueryと似た機能をより多く提供するようになっている。`querySelector`と`querySelectorAll`で要素を選択し、`addEventListener`でイベントをそれらの要素にバインドできる。`classList`を使って要素のクラスを操作し、`getAttribute`と`setAttribute`でそれらの属性の取得、設定を行い、`innerHTML`で要素の内容を変更することもできる（付録BにjQueryのメソッドと等価なJavaScriptの関数の対応表）
- FetchはAJAXによってリモートにあるリソースを要求する便利なネイティブインターフェイスで、これをサポートしていないブラウザ用にはポリフィルを使う必要がある
- `requestAnimationFrame`は、`setTimeout`や`setInterval`の代わりにアニメーション表示ができるJavaScriptの新しい関数で、タイマーを使う`setTimeout`など従来のメソッドよりも高性能で、CSSトランジションよりもレンダリングと描画が高速である

　次章では、JavaScriptのサービスワーカーを扱います。インターネット接続が限定的だったり接続が失われた利用者がオフラインでWebサイトを利用できるようにし、サイトの処理能力を高めるための使い方を説明します。

サービスワーカーによる
パフォーマンス向上

9.1 サービスワーカーとは
9.2 サービスワーカーの記述
  9.2.1 サービスワーカーのインストール
  9.2.2 サービスワーカーの登録
  9.2.3 ネットワークリクエストの横取りとキャッシュ
  9.2.4 パフォーマンス上の利点の測定
  9.2.5 ネットワークリクエストの横取り処理の調整
9.3 サービスワーカーの更新
  9.3.1 ファイルのバージョン管理
  9.3.2 古いキャッシュのクリア
9.4 まとめ

CHAPTER 9 この章の内容

- サービスワーカーの概念とサービスワーカーの機能
- シンプルなサイトへのサービスワーカーのインストール
- サービスワーカーでのネットワークリクエストのキャッシング
- サービスワーカーの更新

Webが成熟するつれ、それを支える技術も成熟していますが、モバイル機器の出現により、接続が不安定であったり、失われてしまったりする場合にどのように対処すればよいのか、解決策が求められています。この章で説明するサービスワーカーは、そのような場面で有用な技術です。

9.1 サービスワーカーとは

「サービスワーカー」とは、通常のスクリプトとは別個の特別なスコープで動作するスクリプトの規格である「ワーカー」の一種です。ワーカーは、<script>タグで参照する通常のJavaScriptのコードとは別個のスレッドで動作し、バックグラウンドで処理をします。図9.1にサービスワーカーが固有のスレッドで動作している様子を示します。

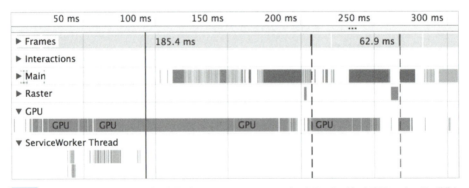

図9.1 ChromeのPerformanceパネルを見るとServiceWorker Threadというラベルの付いた専用のスレッドで動作しているサービスワーカーが表示されている

サービスワーカーは別のスレッドで動作するため、<script>タグで読み込まれるJavaScriptとは異なる振る舞いをします。サービスワーカーはその親ページのwindowオブジェクトに直接アクセスすることはできません。親ページとのやり取りは可能ですが、postMessage APIなどを仲介役に間接的に行う必要があります。

ワーカーが解決する問題はワーカーの種類によって異なります。たとえば、Webワーカーを使うと、CPU負荷の高い処理をブラウザのUIの動作に悪影響を与えずに実行できるようになります。この章で説明するサービスワーカーを使うと、ネットワークリクエストを横取りし、CacheStorage APIを介してアセット（テキストや画像などのデータ）を暫定的に特別なキャッシュに格納できます。このキャッシュはブラウザの元々のキャッシュとは別個のもので、オフラインのときでもCacheStorageのキャッシュからコンテンツを提供できます。そしてこのキャッシュをページのレンダリング性能を上げるために使うこともできます。

サービスワーカーの考えられる使用例として、たとえば人気の高いブログが考えられます。ユーザーが記事を読むときにCacheStorageを使って記事をキャッシュすれば、ユーザーのネットワーク接続が何らかの原因で失われた場合にも表示できます。これは携帯電話やWi-Fiの接続が微弱なときやネットワーク接続が使用できない場合など、いろいろな場面で役に立ちます。

ネットワーク接続が不安定であったり失われることを克服するのではなく、ユーザーがすでに見た、キャッシュにあるコンテンツを提示します。何も見られないのではなく、何か見られるようにするわけです。最新のコンテンツにアクセスできないことには変わりありませんが、Webの閲覧は可能です。

サービスワーカーのインターフェイス自体は軽量で、サービスワーカーがインストールされたときやネットワークリクエストが送信されたときなど特定の場合に発生するイベントがきっかけとなって処理を行います。そうしたイベントの発生を第8章で学んだaddEventListenerメソッドを使って監視します。この章で記述するサービスワーカーで活躍するのはfetchイベントです。このイベントを利用してネットワークリクエストを横取りし、CacheStorageに対するアセットの出し入れを行います。図9.2にこの処理の流れを示します。

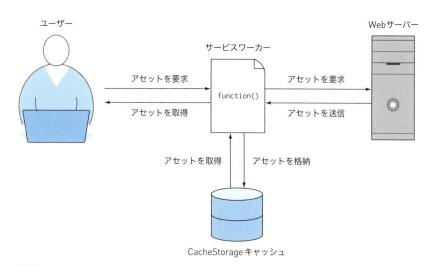

図9.2 ユーザーとWebサーバーの間でプロキシとして通信するサービスワーカー。ユーザーがリクエストを出し、サービスワーカーはそれを横取りできる。サービスワーカーのコードの記述次第で、アセットをサービスワーカーのCacheStorageから取得するか、リクエストをそのままWebサーバーに送る。サービスワーカーは特定の場合にキャッシュに書き込むこともできる

このイベント駆動型インターフェイスによって、サービスワーカーはインターネット接続が不安定、もしくは失われた場合にもオフラインでのサイト利用を可能にしてくれます。

9.2 サービスワーカーの記述

　サービスワーカーが何をするか概要が理解できたので、実際に手を動かしてサービスワーカーを記述してみましょう。まずブラウザがサービスワーカーをサポートしているかどうかを調べ、サポートしているならばインストールにとりかかります。その後、サービスワーカーの本体を記述し、それを使ってネットワークリクエストを横取りします。最後にそのサービスワーカーによって得られる性能上の効果を測定します。

　ここでサービスワーカーを記述する対象は筆者のブログです。筆者は自分のサイトからもっと性能を引き出すとともにブログの読者がオフラインでも古いコンテンツを読めるようにする新しい方法を見い出そうとしてきました。まずGitHubからコードをコピーして、それを手元のコンピュータで動作させます。そのために以下のコマンドを実行してください。

```
git clone https://github.com/webopt/ch9-service-workers.git
cd ch9-service-workers
npm install
node http.js
```

> **注意！　サービスワーカーにはHTTPSが必要！**
>
> サービスワーカーは、便宜的にHTTPSなしで`localhost`で動かすことができます。しかしネットワークリクエストを横取りしバックグラウンドで動作するというサービスワーカーの性質上、実運用Webサーバー上ではHTTPSが必須です。`localhost`上では裁量の余地がありますが、実運用する場合は有効なSSL証明書が必要になります。

　完了したら、筆者のサイトが皆さんのローカルホスト（`http://localhost:8080`）で稼働しているはずです。これで初めてのサービスワーカーを作成する準備完了です。

9.2.1　サービスワーカーのインストール

　サービスワーカーをインストールするのにコードはほとんど必要ありません。ブラウザがサービスワーカーをサポートしているかどうかを確認することだけです。ブラウザがサポートしている場合はそのままインストールできます。ブラウザがサポートしていない場合は何も起こりません。このため、ユーザーのブラウザがサービスワーカーを使えない場合でも、サイトはそのまま機能します。図9.3にこの動作の流れを示します。

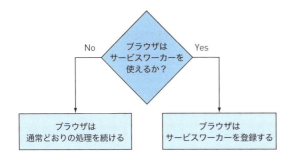

図9.3 サービスワーカーのインストールの流れ。インストール用コードでブラウザがサービスワーカーをサポートするか確認する。サポートしていればインストールし、そうでない場合は何もしない

　サービスワーカーのインストールの最初の処理は各ページのフッター部分の`<script>`タグで参照しているスクリプト`sw-install.js`によってサービスワーカーを登録することです。

9.2.2　サービスワーカーの登録

　ディレクトリhtdocsの中に`sw-install.js`というファイルがあることを確認します。そのファイルを開いて、リスト9.1の内容を入力してください。

リスト9.1　サービスワーカーのサポート検出とインストールのコード
```
if("serviceWorker" in navigator){
  navigator.serviceWorker.register("/sw.js");
}
```

　サービスワーカーのサポートを確認するのは簡単です。1行目では、`in`演算子を使って`navigator`オブジェクトの中に`serviceWorker`オブジェクトがあるかどうかを調べています。サービスワーカーがサポートされていれば、2行目にあるように`serviceWorker`オブジェクトの`register`メソッドで`/sw.js`のスクリプトを登録します。

> **MEMO　サービスワーカーのスコープ**
>
> サービスワーカーのコードがなぜディレクトリjs内にないのかと思われるかもしれませんが、それはスコープのためです。デフォルトではサービスワーカーはそれが入っているディレクトリとそのサブディレクトリでのみ動作するようにスコープが設定されます。サイト全体にわたって動作させたい場合は、サイトのルートディレクトリに配置する必要があります（この章の例でもこの方法を使います）。サービスワーカーを任意の場所に配置する場合は、レスポンスヘッダー Service-Worker-Allowedの値を「/」に設定します。これでサービスワーカーがどこにあっても機能します。

　ページを再読み込みして変更内容をテストする前にもう少し作業が必要です。サービスワーカーで何らかの処理を実行するには、サービスワーカーの動作、その中でも特に最初にインストールしたときの処理を記述する必要があります。

サービスワーカーのインストールイベントの記述

すでに説明したように、サービスワーカーのインターフェイスは軽量でaddEventListenerを使ったイベントの処理をするコードを書くことで機能を実現します。サービスワーカーが最初にインストールされたときには、installイベントが発生します。

サービスワーカーをインストールするときには、グローバルアセットをすぐにキャッシュする必要があります。グローバルアセットとは、サイトのCSS、JavaScript、画像やその他、すべてのページとすべてのユーザー機器向けに共通のアセットとなるものです。図9.4にこのキャッシュ処理の流れを示します。

図9.4 サービスワーカーのinstallイベント発生時に行う動作

サービスワーカーのインストール時の動作を記述するため、ディレクトリhtdocs内のsw.jsを開いてください。最初にしなければならないのは、サイトがオフラインになった場合に必要なページのアセットをキャッシュすることです。これらは通常CSS、JavaScript、画像など静的なものです。リスト9.2にこの処理を示します。

リスト9.2 サービスワーカーのinstallイベントでアセットをキャッシュする (sw.jsの内容)

```
var cacheVersion = "v1",             ← アセットキャッシュのバージョン識別子
    cachedAssets = [
      "/css/global.css",
      "/js/debounce.js",
      "/js/nav.js",
      "/js/attach-nav.js",
      "/img/global/jeremy.svg",       ← サービスワーカーがインストールされるとき
      "/img/global/icon-github.svg",      にキャッシュに入れるアセットのURI
      "/img/global/icon-email.svg",
      "/img/global/icon-twitter.svg",
      "/img/global/icon-linked-in.svg"
    ];
self.addEventListener("install", function(event){   ← サービスワーカーがインストール
  event.waitUntil(caches.open(cacheVersion).then(function(cache){   されるときに発生する
    return cache.addAll(cachedAssets);    ← 変数cacheVersionに設定
  }).then(function(){                         された識別子を使って新し
    return self.skipWaiting();                いキャッシュが開く
  }));                  ← 配列cachedAssetsを使って
});                        キャッシュにアセットが入る
         ← サービスワーカーに即座に処理を開始するよ
            うに指示し、activateイベントを発生させる
self.addEventListener("activate", function(event){   ← サービスワーカーのskipWaiting
  return self.clients.claim();                          メソッドが呼び出されるときに発
});                                                     生する
         ← activateイベントが発生すると即座に
            サービスワーカーが動作を開始する
```

インストールのコードは一見すると少し難しそうですが、順に見ていけば容易に理解できます。まず、文字列cacheVersionにキャッシュの識別子を定義します。これでキャッシュに名前を付けることができ、

サービスワーカーの将来のバージョンでキャッシュを変更するときにこの名前を更新できます。そして、サービスワーカーに前もってキャッシュしておきたいアセットを配列`cachedAssets`内に列挙して指定します。

次に、`install`イベントのコードを記述します。これはサービスワーカーが`sw-install.js`によってインストールされたとき即座に実行されるものです。ここで、変数`cacheVersion`に設定しておいた識別子を使って新しい`caches`オブジェクトをオープンするためのプロミスを返し、`cachedAssets`に指定したアセットすべてを格納します。このプロミスはサービスワーカーの`skipWaiting`メソッドの結果を返す`then`呼び出しにチェーンしています。これがサービスワーカーに対して`install`イベントの処理完了後、即座に`activate`イベントを発生させるように指示します。そして`activate`イベントのコードがサービスワーカーの`claim`メソッドを実行し、これによりサービスワーカーが即座に動作を開始します。

このコードを組み込んだら、ページの再読み込みができます。再読み込みをしても何も起きていないように見えます。ではサービスワーカーが正しく動作しているかどうかはどうすればわかるでしょうか。Chromeでデベロッパーツールを開いてApplicationパネルを表示すると確認できます。左ペインの[Service Workers]という項目をクリックすると図9.5のように表示されます。

図9.5 Chromeのデベロッパーツールの[Application]のタブに現在のサイトで有効なサービスワーカーが表示される。左ペインの[Service Workers]をクリックしてこのパネルを表示する

[Application]のタブでこのパネルを開くと、ページ上で現在動作しているサービスワーカーが表示されるほか、サービスワーカーの停止・登録解除、さらに重要なページ再読み込み時の強制更新などの操作ができます。この章での作業中は、強制的に更新するように[Update on reload]のチェックボックスをオンにしておくとよいでしょう。サービスワーカーの開発中は、このオプションを選択しておくと作業がしやすくなります。

サービスワーカーのキャッシュの確認

サービスワーカーがインストールされていることは確認しましたが、指定したアセットがキャッシュされているかどうかはどうすればわかるでしょうか。この答えもApplicationパネルにあります。左ペイン

で［Cache Storage］項目を展開してサイトのキャッシュをクリックします。それはインストールイベントのコードで指定した「v1」が表示されているキャッシュです。このときの状況を図9.6に示します。

図9.6 　サービスワーカーによって作成されたv1キャッシュ。サービスワーカーの配列cachedAssets内に指定したアセットがあることが確認できる

　［Application］タブの［Cache Storage］の下にあるv1を見ると、配列cachedAssets内に指定した項目すべてが確認できます。ではアセットがキャッシュに入っている状態でオフラインにすると何が起きるか見てみましょう。オフラインにするには、コンピュータのWi-Fiをオフにするかネットワークケーブルを抜くやり方もありますが、もっと手軽な方法があります。Networkパネルで［Offline］をチェックすればよいのです（図9.7）。

図9.7 　ChromeのNetworkパネルの［Offline］チェックボックスをオンにすると、ネットワーク接続を無効にしなくてもオフラインの状態をシミュレートできる

　［Offline］チェックボックスをオンにしてページを再読み込みします。オフラインでページを表示するのに必要なアセットすべてをキャッシュしたのに接続エラーが発生して、オフラインではサイトが表示されません。これはなぜでしょうか。

　この場合、原因はHTMLドキュメント自体をキャッシュしていないことです。ただし、**それをした場合**でも、さらにネットワークリクエストを横取りする仕組みが必要であり、それによって**何をすべきか**を理解しておく必要があります。区別なくすべてのアセットを事前にCacheStorageキャッシュに入れるのは、ユーザーがまったく必要としないまま終わるものまで大量にキャッシュに入れることになる恐れがあるので有効な戦略ではありません。すべてのページで共通のグローバルアセットをinstallイベントで用意しておき、その後fetchイベントを利用してリクエストを横取りし、必要に応じてキャッシュに入れます。そうすれば必要になることがわかっているすべてのものを事前に効率良くキャッシュし、以後要求があったときに必要に応じてアセットをキャッシュに追加できます。

9.2.3　ネットワークリクエストの横取りとキャッシュ

オフラインになったときの挙動を制御するには、オフライン表示用にコンテンツをキャッシュできるようにユーザーとサーバーの間に割り込む仕組みが必要です。fetchイベントを利用すれば、その機能を図9.8に示す処理フローで実現できます。

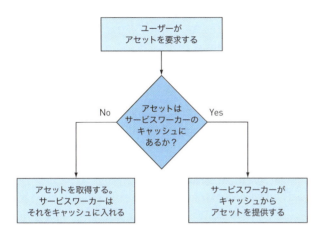

図9.8　サービスワーカーのfetchイベントの動作。ユーザーがアセットに対するリクエストを出すと、サービスワーカーが間に入ってリクエストを横取りし、そのアセットがすでにキャッシュにあるかどうかを確認する。ない場合はアセットをネットワークから取得し、サービスワーカーがそれをキャッシュする。キャッシュにある場合はキャッシュから取り出す

どうしてわざわざinstallイベントのときにアセットをキャッシュする必要があるのでしょうか。必要になることがわかっているアセットは事前にキャッシュしておくのです。しかしアセットをキャッシュしていてもしていなくても、ユーザーのリクエストを処理して後々の使用に備えてアセットをキャッシュする処理をfetchイベントに定義する必要はあります。事前にキャッシュしておいたアセットについては、サービスワーカーがそのキャッシュから提供します。しかし、HTMLドキュメントや記事に固有の画像、フォントなど（必要になるかどうかが）それほど確かでないアセットについては、もっと厳格なチェックをし、ネットワークから取得してから後の使用に備えてキャッシュに入れるわけです。

その理由の1つは、要求するアセットがすべてのデバイスで同じではなく、その場合事前にキャッシュに入れるべきではないということです。高密度画面を備えたデバイスはそのデバイスに適した画像をダウンロードするので、デバイスの必要に応じてプログラムでキャッシュすべきです。能力の低いデバイスはその制約に適したアセットをダウンロードしてキャッシュする必要があります。

この目的を達成するための独自のロジックを記述する必要があります。そのロジックをリスト9.3に示します。ローカルのsw.jsの中に追加してください。

リスト9.3　fetchイベントの際に追加でアセットを横取りしてキャッシュに入れる（sw.jsに追加）

```javascript
self.addEventListener("fetch", function(event){
  var allowedHosts =
    /(localhost|fonts\.googleapis\.com|fonts\.gstatic\.com)/i,
    deniedAssets = /(sw\.js|sw-install\.js)$/i;

  if(allowedHosts.test(event.request.url) === true &&
    deniedAssets.test(event.request.url) === false){
    event.respondWith(
      caches.match(event.request).then(function(cachedResponse){
        return cachedResponse ||
          fetch(event.request).then(function(fetchedResponse){
            caches.open(cacheVersion).then(function(cache){
              cache.put(event.request, fetchedResponse);
            });
            return fetchedResponse.clone();
          });
      })
    );
  }
});
```

- ネットワークリクエストを横取りするためのfetchイベントリスナ
- リクエストを横取りの対象にするホストを表す正規表現
- サービスワーカーのキャッシュに入れないアセットの正規表現
- リクエストに応答する前に、リクエスト先のURLがキャッシュ対象のホストで、かつ除外対象のアセットでないことを確認する
- イベントオブジェクトのrespondWithメソッドがリクエストを横取りする。これを迂回することでブラウザがデフォルトの動作をする
- リクエスト内容がサービスワーカーのキャッシュ内にあるか確認する
- リクエスト内容がサービスワーカーのキャッシュ内にある場合、キャッシュのレスポンスを返す
- リクエスト内容がサービスワーカーのキャッシュ内にない場合、fetch APIを使って取得する
- アセットをfetchで取得すると、識別子cacheVersionを使ってサービスワーカーのキャッシュをオープンする
- fetchで取得したアセットをサービスワーカーのキャッシュに入れる
- レスポンスをキャッシュに入れた後、そのレスポンスを返す

　このコードを使うと、サービスワーカーのinstallイベントのコードで準備しておいたキャッシュからアセットを取り出せます。キャッシュ内にないアセットに対するリクエストであった場合は、fetchメソッド（第8章を参照）を使ってネットワークから取得します。アセットをダウンロードした後、それをサービスワーカーのキャッシュに入れます。そうしておいてそのアセットをネットワークからではなく、キャッシュから取得します。オンラインにしてから Ctrl + Shift + R キー（ command + shift + R キー）で強制的にページを再読み込みすれば、上記の変更による効果が現れるはずです。

> **MEMO**　ChromeのApplicationパネルの［Update on Reload］チェックボックスをオンにしていても、サービスワーカーが更新に失敗することがあります。これはブラウザにサービスワーカーをキャッシュに保持させてしまう雑なキャッシュポリシーが原因の場合があります。われわれの例では、Cache-Controlヘッダーの値をno-cacheにしています。これはキャッシュに格納しているものについて、サーバー側で変更がないか再検証することをブラウザに指示するものです。Cache-Controlの詳細とその働きについては、第10章を参照してください。

更新されたサービスワーカーが動作している状態でページを再読み込みしたり、他のページへのリンクをたどったりしてからNetworkパネルを開いて［Size］列でアセット情報を確認してください。サービスワーカーに横取りされたものは(from ServiceWorker)と表示されます（図9.9）。

Name	Method	Status	Domain	Size
localhost	GET	200	localhost	(from ServiceWorker)
css?family=Fjord+One|Montserrat:4...	GET	200	fonts.googleapis.com	(from ServiceWorker)
global.css	GET	200	localhost	(from ServiceWorker)

サービスワーカーに横取りされたリクエスト

図9.9　サービスワーカーが横取りしたネットワークリクエストは、Chromeのネットワークユーティリティの［Size］列に「(from ServiceWorker)」と表示される

リクエストされた内容をサービスワーカーがCacheStorage APIを使ってキャッシュに入れていることを確認したので、ネットワークユーティリティでネットワーク制限のドロップダウンリストの［Offline］チェックボックスをオンにしてからページを再読み込みしてください。ネットワークエラーが発生することもなく、オフラインでサイトが利用できるようになっていることがわかります。おめでとうございます！オフラインでWebを利用できるようにする初めてのコードを記述したのです。では、こうした変更がページの性能にどう影響しているかを見てみましょう。

9.2.4　パフォーマンス上の利点の測定

　アセットをサービスワーカーのキャッシュから取得する場合、ブラウザのキャッシュからの場合よりも高い性能を出すことができます。これはブラウザがページの描画を開始するまでの時間を短縮することでユーザーのためにレンダリング性能をさらに高められるということです。図9.10に、3種類の状況でのTTFP（Time to First Paint：最初のPaintまでの時間）を示します。ブラウザがキャッシュに何も入っていない場合、キャッシュに入っている場合、ブラウザのキャッシュではなくサービスワーカーのキャッシュを使う場合です。

　この結果は筆者にとっていささか驚きでしたが、サービスワーカーを性能向上のために使用した場合、ブラウザのキャッシュを使用する場合に比べて50％向上しているのがわかります。レンダリング時間が大きく短縮されました。

　これはブラウザのキャッシュの役目が終わったということではありません。ブラウザのキャッシュはしっかり機能しますし、サービスワーカーをサポートしていないブラウザの場合にはそちらにフォールバックできるからです。ブラウザがサービスワーカーをサポートしている場合でも、横取りしたくないリクエストはfetchイベントのコードで無視するようにでき、そのリクエストはブラウザキャッシュへ行きます。次は再びサービスワーカーのコードに戻り、もう少し柔軟性を高めるための調整方法を検討します。

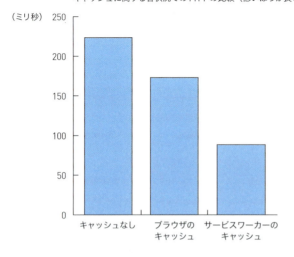

図9.10 キャッシュの使用状況ごとのTTFP（Time to First Paint）による性能比較（ChromeのRegular 3G制限プロファイル使用）。比較対象はキャッシュなしページ、ブラウザキャッシュから取得したページ、サービスワーカーのキャッシュから取得したページ

9.2.5 ネットワークリクエストの横取り処理の調整

　初めてサービスワーカーを記述しましたが、かなりうまく機能しています。ただ、1つ問題があります。アセットのどれかを変更しようとする場合に、その変更結果はページ全体の再読み込みを強制的に行わない限り見られないということです。これは問題です。とりわけサイトのHTMLを可能な限り最新にしておくことは重要です。そうすれば、コンテンツの更新はもちろんのことCSSやJavaScriptなどへの変更もそうしたファイルへの参照を更新することでわかることになります。

　これはサービスワーカーが本質的に問題を抱えているとか、ブラウザのキャッシュとは別にCache Storageを使うことが悪い考えだというわけではありません。オフラインでの利用を可能にしようとするなら、これは実際にできる唯一の方法です。しかしネットワークリクエストを横取りしてその実行の仕方を変更する場合、それはブラウザ自体のキャッシュに取って代わる動作を記述しているということです。ユーザーによるリクエストにどのように応えるか注意が必要です。

　こうしたリクエストをどう処理するかは、扱っているWebサイトの性格によります。この章のブログの例での考え方は基本的なものです。あまり変更のないアセット（画像、スクリプト、CSSなど）については、当面は気にしないことです。それらをどうしても変更する必要があるときには、次の節で採り上げる、そのための仕組みがあります。

　HTMLについては、サービスワーカーのfetchイベントのコードの中で別の方針を採用して、オンラインになるごとに最新のページコンテンツを取得できるようにします。その場合でもフォールバック機能の一部としてユーザーがオフラインでサイト利用できる機能を組み込むことができます。

　現在のサービスワーカーのfetchイベントのコードは単純です。アセットに対するリクエストがサービスワーカーのキャッシュ内にすでにあるものに一致する場合は、キャッシュからそのアセットを提供します。リクエストがキャッシュ内のどれにも一致しない場合は、ネットワークからそのアセットの最新版を取得して、それをキャッシュに追加します。

　これは性能の面では優れた方針ですが、見られるコンテンツが最新かという面ではマイナスにもなり

得ます。この方法を完全に放棄する必要はありません。というのも一部のアセットはめったに変更されないからです。HTMLドキュメントについては新たな方針を採用する必要があります。図9.11に、サービスワーカーのfetchイベントでネットワークリクエストの横取りしたときの処理を2つに分岐させる方法を示します。

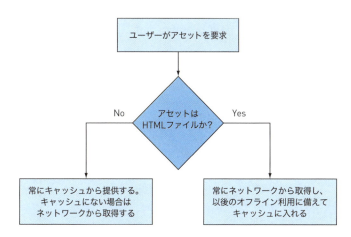

図9.11 サービスワーカーのfetchイベントにおいて、ネットワークリクエストの横取り処理で2つに分岐する方法。要求されたアセットがHTMLドキュメントならば常にそれをネットワークから取得してキャッシュに入れ、オフラインの場合にのみサービスワーカーのキャッシュからそれを提供する。要求されたリソースがHTMLドキュメントでない場合は常にキャッシュから提供するようにし、サービスワーカーのキャッシュ内にない場合はネットワークから取得する

このフローを使えば、画像やCSS、JavaScriptなどのアセットの場合のサービスワーカーによる処理性能面での利点を維持しつつ、HTMLコンテンツについては最新であることを優先できます。また、サイトのアセットをURLの変更によって新しくすることができ、これはあとでサービスワーカーのinstallイベントのコードで設定するキャッシュの中で指すようにできます。

この新しいフローを実装するには、サービスワーカーのfetchイベントのコードを変更する必要があります。まず、送られてくるリクエストがHTMLドキュメントに対するものかどうかを調べるための正規表現を追加します。変更部分を太字で示します（リスト9.4）。

リスト9.4 HTMLに対するリクエストを判別する正規表現の追加

```
var allowedHosts = /(localhost|fonts\.googleapis\.com|fonts\.gstatic\.com)/i,
    deniedAssets = /(sw\.js|sw-install\.js)$/i,
    htmlDocument = /(\/|\.html)$/i;
```
← URLがHTMLドキュメントのものかどうかを調べる正規表現

この正規表現は、あとでリクエストURLがHTMLドキュメントのものかどうかを調べるために使うもので、横取りしたネットワークリクエストの処理の仕方はこれに依存します。この正規表現によって新しい処理条件を作ります。現在のリクエストがこの正規表現による判定をパスし、HTMLドキュメントを対象としている場合、そのリクエストを「ネットワークから取得、オフラインならキャッシュから」のパターンで処理します（リスト9.5）。判定にパスしない場合は、「キャッシュから取得、なければネットワークから取得してキャッシュに」という元々のパターンで処理します。

リスト9.5 「ネットワークから取得、オフラインならキャッシュから」のパターンによるHTMLリクエストの処理

```
if(allowedHosts.test(event.request.url) === true &&
   deniedAssets.test(event.request.url) === false){

   /* event.respondWithがリクエストを
      横取りしてレスポンスを返す */
   /* 現在のリクエストがHTMLドキュメント
      に対するものかどうかを判別する */

   if(htmlDocument.test(event.request.url) === true){
     event.respondWith(
       fetch(event.request).then(function(response){  /* 即座にHTMLドキュメントを
                                                         ネットワークから取得する */
         caches.open(cacheVersion).then(function(cache){
           cache.put(event.request, response.clone());
         });
         /* ネットワークから取得した
            アセットをレスポンスで返す */
         /* キャッシュをオープンし、ネットワークレスポンスを
            以降のオフライン利用に備えてキャッシュに入れる */
         return response;
       }).catch(function(){
         return caches.match(event.request);
       })
     );
     /* リクエスト処理で失敗した場合、最後に
        取得したものをキャッシュから提供する */
   }
   else{
     /* HTML以外に対するリクエストの処理は従来どおり */
     /* その他のアセットは
        従来どおりに処理する */
   }
}
```

　ページを再読み込みして新しいコードを試した後、`index.html`を変更してください。変更内容が即座に反映されることがわかるでしょう。

　この方法はドキュメントをサービスワーカーのキャッシュから読み出すのではなくネットワークから取得する必要があるため、以前の`fetch`イベントのコードに比べてほんの少しですがページのレンダリング性能が低下します。Chromeの3Gの条件下でテストしたところ、平均のTTFPは120ミリ秒になりました。以前のサービスワーカーのコードで出した平均時間90ミリ秒よりは遅いですが、それでもブラウザのキャッシュによる平均時間約175ミリ秒より速くなりました。

　得られる結果は扱っているプロジェクトによって異なってきます。覚えておいてほしいのは、すべてのネットワークリクエストを横取りする必要はなく、またそうすべきでもないということです。`fetch`イベントのコードでのネットワークリクエストは、レスポンスオブジェクトを`event`オブジェクトの`respondWith`メソッドに渡す場合にのみ横取りされることに注意してください。リクエストを`respondWith`に渡さなければ、ブラウザのデフォルトの動作が実行されます。サーバーワーカーの仕様はリクエストを処理するメソッドをまったく規定しておらず、開発者がそれを行うためのインターフェイスを規定しているだけです。リクエストを横取りするかどうかの処理を記述するのは開発者です。この章の例の場合、それについては横取りしないリクエストを除外するための正規表現を作成することでかなりの部分が済んでいます。

> **MEMO** サービスワーカーと CDN でホストされるアセット
>
> CDN でホストするアセットについても、リクエストを横取りする点では同じであり、そうしたアセットを CacheStorage でキャッシュすることも同様です。一般的には、CDN でホストしているアセットをサービスワーカーのキャッシュに格納することは問題なくできます。CDN ホストはそのサーバー設定によって、アセットを「Access-Control-Allow-Origin: *」というヘッダー付きで提供するようにするので、元となるサイトは制約なくアセットにアクセスできます。もし CDN アセットをキャッシュに入れられない場合は、このヘッダーの有無を確認してください。すべてが適切に設定されている CDN はこのヘッダーを付加するので、サービスワーカーで CDN アセットを扱うために特別なコーディングをする必要はありません。CDN とその動作について詳しくは第 10 章を参照してください。

例のサービスワーカーの話に戻りましょう。HTML に対するリクエストの場合にはネットワークにアクセスすることで、少々性能は犠牲になりますが、ブラウザのキャッシュと比べて全体での効果はプラスです。さらに良いことに、この方式ではユーザーがオフラインのときにもコンテンツを提供できます。「いいとこどり」というわけです。

9.3 サービスワーカーの更新

　サイトの CSS や JavaScript、画像を変更しても、これらは依然としてサービスワーカーのキャッシュから提供され、変更はユーザーに向けて反映されません。こうしたアセットを取り扱う良い方法があります。ここまでで、CSS や JavaScript、画像などサイトのアセットをキャッシュし、HTML ファイルは常に最新のものをサーバーから取得するサービスワーカーを記述しました。このサービスワーカーのコードを実運用サーバーにプッシュし、それがうまく動作していると想像してみてください。

　残念なことに、ユーザーへの表示に使われなければならない新しい CSS があるのに、サービスワーカーにキャッシュされた古い CSS ファイルが居座っていて、それが更新されるのはページ全体を強制的に再読み込みした場合だけという問題が生じました。「新しいスタイルで表示されるようにページを強制的に再読み込みしてください」とユーザーに伝えるのはスマートな解決法ではありません。変更後の CSS を取得するように誘導し、自動的にサービスワーカーのキャッシュに格納する必要があります。

　この節では、サイトのファイルをバージョン管理して、サービスワーカーがそれらのファイルを選べるようにする方法を説明します。さらに、キャッシュをコンパクトにするために、古いキャッシュをクリアする方法も説明します。

9.3.1　ファイルのバージョン管理

　サービスワーカーの`fetch`イベントのコードは、CSSやJavaScript、画像などのファイルを常にサービスワーカーのキャッシュから提供し、HTMLはユーザーがオンラインである場合には常にネットワークから取得するように記述しました。この理由の1つは、HTMLファイル内にある他の種類のアセットへの参照をバージョン付けすることによって、そうしたアセットを強制的に更新できることです。HTMLは常にサーバーから取得するので、新しいアセットへの参照があると確実にダウンロードされることになります。

　キャッシュ処理に関しては、たとえばファイルへの参照を変更した場合にバージョンを更新します。例として`global.css`で考えてみましょう。これは`index.html`の中で次のように`<link>`タグを使って参照されています。

```
<link rel="stylesheet" href="/css/global.css" type="text/css">
```

　おなじみのものです。ブラウザに`global.css`をダウンロードするように1行で指示できて便利です。しかし、`global.css`に変更を加えたらどうなるでしょうか。サービスワーカーがそれに気づくことはありません。というのは、そのファイルがすでにキャッシュされているからです。実際、そのファイルに関するキャッシュポリシーによっては、ブラウザ自体のキャッシュでさえ新しい変更を取得しません。

　ここでバージョン付けの概念が出てきます。次に太字で示したようにクエリ文字列を追加することでこのアセットを前のバージョンと区別できます。

```
<link rel="stylesheet" href="/css/global.css?v=1" type="text/css">
```

　アセットのファイル名が同じでも、このクエリ文字列があるだけでブラウザはそのファイルをもう一度ダウンロードします。

> **MEMO　ブラウザキャッシュの場合のクエリ文字列**
>
> クエリ文字列のテクニックが便利なのは、サービスワーカーのキャッシュを破棄しようとする場合だけではありません。ブラウザ自体のキャッシュに対しても使えます。第10章でこのテクニックについて詳しく説明するとともに、度重なる変更の手間を減らすための自動化についても説明します。

　これをテストするには、`global.css`に小さな（しかし気づくことはできる）変更を加えます（たとえば`<body>`要素の`background-color`の変更）。`index.html`を開いて、`<link>`タグの`global.css`への参照部分に上で示したクエリ文字列を加えれば、新しいスタイルがすぐに反映されることがわかるでしょう。しかし、Chromeのデベロッパーツールの［Application］タブにある［Cache Storage］セクションでキャッシュを確認しておく必要があります。図9.12のように表示されているはずです。

放置された キャッシュのエントリ	#	Request
	0	http://localhost:8080/
	1	http://localhost:8080/css/global.css
	2	http://localhost:8080/css/global.css?v=1
	3	http://localhost:8080/img/global/icon-email.svg
	4	http://localhost:8080/img/global/icon-github.svg

図9.12 スタイルシートへの参照を更新した後の放置されたキャッシュ内格納物。global.css?v=1がキャッシュに入っているが、使われないglobal.cssも残っている

　この放置されている格納物をキャッシュに残しておいても、サイトを利用できなくなるわけではありませんが、放置したままにしていくのは良いことではありません。あめ玉の包み紙を1つ地面にポイ捨てしたところで世界が破滅するわけではありませんが、気持ちの良いものではありません。常に後片付けをしておくべきです。

9.3.2　古いキャッシュのクリア

　使われなくなったキャッシュの内容物は、ハイウェイ脇に捨てられたあめ玉の包み紙やビンのようなものです。時間がたてばサービスワーカーのキャッシュは肥大化し、ユーザーのデバイスのスペースを無駄に占有します。後片付けをする方法を見ましょう。第一にしなければならないのは変数`cacheVersion`の値を`v1`から`v2`に上げることと、配列`cachedAssets`の中の`global.css`を`global.css?v=1`に書き換えることです。これらの変更点を太字で示します（リスト9.6）。

リスト9.6　キャッシュ名とキャッシュ対象アセットの更新

```
var cacheVersion = "v2",          ← 新しいキャッシュの名前
    cachedAssets = [
      "/css/global.css?v=1",       ← 新しいCSSファイルへの参照
      "/js/debounce.js",
      "/js/nav.js",
      "/js/attach-nav.js",
      "/img/global/jeremy.svg",
      "/img/global/icon-github.svg",
      "/img/global/icon-email.svg",
      "/img/global/icon-twitter.svg",
      "/img/global/icon-linked-in.svg"
    ];
```

　新しいキャッシュを有効にするには、これらの変更だけで十分ですが、古いv1キャッシュを削除することはできません。それを行うには`activate`イベントのコード全体を書き直します。このコードをリスト9.7に示します。

リスト9.7 activateイベントで古いキャッシュを削除する

```
self.addEventListener("activate", function(event){
  var cacheWhitelist = ["v2"];

  event.waitUntil(
    caches.keys().then(function(keyList){
      return Promise.all([
        keyList.map(function(key){
          if(cacheWhitelist.indexOf(key) === -1){
            return caches.delete(key);
          }
        }), self.clients.claim()
      ]);
    })
  );
});
```

- var cacheWhitelist = ["v2"]; ― 残しておきたいキャッシュのホワイトリスト
- caches.keys().then(function(keyList){ ― すべての利用可能なサービスワーカーキャッシュへのアクセスを与えるプロミス
- return Promise.all([― 複数の条件が満たされるのを待つプロミス
- keyList.map(function(key){ ― 配列keyList内のキャッシュ名を順に処理する
- if(cacheWhitelist.indexOf(key) === -1){ ― 現在のキャッシュキーがホワイトリスト内にないか調べる
- return caches.delete(key); ― キャッシュキーがホワイトリスト内にない場合、削除される
- self.clients.claim() ― サービスワーカーが即座にページ上で動作できるようにする

この新しいactivateイベントのコードにより、サービスワーカーは新しいキャッシュにあるすべてのものを処理対象にします。サービスワーカーのキャッシュのうち、変数cacheWhitelist内に指定されている名前以外のものはすべて削除されます。このコードを実行した後、ChromeのApplicationパネルの左ペインにある［Cache Storage］を見てください。残っているのはv2キャッシュだけであることが確認できるはずです（図9.13）。

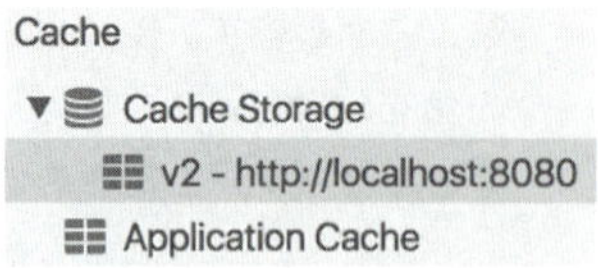

図9.13 新しいキャッシュv2。これをクリックすると更新後のキャッシュの内容（global.css?v=1）が表示される

最後に、global.cssへの参照すべてをglobal.css?v=1に書き換えます。これをしないと、以降のページにアクセスしたときに古いURIで別にキャッシュに格納されてしまいます。サイトでサービスワーカーの変更を実装する場合、忘れないように注意が必要です。

COLUMN より高度なサービスワーカーの活用

サービスワーカーのすべての機能を説明することは、性能を目的としたこの章の範囲外です。実際、サービスワーカーはサイトのオフライン利用と性能向上以上のことができます。この章で紹介したパターンはブログなどコンテンツ中心のサイトで役立ちますが、サービスワーカーをもう少し（あるいは最大限）活用するのに役立つ記事や資料が公開されています。

- Googleで開発者向けの活動をしているJake Archibaldが「The Offline Cookbook」というすばらしい記事を書いています（https://jakearchibald.com/2014/offline-cookbook）。サービスワーカーの中で使えるパターンを解説したもので、性能を目的としたもの、オフライン利用できる柔軟性が得られるもの、その他これらの中間に位置する多くのパターンが含まれています。自分のWebサイト用に最も効果のあるサービスワーカーを記述するのにどこから始めたら良いか思案している人にぴったりの出発点になります。

- Mozilla は独自にサービスワーカーの解説を公開しています（https://serviceworke.rs）。サービスワーカーを使ってモバイル機器にプッシュ通知を送る方法を含め、この技術の可能性を幅広く紹介しています。

この章全体を通してCacheStorageオブジェクト、特にローカルキャッシュ内にある項目を見つけるcaches.matchと、名前を指定してキャッシュをオープンするcaches.openなどのメソッドを多用しました。CacheStorageはサービスワーカーで活躍するのですが、このAPIは多くのメソッドを備える独立した機能です。CacheStorageについて詳しくはMozilla開発者ネットワークのリファレンス（http://mng.bz/NVXR）を参照してください。

この章の最初の節で、サービスワーカーとその親ページとの通信はpostMessage APIを使わないとできないと書いてきました。この技術については、Google ChromeのGitHubサイト（http://mng.bz/De31）を参照してください。

9.4 まとめ

この章を読んでわかるように、サービスワーカーはWebサイトの性能を高めるための武器になります。この章では次のような事柄について説明しました。

- サービスワーカーはそれ以外のすべてのスクリプト処理が実行されるメインのスレッドとは別個のスレッドで動作するJavaScriptのワーカーである
- サービスワーカーのインストールは、サービスワーカーをサポートしているブラウザでは簡単にでき、navigatorオブジェクトのメンバーserviceWorkerがあるかどうかを確認すればよい。ブラウザがサポートしていない場合でも、ユーザーの利用できる機能に本質的な違いはない
- すべてのユーザーに一定の機能を提供するには段階的な機能強化が必要であるため、サイトが明示的にサービスワーカーに**依存しない**ことが重要。サービスワーカーはサイトを**強化する**ものであって、サイトが動作するための**要件にすべきではない**
- サービスワーカーの動作にはHTTPSを使う必要がある。開発時にローカルホスト上でサービスワーカーをHTTPで使うことはできるが、サービスワーカーを実運用サーバーで利用するには必ず有効なSSL証明書を用意する必要がある
- CacheStorageとサービスワーカーのfetchを組み合わせて使うと、ネットワークリクエストを横取りしてキャッシュできる。この2つの機能の組み合わせは、アセットをサービスワーカーのキャッシュから直接提供することでページの性能を高め、またユーザーのインターネット接続が失われた場合のオフライン利用を可能にする
- サービスワーカーのキャッシュはブラウザのキャッシュと似た動作をするが、別個の実体である

ネットワークリクエストを横取りし、それを`fetch`イベントの`event.respondWith`メソッドに渡さなければ、リクエストに対するレスポンスはブラウザのデフォルト動作と同じになる
- サービスワーカーはレンダリングの処理性能を高められる。筆者のブログの場合、ブラウザのキャッシュに比べてレンダリング速度が50％近く向上した
- HTMLドキュメントを積極的にキャッシュすると、ページのHTMLコンテンツだけでなくCSSやJavaScriptのファイル、画像などページで参照しているアセットまで更新が難しいという状況になりかねない。ブログなどコンテンツ中心のサイトでは、ユーザーがオフラインになった場合に備えて、それらのアセットをネットワークから**取得したあとで**キャッシュに入れることのほうが意味がある
- サイトのアセットが変更された場合、サービスワーカーのキャッシュを無効にする必要が生じる。その場合には、キャッシュの新しい名前を付けてそれをホワイトリストに入れることでサービスワーカーのキャッシュを無効化できる。それ以後は、`activate`イベントを使ってホワイトリストに入っていないキャッシュすべてを消去することで、サイトのアセットに変更があった場合の更新とクリアが簡単にできる

次章では、Webサイトのアセット配信のきめ細かな調整に使える手法を説明します。サイトに対するブラウザのキャッシュポリシーの設定、リソースヒントの提供、CDNの利用などを採り上げます。

10 アセット配信のチューニング

10.1 リソースの圧縮
  10.1.1 圧縮のガイドライン
  10.1.2 Brotli圧縮
10.2 キャッシュの利用
  10.2.1 キャッシュの仕組み
  10.2.2 最適なキャッシュ戦略の策定
  10.2.3 キャッシュに格納したアセットの無効化
10.3 CDNアセットの利用
  10.3.1 CDNに置いたアセットの利用
  10.3.2 CDNがダウンした場合
  10.3.3 CDNアセットの検証
10.4 リソースヒント
  10.4.1 preconnect
  10.4.2 prefetchとpreload
10.5 まとめ

CHAPTER 10 この章の内容

- 圧縮のガイドライン —— 圧縮を行うケースと回避するべきケース、Brotli（プロトリ）圧縮アルゴリズムの利用
- リピーター向けのキャッシュを使ったWebサイトの処理性能の向上
- CDNによるアセット配信の利点
- Subresource Integrity（サブリソース インテグリティ）を利用したCDNリソースの完全性の確認

ここまで本書では、Webページを構成するCSSや画像、フォント、JavaScriptなど特定の要素に関するテクニックに多くのページを費やしてきました。Webサイトのこうした「アセット」の配信を微調整する方法を理解することで、パフォーマンスをさらに押し上げることができます。

この章では、圧縮の効果について正負両面を検討し、さらにBrotliという新しい圧縮アルゴリズムを紹介します。また、アセットをキャッシュすることの重要性、Webサイトにとって最適なキャッシュ、コンテンツやコードを更新する場合に残っている古いキャッシュを無効化する方法も採り上げます。

また、Webサーバーの設定を離れ、アセットをコンテンツ配信ネットワーク（CDN）に配置する利点についても説明します。CDNは地理的に分散したサーバー群です。そして、万が一CDNがダウンした場合にローカルに配置したアセットにフォールバックする方法、SRI（Subresource Integrity[1]）を使ったCDN上のアセットのデータ完全性の検証方法についても説明します。

最後にリソースヒントについて説明します。これはHTMLファイル内の`<link>`タグまたはHTTPヘッダー Linkで使うことができる機能です。リソースヒントを使うと、他ホストのDNS情報のプリフェッチやアセットのプリロード、ページ全体のプリレンダリングができます。

10.1 リソースの圧縮

第1章でサーバーがコンテンツをユーザーへ送信する前に圧縮を行う「サーバー圧縮」について説明しました。ブラウザは自分が対応している圧縮アルゴリズムを示す`Accept-Encoding`というリクエストヘッダーを送信し、これに対してサーバーでは圧縮したコンテンツで応答します。レスポンスの圧縮に使った圧縮アルゴリズムは`Content-Encoding`というレスポンスヘッダーで示します。図10.1にこの流れを示します。

この節では、圧縮の基本的な使い方と落とし穴について説明します。その後、現在支持を集めつつある新しい圧縮アルゴリズムであるBrotliを紹介し、長く使われている`gzip`アルゴリズムと比較します。

---

[1] ［訳注］subresource（サブリソース）は画像や動画などページ内で間接的に参照されるリソースのこと。integrityは「信頼性」などの意。

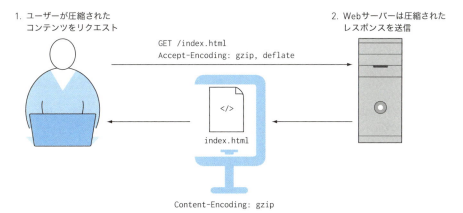

図10.1　ユーザーがサーバーに対してindex.htmlを要求し、ブラウザは対応しているアルゴリズムをAccept-Encodingヘッダー内に指定する。サーバーはそれに応えてindex.htmlを圧縮したコンテンツを返し、そのときに使用した圧縮アルゴリズムをレスポンス内のContentEncodingヘッダー内に記述しておく

10.1.1　圧縮のガイドライン

　サーバー圧縮は「全部まとめて圧縮すれば終わり」というような単純なものではありません。扱うファイルの種類や適用する圧縮のレベルを考慮する必要があります。不適切なファイルの圧縮や過度な圧縮は思わぬ結果を招いてしまいます。

　第6章で見た「Weekly Timber」のサイト（以下「サンプルサイト」と呼ぶことにします）を例に実験をしてみましょう。まず最初に、圧縮レベルについて検討します。次のコマンドを実行して準備をしてください。

```
git clone https://github.com/webopt/ch10-asset-delivery.git
cd ch10-asset-delivery
npm install
```

　今回はこれまでの章のように`http.js`をすぐには起動しません。まずサーバーのコードに変更を加える必要があります。

圧縮レベルの設定

　第1章で顧客のWebサイトのアセットを圧縮したときに`npm`を使ってダウンロードした`compression`モジュールを利用しました。このモジュールは、もっとも広く使われている圧縮アルゴリズム`gzip`を使います。このモジュールが使う圧縮レベルはオプションで変更できます。ルートフォルダにある`http.js`を開いて、次の行を見つけてください。

```
app.use(compression());
```

　これが`compression`モジュールの機能を組み込んでいる箇所で、引数なしの関数呼び出しになっています。`level`オプションで0〜9の数値を指定すれば圧縮レベルを変更できます。0は圧縮なし、9が最

高レベルの圧縮、デフォルトは6です。圧縮レベルを7に設定するには次のようにします。

```
app.use(compression({
  level: 7
}));
```

変更したら、コマンド`node http.js`を入力してWebサーバーを起動し、テストを始めましょう。コードを変更したら、（通常 Ctrl + C キーを押して）サーバーを終了させてから再起動してください。

`level`の設定について実験をして効果を確認しましょう。`level`を0（圧縮なし）にすると`http://localhost:8080`のサイズは合計で393Kバイトです（クライアントの環境によって変わります）。最高の9にすると299Kバイトになります。ただ、設定を0から1に上げるだけでも307Kバイトに減少します。

圧縮レベルを9に設定するのが良いとは限りません。`level`の設定が高いほど、圧縮に要する時間が長くなります。図10.2に、jQueryライブラリに適用した場合のTTFB（Time to First Byte：先頭バイトの到着までにかかる時間）と全体のロード時間に対する圧縮レベルの効果を示します。

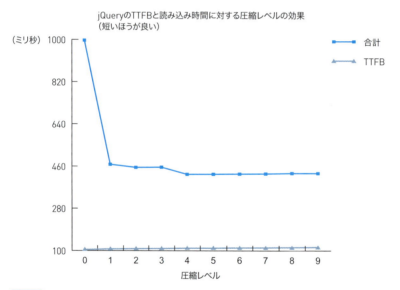

図10.2 総読み込み時間とTTFBに対する圧縮レベル設定の効果（jquery.min.jsの場合。Chromeの3Gで計測）

いちばん劇的に結果が向上するのは「圧縮なし」から「圧縮あり」に変わる段階であることがわかります。しかしTTFBはレベルを9に上げるまで一定のペースで少しずつ遅くなっているようです。総読み込み時間は5か6の辺りで最小になり、その後は少しずつ長くなってしまっています。

このテストはネット経由で行ったものではなくローカルなNode Webサーバー上でのもので、トラフィックは筆者のローカルマシンからのみである点にも注意が必要です。トラフィックの多い実運用サーバーでは、コンテンツの圧縮に要する余分のCPU時間によって問題が大きくなり全体の性能がさらに低下します。コンテンツサイズと圧縮時間の比較検討が必要です。ほとんどの場合にデフォルトの圧縮レベルである6で大丈夫でしょうが、何より確かなのは実験結果です。

gzipを使っているサーバーならば、0から9の範囲の圧縮レベルの設定が可能なはずです。たとえば、

mod_deflateモジュールを実行しているApacheサーバーではDeflateCompressionLevelで設定できます（詳しくは使用しているWebサーバーのドキュメントを参照してください）。

圧縮するファイルの選択

圧縮するファイルの種類について筆者の第1章でのアドバイスは、「テキストファイルは圧縮率が高いので常に圧縮し、すでに圧縮されているファイルは対象外とする」というものでした。大部分の画像（SVGはXMLファイルなので例外）やWOFFおよびWOFF2などのフォントファイルの圧縮は避けるべきです。Nodeサーバーで使うcompressionモジュールはすべてを圧縮しようとはしません。すべてのアセットを圧縮したい場合は、リスト10.1に示すようにfilterオプションを使って関数を渡すことでその旨を明示する必要があります。

リスト10.1　compressionモジュールですべての種類のファイルを圧縮する場合
```
app.use(compression({
  filter: function(request, response){     ──── ここでの指定に基づいて圧縮を適用
    return true;    ──── すべてを圧縮
  }
}));
```

サーバーの設定を変更して上のコードを反映するにはサーバーの再起動が必要です。http://localhost:8080にアクセスしてNetworkパネルを見ると、今度はすべてのものに圧縮が適用されていることが確認できます。筆者のテストでは、JPEG、PNG、SVGの画像についてすべての圧縮レベルで比較しました。図10.3に結果を示します。

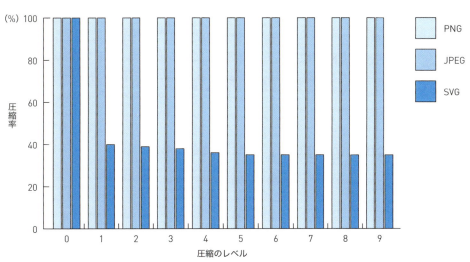

図10.3　各種画像（PNG、JPEG、SVG）のgzip圧縮の各レベルでの圧縮率

ご覧のとおり、PNG、JPEGはまったく圧縮されていません。SVGはテキストデータなのでかなり圧

縮されています。テキストからなるアセットだけがよく圧縮されるということではありません。第7章で説明したように、TTFおよびEOTの形式のフォントもよく圧縮されますが、これらはバイナリ形式です。JPEGとPNGはその形式で保存する過程ですでに圧縮されているので、圧縮を試みても効果がありません。第6章で説明した画像最適化を行ったほうが効果的です。

　圧縮済みのファイルに対してさらなる「圧縮」を行おうとしてもCPUを無駄に使うだけで逆効果です。サーバーのレスポンスに遅延が生じ、TTFBが低下します。その上、ブラウザはエンコードされたファイルをデコードする必要があり、クライアント側で何のメリットもない処理を時間をかけて行うことになります。

　圧縮可能かどうかわからない種類のファイルがあるときは、簡単なテストをしてみましょう。圧縮の効果がほとんどなければ、その種類のファイルを圧縮しても性能向上につながる可能性は低いと考えてほぼ間違いありません。

10.1.2　Brotli圧縮

　gzipは何年も使われている圧縮方法であり、この状況はすぐには変わりそうもありません。しかし新しく有望な対抗馬が登場しました。その名をBrotli（プロトリ）と言います。それではBrotliの性能を調べる前に、ブラウザがBrotliをサポートしているかどうかを調べる方法を見ておきましょう。

> **MEMO**　この項ではBrotliをある程度詳しく紹介していますが、さらに詳しく知りたい場合は、『Smashing Magazine』に筆者が書いた記事（`http://mng.bz/85Y1`）を参照してください。

Brotli圧縮のサポートの確認

　WebブラウザがBrotliをサポートしているかどうかを知るにはどうすればよいでしょうか。その答えはリクエストヘッダー`Accept-Encoding`にあります。Brotli対応ブラウザはHTTPS接続の場合にのみ、このアルゴリズムでのコンテンツ圧縮に対応します。Chrome 50以降でHTTPS対応のWebサイトにアクセスして開発者ツールを開き、Networkパネルで任意のファイルの`Accept-Encoding`の値を見てください。図10.4のように表示されているはずです。

```
accept-encoding: gzip, deflate, br
```

図10.4　Chromeのaccept-encodingの表示。「br」がありBrotli圧縮対応であることが示されている

　ブラウザがBrotliに対応しているかどうかは、リクエストヘッダー`Accept-Encoding`にbrがあるかどうかで判定できます。この場合、対応しているサーバーはBrotli圧縮したコンテンツを返します。対応していない場合は、他のエンコーディング方式に「フォールバック」することになっています。

　では、`shrink-ray`パッケージを使って、NodeサーバーにBrotli圧縮の機能を追加しましょう。スキップして先に進みたい場合は、`ch10-asset-delivery`をチェックアウトしたルートフォルダでコマンド`git checkout -f brotli`を入力してください。

NodeサーバーでのBrotliへの対応

これまで本書では、アセットを圧縮するためにcompressionパッケージを使ってきました。残念ながらこのパッケージはBrotli圧縮をサポートしていません。しかしこのパッケージから派生したshrink-rayはサポートしています。Brotli圧縮にはSSLも必要なため、次のコマンドでhttpsパッケージもインストールしなければなりません。

```
npm install https shrink-ray
```

完了したら、プロジェクトのルートディレクトリにbrotli.jsという名前の新規ファイルを作成してリスト10.2の内容を入力します。

リスト10.2　Nodeで記述したBrotli圧縮対応Webサーバー

```
var express = require("express"),          ← Expressフレームワークをインポート
    https = require("https"),              ← Brotli圧縮をするために必要なhttpsモジュールをインポート
    shrinkRay = require("shrink-ray"),     ← Brotli圧縮のミドルウェアを含む
    fs = require("fs"),                      shrink-rayモジュールをインポート
    path = require("path"),
    app = express(),
    pubDir = "./htdocs";                   ← ディレクトリhtdocsへの相対パス（Web用ルートフォルダ）

app.use(shrinkRay({                        ← Expressに対してshrink-ray圧縮モジュールを使うよう指示
    cache: function(request, response){      shrink-rayモジュールでのキャッシュをオフにする。
        return false;                        これは圧縮アルゴリズムのテストを適切に行うため
    }
}));
                                             ローカルフォルダからファイルを提供
                                             する静的なファイルサーバーを生成
app.use(express.static(path.join(__dirname, pubDir)));

https.createServer({                       ← HTTPSサーバーのインスタンスを生成
    key: fs.readFileSync("crt/localhost.key"),   ローカルHTTPSサーバーが動作するために
    cert: fs.readFileSync("crt/localhost.crt")   必要なSSLキーと証明書を読み込む
}, app).listen(8443);                      ← サーバーに対してポート8443でリクエストをリッスンするように指示
```

Nodeプログラムの常ですが、スクリプトの最初の部分では新しくインストールしたshrink-rayとhttpsのパッケージなど、必要なものをインポートします。そこから、これまでとほぼ同様にExpressベースのWebサーバーを作成します。ただし今回はHTTPSサーバーがベースです。

このサーバーで1つ気づく点は、プロジェクトのルートフォルダの下のhtdocsという別個のサブフォルダにアセットを配置することです。これは、証明書ファイルをプロジェクトルートの中のディレクトリcrtに保持するためです。Webサイトのファイルを提供するディレクトリを通してディレクトリcrtに一般のアクセスを許してしまってはセキュリティ上問題です。これはローカルWebサイトのほんのテストですが、セキュリティを考慮したレイアウトを使うに越したことはありません。

このコードを記述した後、node brotli.jsと入力すればサーバーを起動できます。何もエラーがなければhttps://localhost:8443にアクセスすることでサンプルサイトが表示されるはずです。

> **MEMO** セキュリティ上の例外設定
>
> ローカルのWebサーバーにブラウザでアクセスしたときに、セキュリティの警告を受け取るかもしれません。これは認証局から発行された電子証明書がないためです。**今回は**これを無視できますが、実運用のWebサーバーでは必ず使うようにしてください。

ChromeのNetworkパネルでContent-Encodingを見ると、どのリクエストがBrotli圧縮されているかがわかります（図10.5）[2]。

Name	Method	Status	Protocol	Type	Initiator	Size	Time	Content-Encoding
localhost	GET	200	http/1.1	document	Other	1.4 KB	131 ms	br
styles.min.css	GET	200	http/1.1	stylesheet	(index):9	3.8 KB	147 ms	br
jquery.min.js	GET	200	http/1.1	script	(index):51	26.5 KB	2.37 s	br
logo.svg	GET	200	http/1.1	svg+xml	(index):13	10.9 KB	1.17 s	br

Brotli圧縮されていることを示す

図10.5 BrotliエンコードされたファイルはChromeのNetworkパネルのContent-Encoding列にbrが表示される

Brotliとgzipの性能比較

ローカルサーバーでBrotli圧縮が可能になったので、gzipと性能を比較してみましょう。標準の設定で両者を比較するだけでは不十分です。すべての圧縮レベルについて比較しましょう。gzipの圧縮レベルの指定は0から9でしたが、Brotliの場合は0から11で指定できます。設定方法は、リスト10.3のようにbrotli.jsの中でqualityのパラメータをshrinkRayオブジェクトに渡します。

リスト10.3 Brotli圧縮のレベル設定

```
app.use(shrinkRay({
  cache: function(request, response){
    return false;
  },
  brotli: {
    quality: 11    ← 圧縮レベルは0～11で設定できる。値が
  }                  大きいほどファイルサイズは小さくなる
}));
```

gzipの設定項目levelと同様、Brotliではqualityで圧縮レベルを調整します。値が大きいほど、ファイルサイズは小さくなります。図10.6に縮小化したjQueryをgzipとBrotliで圧縮した比較を示します。

---

[2] ［訳注］［Content-Encoding］の欄は、Networkパネルで、中央（レイアウトによっては下）のペインのヘッダー欄（Name、Status、Type、Initiatorなどが並んでいる欄）で右クリックして表示される項目から［Response Headers］→［Content-Encoding］と選択することで表示できます。

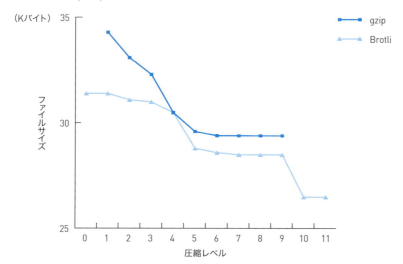

図10.6 gzipとBrotliのjQueryライブラリに対する圧縮性能の比較（gzipの圧縮レベル0は圧縮なしのため省略。またgzipの圧縮レベルの最高は9であるため、Brotliのquality設定の10および11との比較はできない）

　筆者のテストでは、Brotliがgzipを3%〜10%上回っていました（`quality`の設定値4の場合はgzipと同等）。gzipによる最小サイズが29.4Kバイトであったのに対してBrotliでは26.5Kバイトでした。これは広く使われているアセットの結果としては、十分な性能の向上と思われます。ではTTFBについてはどうでしょうか。圧縮はCPU負荷が高い処理なので、TTFBの測定はBrotli圧縮をすべきかどうかの重要な判定基準となります。図10.7に同じくjQueryを対象にした場合のTTFBの平均を示します。

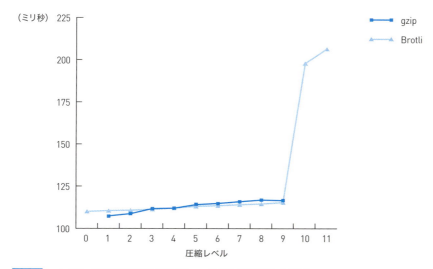

図10.7 gzipとBrotliのTTFB性能の比較（jQueryライブラリを圧縮した場合）

Brotliとgzipの性能は、qualityの設定値を10、11にするまではほぼ同じです。10と11に関してはBrotliは少々遅くなります。この2つの設定ではファイルサイズはさらに小さくなりますが、その代償はユーザーに行くことになります。この例での最良の設定は9です。

　とはいえ、これは小規模なNodeサーバーでの性能比較です。多くのWebサーバーはまだBrotli圧縮に対応していません。nginx（https://www.nginx.com）にはBrotliエンコードモジュール（https://github.com/google/ngx_brotli）を入手でき、Apache用モジュールmod_brotliもApache 2.4.26から利用できるようになっています（https://httpd.apache.org/docs/2.4/en/mod/mod_brotli.html）。ソースはhttps://github.com/kjdev/apache-mod-brotliでチェックアウト可能）。

> **MEMO 圧縮とキャッシュ**
>
> shrink-rayでは、圧縮性能をテストできるようにキャッシュ機構を無効化できます。Webサーバーがブラウザへの配信を高速化するために圧縮コンテンツをキャッシュするならば、それを活用するべきです。ただし、広く使われているApacheモジュールmod_deflateなど多くの圧縮モジュールは圧縮コンテンツのキャッシュはしません。

　Brotli圧縮への対応はまだ限定的ですが、拡大中であり性能はgzipを超えると見込まれています。この機能を提供しようとする場合は、性能上の問題を生じないようにWebサイトで**しっかり**テストしてください。今後性能が変化する可能性があることにも留意が必要です。

10.2 キャッシュの利用

　本書の大部分ではキャッシュに関して直接的には触れていませんが、その理由は「第一印象が最重要」だからです。サイトの最適化を行う際には、「初めてアクセスするユーザーを対象にする」という前提で行うべきです。多くの人は、第一印象が悪ければ二度とアクセスしてくれません。

　最適化の指針としてはこれでよいのですが、サイトユーザーの中にはリピーターになったり、後続のページを表示したりする人も少なくはありません。キャッシュをうまく使えば、こうしたユーザーにも快適な環境を提供できます。

　この節では、キャッシュについて説明します。Webサイトの性能を最高に発揮するキャッシュ戦略とともに、コンテンツを更新したときにキャッシュに格納されているアセットを無効化する方法についても説明します。まずはキャッシュの動作の理解から始めましょう。

10.2.1 キャッシュの仕組み

　キャッシュの処理を理解するのは難しくはありません。アセットをダウンロードするときにブラウザは

サーバーの宣言したポリシーに従って、以降のアクセスでそのアセットを再びダウンロードする必要があるかどうかを判断します。サーバーによってポリシーが定義されていない場合には、ブラウザのデフォルト、すなわち「ファイルをそのセッションの間だけキャッシュしておく」が通常適用されます。この処理の流れを図10.8に示します。

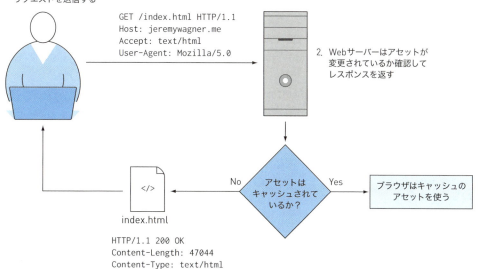

図10.8 キャッシュに関する基本的な処理の流れ。ユーザーがindex.htmlを要求し、サーバーはユーザーが前回要求したときから変更があったかどうか確認する。変更がなかった場合、サーバーは「304 Not Modified」というステータスを返し、ブラウザのキャッシュにあるアセットのコピーが使われる。変更があった場合は、サーバーは「200 OK」というステータスと変更後の要求されたアセットを返す

　キャッシュはページのロード時間を大幅に短縮してくれる強力な性能向上手段です。その効果を確認するには、ChromeのNetworkパネルでキャッシュを無効にしてください。そして前にGitHubからダウンロードしたサンプルサイトのページを読み込みます。このときのロード時間とデータ送信量をメモします。その後、キャッシュを有効な状態に戻してページを再読み込みし、先ほどと同じデータを確認してください。図10.9のような結果が見られるでしょう。

```
初回アクセス
（キャッシュなし）  → 14 requests | 298 KB transferred | Finish: 4.04 s | DOMContentLoaded: 1.88 s | Load: 4.04 s

2回目以降のアクセス
（キャッシュあり）  → 14 requests | 2.9 KB transferred | Finish: 628 ms | DOMContentLoaded: 550 ms | Load: 657 ms
```

図10.9 初回のキャッシュのないときのアクセス時とその後のアクセス時の読み込み時間とデータ送信量。データ送信量は98%近く減少し、読み込み時間は大幅に短縮される。すべてはキャッシュの効果による

　ユーザーが初めてアクセスした場合そのページはキャッシュされていません。このためレンダリングするためのデータをすべてサーバーからダウンロードします。ユーザーが再度アクセスした場合はキャッシュにデータが記憶されており、データのダウンロードは不要です。

Cache-Controlヘッダーのmax-ageディレクティブ

上で説明したキャッシュの挙動は、ほぼすべてのブラウザで、ヘッダーに置かれるCache-Controlで制御できます。Cache-Controlのもっとも簡単な使い方はmax-ageディレクティブを使うもので、これはキャッシュに格納したリソースの有効時間を秒単位で指定します。簡単な使用例を示します。

```
Cache-Control: max-age=3600
```

ファイルbehaviors.jsにこの設定をしたとしましょう。ユーザーが初めてページにアクセスしたとき、behaviors.jsはユーザーのキャッシュには入っていないのでダウンロードされます。次回以降のアクセスでは、キャッシュに格納したbehaviors.jsがmax-ageディレクティブに指定した3,600秒間（つまり1時間）有効になります。

このヘッダーをテストするには10秒程度の小さな値を設定してみるとよいでしょう。サンプルサイトの場合、Cache-Controlヘッダーのmax-ageの値はhttp.jsを編集して指定できます。express.staticを呼び出している行を次のように変更します。

```
app.use(express.static(path.join(__dirname, pubDir), {
    maxAge: "10s"
}));
```

10sは10秒を意味します。この変更を加えてからサーバーを再起動し、http://localhost:8080でページを再読み込みしてください。次に、ページの再読み込みではなく、ポインタをアドレスバーに置いて Enter （ return ）キーを押すか、index.htmlにリンクされているページ上部のロゴをクリックします。ネットワークリクエストのリスト表示でjquery.min.jsに対するリクエストを確認すると、図10.10のように表示されているはずです。

Name	Method	Status	Size
jquery.min.js	GET	200	(from cache)

図10.10　jQueryがローカルのブラウザキャッシュから取得されている

ページの（再読み込みアイコンのクリックなどによる）「再読み込み」とは異なり、そのページへの「移動」の場合は、Cache-Controlヘッダーのmax-ageディレクティブの値がブラウザがアセットをローカルキャッシュから取得するかどうかを左右します。jquery.min.jsがローカルキャッシュにある場合、それを要求するリクエストがサーバーに送信されることはありません。

再読み込みの操作をした場合、またはmax-ageディレクティブに指定された時間が過ぎている場合、ブラウザはサーバーに対してキャッシュにあるアセットの再検証を求めます。このときブラウザはアセットが変更されているかどうかを検証します。変更されている場合は新しいアセットをダウンロードします。そうでない場合、サーバーはアセットを送信せずに「304 Not Modified」というステータスを返します。図10.11にこの流れを示します。

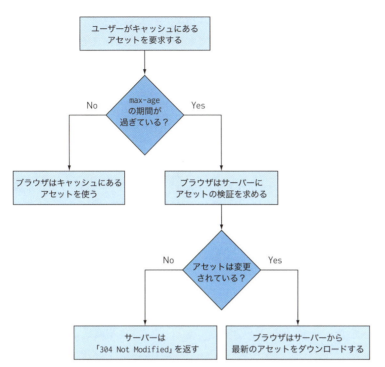

図10.11 Cache-Controlヘッダーのmax-ageディレクティブの効果とブラウザ／サーバー間のやり取り

　アセットが変更されているかどうかを確認する方法はサーバーによって異なります。よく使われる方法は「エンティティタグ（ETag）」です。これはファイルの内容から生成したチェックサムです。ブラウザはこの値をサーバーに送信することにより、アセットが変更されているかどうかを検証します。もう1つの方法ではサーバー上でのファイルの最終変更時刻を調べ、その値に基づいてアセットを提供します。この動作はヘッダー Cache-Control を使って変更できるので、そのオプションを説明しましょう。

アセット再検証の制御（no-cache、no-store、stale-while-revalidate）

　大部分のWebサイトではmax-ageディレクティブで間に合いますが、場合によってはキャッシュ動作の制限や無効化も必要になります。たとえば、オンラインバンキングや株式サイトのように可能な限りデータが最新であることが必要なアプリケーションがあります。Cache-Controlの3種類のディレクティブがキャッシュ処理の制限に使えます。

- `no-cache` ── ダウンロードしたアセットはどれもローカルに保持して良いが、そのアセットを常にサーバーで再検証する必要があることをブラウザに指示する
- `no-store` ── `no-cache`よりも一歩踏み込んだもので、ブラウザが対象のアセットを保持するべきでないことを指示する。このため、ブラウザはページに**アクセスするたび**に対象のアセットをダウンロードする
- `stale-while-revalidate` ── max-ageと同様、秒単位の時間指定値を受け取る。相違点は、アセットのmax-ageが経過して古くなった場合にも、ブラウザがキャッシュ内のアセットを使える猶

予期間をこのディレクティブが定義する。ブラウザはその後、次回のアクセスのために古くなったアセットの新バージョンをバックグラウンドで取得してキャッシュに格納する必要がある。最後の動作は保証されていないが、特定の状況ではキャッシュ性能を高める効果がある

当然ですが、こうしたディレクティブはキャッシュによる性能を左右することになります。アセットを保持しない（キャッシュしない）ことが必要な場合もあるので、それなりの理由があるときに慎重に使うようにしてください。

Cache-ControlとCDN

サイトとユーザーとの間に入るCDN（content delivery network：ユーザーへのコンテンツ配信を最適化するプロキシサービス）を使う場合もあるでしょう。図10.12にCDNの基本的な概念を示します。

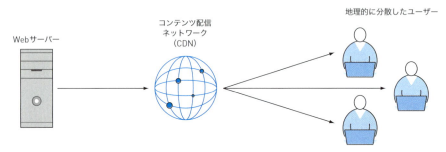

図10.12 CDNの基本概念。Webサイトの前に位置してサイトのコンテンツを世界中のユーザーに配信するプロキシのこと。サイトのコンテンツをホストする地理的に分散したサーバーのネットワークによって実現する。コンテンツへのリクエストはユーザーにいちばん近いサーバーで処理される

ユーザーが世界各地に存在するような場合、CDNを利用すると効果的です。ユーザーのより近くにあるコンピュータからサイトのデータを提供できます。距離が短ければそうしたアセットの配信遅延が少なくなり、Webサイトとしての性能が向上することになります。

これを実現するため、CDNは「サーバーのネットワーク」を使ってアセットを提供し、効果的にキャッシュします。Cache-Controlの2種類のディレクティブ、`public`と`private`を`max-age`と組み合わせて、CDNによるコンテンツのキャッシュ動作を制御できます。

たとえば、Cache-Controlのディレクティブ`public`を`max-age`と次のように組み合わせて指定します。

```
Cache-Control: public, max-age=86400
```

これは（CDNなどの）任意の仲介者に対してリソースをサーバー上にキャッシュするように指示します。Cache-Controlを使う場合、デフォルトで`public`が仮定されるので、通常は指定する必要はありません。

`public`の代わりに`private`を指定すると、すべての仲介者に対してリソースをキャッシュ**しない**ように指示します。したがってCDNがまったく関与していないかのように処理されます。その場合もユーザーのブラウザはヘッダーの`max-age`の値に従ってリソースをキャッシュしますが、CDNの背後にあるおおもとのWebサーバーに関してキャッシュするだけでCDNについてはキャッシュしません。

10.2.2　最適なキャッシュ戦略の策定

Cache-Controlヘッダーについて説明しましたので、これをWebサイトにどのように応用すればよいのか、サンプルサイトを例に見ていきましょう。まずアセットを分類し、カテゴリごとにmax-ageなどのディレクティブの設定を選択していきます。

アセットの分類

アセットを分類する場合の第1の基準はアセットの変更頻度です。たとえば、HTMLドキュメントは変更される可能性が高く、CSS、JavaScript、画像などのアセットは比較的変更頻度が低くなります。

サンプルサイト（Weekly Timber）には基本的なキャッシュ要件があり、Cache-Controlヘッダーの良い入門になります。このサイトのアセットの分類は簡単で、HTML、CSS、JavaScript、画像の4つのカテゴリに分けます。フォントはGoogle Fonts経由で読み込まれ、キャッシュはGoogleのサーバーで処理されるため、考慮するのは基本的な点だけで十分です。表10.1にアセットの種類の分類と、それぞれに対して筆者が選んだキャッシュポリシーを示します。

表10.1 サンプルサイト用アセットの種類、変更頻度、使用するCache-Controlヘッダーの値

アセットの種類	変更頻度	Cache-Controlヘッダーの値
HTML	月に1回程度の可能性が高いが、できるだけ最新のものを取得する必要あり	private, no-cache, max-age=3600
CSSとJavaScript	月に1回程度	public, max-age=2592000
画像	ほぼなし	public, max-age=31536000, stale-while-revalidate=86400

この選択の理論的根拠は多分に感覚的なものですが、アセットごとに分ければ理解しやすくなります。

- **HTMLファイル**またはHTMLを出力するサーバーサイド言語ファイル（PHP、ASPなど）には、控えめなキャッシュポリシーが効果的。ページが最新であることを再検証せずにもっぱらキャッシュから読み込むように指示するのは避けるべき
    - no-cacheは、**常に**リソースを再検証し、変更があった場合は最新版をダウンロードする。アセットの再検証によりファイル内容の変更がない場合のサーバーの負荷を**確実に**軽減するが、内容が古くなったキャッシュのHTMLを使うことは絶対にない
    - max-ageの値を1時間に設定することにより、このmax-ageの期間経過後は必ず最新のアセットを取得する
    - privateディレクティブの指定により、オリジンサーバー（元々のデータを保持するサーバー）の前方にあるすべてのCDNに対してそのリソースを絶対にCDNサーバーにキャッシュしないように指示する。ユーザーとオリジンWebサーバーの間に関してのみキャッシュが行われる
- **CSSとJavaScript**は重要なリソースだが、あまり頻繁に再検証する必要はない。したがって、max-ageの値は30日として大丈夫
    - コンテンツを分散してくれるCDNの恩恵を受けられるよう、CDNにアセットのキャッシュを許可するpublicディレクティブを使うべき。次項で見るように、キャッシュしたスクリプトやスタ

イルシートを無効化する必要がある場合も簡単にできる
- **画像**やその他のメディアファイル（フォントなど）は変更が（あるとしても）まれであり、サイズは最大のものであることが多い。したがって、max-ageの値は大きくするのが適切（たとえば1年）
    - CSSおよびJavaScriptのファイルと同様、CDNがキャッシュできるようにする。この場合もpublicディレクティブが有効
    - これらのアセットは頻繁に変更されることはないため、古くなっても許容する猶予期間を設定するとよい。したがってstale-while-revalidateの期間を1日として、その間ブラウザが非同期的にアセットが最新かどうかを再検証する

どんなキャッシュ戦略がベストかはサイトによって異なります。HTMLファイルに関してはとにかくキャッシュはしないと決めることもできます（そのサイトのHTMLコンテンツが絶えず更新されているようなケース）。この場合は、何もキャッシュせず再検証もしないno-storeというある意味過激なディレクティブを使えます。

CSSとJavaScriptにも画像と同様の長い期間を設定することもできます。ただしキャッシュの無効化をしないと、アセットを更新した際にキャッシュが古くなってしまう恐れがあります。逆にブラウザがキャッシュに入れたアセットについてリクエストを受けるたびにサーバーに最新かどうか再検証を求めることも考えられます（次項でキャッシュに入れたアセットを適切に無効化する方法を説明します）。

キャッシュ戦略の実装

では、サンプルサイトのNodeサーバーにキャッシュ戦略を実装してみましょう。キャッシュ戦略がローカルのWebサーバーで実行されるようにするのは簡単です。アセットをクライアントに送信する前にレスポンスヘッダーを設定する「リクエストハンドラ」を組み込みます。http.jsで、リクエストされたアセットの種類をmimeモジュールを使って調べ、その種類に基づいてCache-Controlヘッダーを設定します。リスト10.4にhttp.jsの変更箇所を示します（説明の付いた太字部分）。なお、この作業を飛ばして先に進む場合は、ターミナルウィンドウでコマンド「`git checkout -f cache-control`」を入力すればスキップできます。

リスト10.4　ファイルの種類ごとのCache-Controlヘッダーの設定

```
var express = require("express"),
    compression = require("compression"),
    path = require("path"),
    mime = require("mime"),            ← 要求されたアセットのファイルの種類を調べるために使うmimeモジュールのインポート
    app = express(),
    pubDir = "./htdocs";

// 静的サーバーの実行
app.use(compression());
app.use(express.static(path.join(__dirname, pubDir), {
    setHeaders: function(res, path){    ← レスポンス送信直後に実行する処理をsetHeadersコールバックに記述
        var fileType = mime.lookup(path);   ← リクエストされたファイルの種類をmimeモジュールで判別

        switch(fileType){            ← 変数fileTypeの値に関してswitchステートメントを実行する
```

```
    case "text/html":
      res.setHeader("Cache-Control",
                    "private, no-cache, max-age=" + (60*60));
    break;
```
HTMLファイル用設定
(Cache-Control: private,
no-chache, max-age=3600)

```
    case "text/javascript":
    case "application/javascript":
    case "text/css":
      res.setHeader("Cache-Control",
                    "public, max-age=" + (60*60*24*30));
    break;
```
JavaScriptとCSSのファイル用設定 (Cache-Control: public, max-age=2592000)

```
    case "image/png":
    case "image/jpeg":
    case "image/svg+xml":
      res.setHeader("Cache-Control",
                    "public, max-age=" + (60*60*24*365));
    break;
    }
  }
}));
app.listen(8080);
```
PNG、JPEG、SVGの画像用設定 (Cache-Control: public, max-age=31536000)

変更が完了したら、サーバーを（再）起動してください。キャッシュポリシーの変更のテストは厄介なこともありますが、Chromeで確認する手順は次のとおりです。

1. ブラウザのタブを新しく開き、Networkパネルを開きます。最新のページを取得するよう忘れずに［Disable Cache］をオンにします。
2. テストしたいWebページに移動します（`http://localhost:8080`）。
3. 読み込みが完了したら［Disable Cache］をオフにします。
4. **ページの再読み込みはしません**（ブラウザがアセットの再検証のためにサーバーにアクセスしてしまうため）。再読み込みではなく、そのページに移動（通常のアクセスを）します（すでに表示しているページでこれを行うには、アドレスバーをクリックして Enter （return）キーを押します）。

この手順を実行すると、設定したCache-Controlヘッダーの効果を確認できます。図10.13にNetworkパネルに表示されるアセットのリスト（一部）を示します。

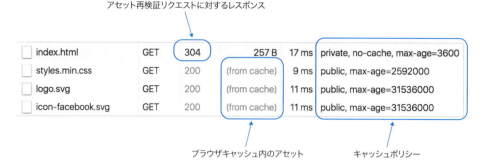

図10.13 サンプルサイトのキャッシュポリシーの効果。各リクエストごとにHTMLがサーバーで再検証され、そのHTMLドキュメントがサーバー上で変更されていない場合、サーバーは304のステータスを返す。ブラウザキャッシュから読み込まれるものについては取得のためのWebサーバーへの再度のリクエストは発生しない

　このキャッシュ戦略はわれわれの目的に最適です。キャッシュが用意されている場合、2回目以降のアクセスの際に、キャッシュのHTMLファイルが最新かどうかをサーバーで検証するためにリクエストが1回送信されるだけです。ローカルにキャッシュしたドキュメントがまだ最新であれば、そのページに関する総通信量は0.5Kバイト未満です。このため、そのページへの以後のアクセスが高速化され、後続のページについては、すべてのページに共通するアセットがキャッシュにあるので、そうしたページのロード時間も短縮されます。

10.2.3 キャッシュに格納したアセットの無効化

　時にはブラウザキャッシュ内のアセットを無効にする必要が生じます。その方法を見ていきましょう。次のような状況を考えてみてください。

> サンプルサイト用のプロジェクトに一生懸命取り組んで数週間、ついにサイトをデプロイして実運用にこぎつけたというのに、数時間後にバグがあることが発覚しました。バグを修正して公開しましたが、ユーザーからはブラウザのキャッシュが変更内容の表示を妨げているためサイトは相変わらず古いままです。

　「ページを再読み込みしてください」とか「キャッシュを消去してください」といった連絡ができれば、ピリピリしている買い物客やクライアントをなだめられるかもしれませんが、そんなことはできないのが普通です。ページのアセットを強制的に再ダウンロードしてもらう必要があります。

　この問題を克服するのは難しくはありません（退屈な作業が必要になるかもしれませんが）。前項で説明したキャッシュ戦略を使っていれば、ブラウザはHTMLが最新であることを常にサーバーで検証します。これが行われる限り、ブラウザキャッシュに古いアセットを持っているユーザーに最新のアセットを取得させることができる見込みは大です。

CSSおよびJavaScriptのアセットの無効化

サンプルサイトに関して上で採用した現行のキャッシュポリシーならば、ブラウザは常にHTMLドキュメントが最新であることをサーバーで検証します。HTMLドキュメントを再度ダウンロードさせるだけでなく、このファイル内に記述されている変更されたアセットも再度ダウンロードさせるようにHTMLを変更すればよいのです。そしてこれは、CSSやJavaScriptへの参照部分にクエリ文字列を加えるだけで可能です。(ユーザーのブラウザキャッシュの) CSSを強制的に更新する必要があるならば、`<link>`タグのCSSへの参照部分を次のように書き換えます（太字が変更部分）。

```
<link rel="stylesheet" href="css/styles.min.css?v=2" type="text/css">
```

アセットにクエリ文字列を付加するとアセットのURLが変わるため、ブラウザがそのアセットを再度ダウンロードします。この変更を加えたHTMLをサーバーにアップロードすると、古い`styles.min.css`をキャッシュにもっているユーザーは、新しくなった`styles.min.css`を受け取るようになります。これと同じ方法がJavaScriptや画像など任意のアセットを無効化するのに使えます。

ただ、これはあまり洗練されていない方法です。キャッシュを更新するための便利なワザではあるのですが、ファイルにいちいちバージョンを指定する文字列を書き込むのは避けたいところです。PHPなどのサーバーサイド言語を使えばファイル更新時に自動的に行えます。リスト10.5に1つの方法を示します。

リスト10.5　PHPによるキャッシュの自動無効化

```
<?php $cssVersion = md5_file("css/styles.min.css"); ?>    ← styles.min.cssのMD5ハッシュを生成する。ハッシュ値はファイルの内容に基づいた一意の値になる
<link rel="stylesheet" href="css/styles.min.css?v=<?php echo($cssVersion); ?>"
type="text/css">    ← ハッシュ文字列をクエリ文字列に追加する
```

関数`file_md5`はファイルの内容に基づいてMD5ハッシュを生成します。ファイルに変更がなければ、ハッシュも同一のままです。しかし1バイトでも変化すれば、ハッシュが変わります。

もちろん、他の方法を用いることもできます。たとえばPHPの関数`filemtime`を使ってファイルの最終変更時刻を取得して、それを使うこともできます。また、自分で管理しているバージョン文字列を追加してもよいのです。どのような方法であれ自動化できればよいのです。

メディアファイルの無効化

この問題は時にはCSSやJavaScriptに関してではなく、画像などのメディアファイルで生じることがあります。クエリ文字列を付加する方法も使えますが、場合によっては別の画像ファイルを指すようにする方法もあります。

サンプルサイトのような小規模なサイトでは、クエリ文字列を付加する方法でもよいでしょうが、コンテンツ管理システム（CMS）を使っているのならば、まったく新しいファイルを指すようにするほうが簡単です。新しい画像をアップロードすればCMSがそれを参照してくれます。新しい画像のURLは、キャッシュされていないので、ユーザーが見るときには必ず更新されたものになります。

10.3 CDNアセットの利用

前節でCDNとキャッシュの効果について簡単に触れました。しかし、CDNがWebサイトの性能向上にどう役立つのかは説明しませんでした。この節では、広く使われているJavaScriptおよびCSSのライブラリをホストするCDNと、その長所について説明します。その後、CDNがダウンした場合にローカルでホストするライブラリにフォールバックする方法と、参照するアセットが真正のものであることをSRIで確認する方法を説明します。

10.3.1 CDNに置いたアセットの利用

CDNを使うと、JavaScriptやCSSなどのアセットは世界中に分散配置され、ユーザーに近いところから提供されるようになります。これにより、飛躍的にパフォーマンスが向上する場合があります。こうしたアセットはオリジンサーバーに置かれた後、（潜在的な）エンドユーザーに最も近いサーバーに分散されます。そうしたサーバーを「エッジサーバー」と呼びます。図10.14にこの概念を示します。

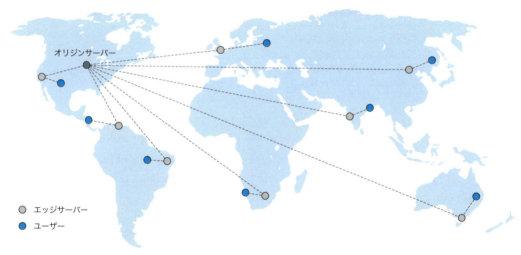

図10.14　CDNではオリジンサーバーがホストするアセットが、Webサイトの潜在的ユーザーに近い場所に位置しているエッジサーバーに分散される

CDNサービスのコストは無料から高額なものまでさまざまですし、その機能やサービス内容は絶えず変化しています。そこでここでは具体的なサービスについては触れず、共通ライブラリを（自分のサーバーではなく）CDNでホストする場合の長所を説明します。無償で提供されているサービスもあり、わずかな手間だけでサイトの性能を向上できます。

CDNアセットの参照

CDNがホストするアセットを利用するのは簡単です。例としてjQueryについて見ましょう。jQueryの開発者は、このアセットのCDN版をMaxCDNという高速CDNサービスで提供しています。サンプルサイトはjQuery v2.2.3をローカルで使っています。そのWebサイトのルートフォルダにある`index.html`を開いて、jQueryをインクルードしている箇所に移動してください。

```
<script src="js/jquery.min.js"></script>
```

`<script>`タグの`src`を次のようにMaxCDNが無償で提供しているCDN版ライブラリを指すように変更します。

```
<script src="https://code.jquery.com/jquery-2.2.3.min.js"></script>
```

CDNがどのようにアセットの転送を高速化するか詳しい説明は省略しますが、図10.15はCDNを用いた場合と、そうでない場合のロード時間を比較したものです。

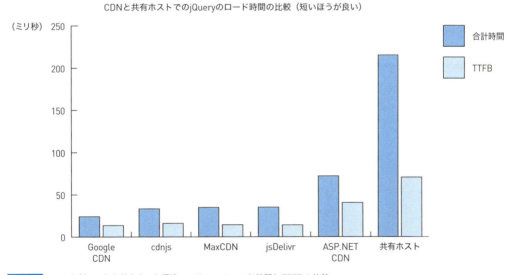

図10.15 CDNと低コストな共有ホスト環境でのjQueryのロード時間とTTFBの比較

どのCDNもサンプルサイトをホストしている低コストな共有ホストよりもTTFBと合計読み込み時間の両方で優れています。このテストに関しては注意点が2つあります。それは米国中西部から1Gbpsの光ファイバー接続で実施したことと、西海岸で動作している共有ホストを使用したことです。これをCDNの速度の総合的評価であるとは考えないでください。常に自分でテストしてください。とはいえ、これらの注意点を考慮してもCDNの利点は明らかです。皆さんのWebサーバーのインフラがとてつもなく優れたものでない限り、CDNのすばらしさを確認することになるでしょう。CDNによって得られる速度と利便性が理由で、企業アプリケーションでもCDNが利用されているのです。

利点は速度だけにとどまりません。CDNはアセットのキャッシュ管理をしてくれるため、心配事が1つ減ります。必要に応じてアセットを無効化してくれるのでコード更新の手間が省けます。その上、jQuery

のようなCDNアセットは多くの人に使われているのでユーザーが自分のサイトにアクセスする前に同じアセットを使っている他のサイトにアクセスしていればキャッシュにすでに入っていることになります。その結果、自分のサイトのページのロード時間が短くなります。何もしなくてもパフォーマンスが上がってくれるわけです。

jQuery以外のアセット

場合によってjQuery以外のアセットを使う場合もありますし、jQueryはまったく使わないというケースもあるでしょう。多くのCDNはjQueryなどの人気の高いライブラリだけではなく、さまざまなリソースをホストしてくれています。こうしたCDNをいくつか紹介しましょう。

- cdnjs (https://cdnjs.com) は、世の中の人気のあるライブラリ（とそれほどでもないもの）のほとんど何でもをホストしているCDNです。クリーンなインターフェイスを提供していて、広く使われているMVC/MVVMフレームワーク、jQueryプラグインやその他プロジェクトで使用するものなど思い付く限りの一般的なCSSやJavaScriptのアセットを検索できます。
- jsDelivr (http://jsdelivr.com) もcdnjsと似たようなCDNです。探しているものがcdnjsにない場合は、ここで検索してみてください。
- Google CDN (https://developers.google.com/speed/libraries) は、cdnjsやjsDelivrと比べて網羅性については劣ってしまいますが、Angularなど人気のあるライブラリを提供しています。そして、筆者のテストでは最速のCDNです。
- ASP.NET CDN (http://www.asp.net/ajax/cdn) はMicrosoftのCDNです。cdnjsやjsDelivrほどではないものの、Googleよりは多くのライブラリを提供しています。筆者のテストではもっとも低速ですが、それでも筆者の共有ホストよりかなり速く有用な選択肢となっています。

多くのライブラリをCDNの参照にしようとする場合は、利用するCDNの数をできるだけ少なくしましょう。CDNホストをひとつ参照するごとにDNSルックアップが発生して遅延が増します。必要なすべてのアセットが単一のCDNにあるならば、そのCDNを利用してください。1つで間に合うならば3つ4つと使わないようにしましょう。

もう1つのアドバイスは、ModernizrやBootstrapのように機能の一部を提供するように構成できるライブラリを使っている場合、CDN上のそのライブラリ全体を指すのではなく自分用のビルドを構成することです。小さなビルドを構成して自分のサーバーでホストするほうがCDN上のフルセットのライブラリを参照するよりも高速になる場合があります。必要なものを見極めて、どちらが良い結果を得られるか検討してください。

10.3.2 CDNがダウンした場合

CDNに対する批判で筆者がもっともよく見かけるものはおそらく「CDNが不具合を起こしたらどうなる？」というものです。（以前の筆者自身のように）「そんなことはまず起きない」と切り捨てる人もいますが、現実に起きるのです。どんなサービスでも同じですが、CDNも常時稼働100%を保証することはできません。サービスの中断は実際に起こります。

しかし、サービスの中断よりも可能性が高いのは、ネットワークが特定のホストを遮断するように設定されている場合です。そうしたネットワークはセキュリティ意識の高い企業、公共施設、軍事機関や、さらには「検閲」のために特定のドメイン全体を遮断する政府もあります。そのような状況に対処するために代替手段を用意しておくことは重要です。

JavaScriptで簡単な関数を記述すれば、ローカルに置いたアセットへのフォールバックができます。リスト10.6にサンプルサイトのindex.htmlで使えるフォールバックローダー関数を示します。これを使えば、CDNがホストするライブラリを読み込めない場合にフォールバック用のライブラリを提供できます。

リスト10.6　再利用可能なフォールバックスクリプトローダー

```html
<script>
  function fallback(missingObj, fallbackUrl){
    if(typeof(missingObj) === "undefined"){
      var fallbackScript = document.createElement("script");
      fallbackScript.src = fallbackUrl;
      document.body.appendChild(fallbackScript);
    }
  }
</script>
<script src="https://code.jquery.com/jquery-2.2.3.min.js"></script>
<script>
  fallback(window.jQuery, "js/jquery.min.js");
</script>
```

注釈:
- フォールバック用スクリプトの場所を別のURLに設定する
- 対象ライブラリのオブジェクトの有無をそれが未定義かどうかで判別する
- ライブラリオブジェクトが未定義の場合、新しくフォールバック用の`<script>`要素を生成する
- フォールバック用`<script>`要素をページのボディ末尾に追加することでアセットを読み込む
- CDNがホストするjQueryへの参照
- フォールバック判別対象オブジェクトとフォールバック用ライブラリの相対URL

このスクリプトをテストするには、ページがCDNアセットにアクセスできないようにネットワーク接続を無効にするか、CDNのURLを別のものに変更してしまいます。そしてページを再読み込みしてNetworkパネルを見るとローカルでホストしているアセットをフォールバックとして読み込んでいることが確認できます（図10.16）。

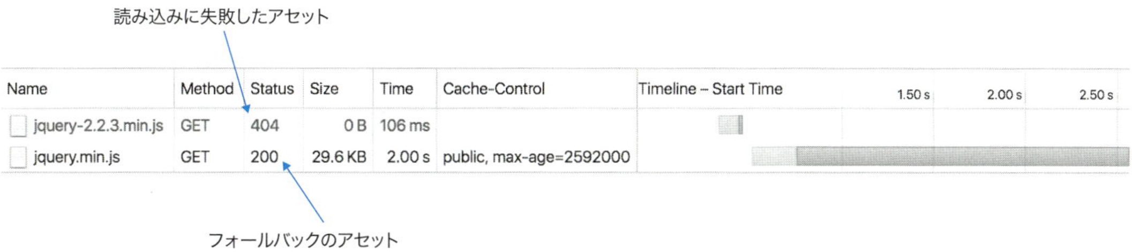

Name	Method	Status	Size	Time	Cache-Control
jquery-2.2.3.min.js	GET	404	0 B	106 ms	
jquery.min.js	GET	200	29.6 KB	2.00 s	public, max-age=2592000

- 読み込みに失敗したアセット
- フォールバックのアセット

図10.16　ChromeのNetworkパネルに、読み込みに失敗したCDNアセットとローカルアセットが表示されているところ

これは`<script>`タグの性質のおかげで機能します。複数の`<script>`タグはマークアップされている順序で解析、実行され、後のものは前のものの完了を待って処理されます。フォールバック用を読み込む

`<script>`タグは、その前にあるCDNのjQueryを参照しているタグによる読み込みが失敗するまで実行されません。

もちろん、これはjQueryに限りません。条件判別によりフォールバック先を読み込むためには、そのJavaScriptライブラリに対応するグローバルオブジェクトを調べます。たとえば、ローカルに置いたModernizrにフォールバックする必要がある場合、次のようにして`fallback`を使うことができます。

```
fallback(window.Modernizr, "js/modernizr.min.js");
```

10.3.3　CDNアセットの検証

Webからソフトウェアをダウンロードしたときに、ダウンロードリンクのそばにチェックサム文字列が表示されていることがあります。「チェックサム」は、ダウンロードしたファイルが公開者が意図したプログラムであることを確認するための「署名」で、悪意のあるコードの実行を避けるためものです。チェックサムが公開者の提示しているものと一致しない場合、そのファイルを使うのは安全ではありません。

一部のブラウザではこれと同種の完全性検査をHTMLで行うことができ、`<script>`や`<link>`で指定されたCDNのアセットが公開元が意図したものであるかを確認できます。SRI（Subresource Integrity）と呼ばれるこの処理の流れを図10.17に示します。

この機能はWebサイトの処理速度には影響しませんが、アセット改竄に対するサイトユーザーの保護手段となり、特にCDNアセットを使う状況で有効です。

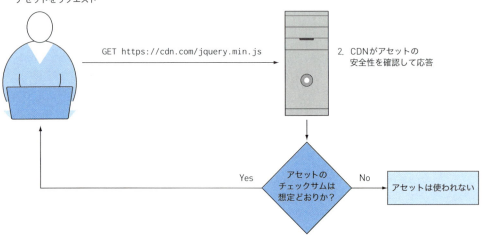

図10.17　SRIを使ったアセット検証の流れ。ユーザーがCDNのアセットをリクエストすると、チェックサムの確認によってアセットの安全性が判定される。安全が確認されたらそのアセットを使う。そうでない場合、アセットは破棄される

SRIの利用

SRIの確認には、他ドメインのリソースを参照する`<script>`タグか`<link>`タグで2つの属性を使います。`integrity`属性では、想定するチェックサム（たとえば、MD5やSHA-256）を生成するハッシュアルゴリズムとチェックサム値そのものを指定します。図10.18にこの属性値の書式を示します。

```
integrity="sha256-a23g1Nt4dtEYOj7bR+vTu7+T8VP13humZFBJNIYoEJo="
```
          ハッシュアルゴリズム   チェックサム値

図10.18 `integrity`属性の形式。ハッシュアルゴリズム（この場合はSHA-256）と参照リソースのチェックサムが記述される

もう1つの属性は`crossorigin`で、CDNアセットの場合には値を常に`anonymous`とし、そのリソースへのアクセスにユーザー認証情報が不要であることを示します。両方の属性を使って`jquery.min.js`のバージョン2.2.3を参照する`<script>`タグで使うと、次のようになります。

```html
<script src="https://code.jquery.com/jquery-2.2.3.min.js"
    integrity="sha256-a23g1Nt4dtEYOj7bR+vTu7+T8VP13humZFBJNIYoEJo="
    crossorigin="anonymous">
</script>
```

対応ブラウザの場合、CDNアセットのチェックサムがブラウザの想定するものと一致すればすべて通常どおりに動作します。チェックサムが一致しない場合は、改竄されたアセットが完全性検査にパスしていないことを示す警告がコンソールに表示されます。この場合、そのアセットは読み込まれません。しかし前項で紹介したフォールバックの仕組みを組み込んでおけば、このような場合にはローカルに置いたアセットが読み込まれます。

この検証方法がサポートされていないブラウザがありますが、Firefox、Chrome、Operaなどサポートしているブラウザが広く使われています。SRIをサポートしていないブラウザは`integrity`属性と`crossorigin`属性を無視して参照先のアセットを読み込みます。

独自チェックサムの生成

一部のCDNではSRIをすでにセットアップしたコード片を提供していますが、これはまだ標準的なやり方にはなっておらず、チェックサムを自分で生成しなければならない場合があります。そのためのもっとも簡単な方法はチェックサムジェネレータ（https://srihash.org）を使うものですが、自分でチェックサムを生成するなら`openssl`コマンドが使えます。ファイル`yourfile.js`のSHA-256チェックサムを生成するにはコマンドラインで次を入力します。

```
openssl dgst -sha256 -binary yourfile.js | openssl base64 -A
```

このコマンドは、指定したファイルのチェックサムを生成して画面に出力します。Windowsを使っている場合は、OpenSSLのWindows用バイナリをダウンロードするか`certutil`コマンドを使ってください。確実なのはオンラインのツールを使うことです。そのほうが便利で、同じ結果が得られます。自分でチェックサムを生成することに決めたなら、SHA-256やSHA-384など信頼性のあるハッシュアルゴ

リズムを使ってください。MD5やSHA-1などのアルゴリズムは現在のニーズに対しては十分に安全ではありません。自分ですることに自信が持てない場合は https://srihash.org のオンラインツールに任せましょう。面倒が省けます。

10.4 リソースヒント

最近のブラウザには「リソースヒント」と呼ばれるユーザーへのアセット配信を支援する機能が追加されています。HTMLの `<link>` タグやHTTPレスポンスヘッダーの Link を使って動作させるもので、他ホストのDNSのプリフェッチやプリコネクト、リソースのプリフェッチやプリロード、ページのプリレンダリングなどの処理を行います。リソースヒントの使い方や留意点を見ていきましょう。

10.4.1 preconnect

第1章で説明したように、アプリケーションの性能低下の要因に遅延があります。遅延の影響を少なくする方法としてリソースヒント preconnect があります。ブラウザがまだダウンロードを開始していないアセットをホストしているドメインに前もって接続するためのものです。

preconnect は（CDNなど）異なるドメインにあるアセットを参照している場合に効果的です。ブラウザはHTMLドキュメントを上から下へと解析するため、アセットのドメインへの接続はブラウザがそのアセットへの参照を見つけた時点で確立されます。そのアセット参照が `<script>` タグで指定されていて、たとえばフッターにあるとすると、リソースヒントの preconnect をヘッダーに置けばブラウザがそのアセットをホストしているドメインへの接続をいち早く開始できます。

サンプルサイトには code.jquery.com でホストされているjQueryライブラリへの参照があります。次のように `<link>` タグを使ってこのリソースをホストしているドメインへの接続を早めに確立できます。

```
<link rel="preconnect" href="https://code.jquery.com">
```

あるいは、Webサーバーの設定でHTMLドキュメントと一緒にレスポンスヘッダー Link を送信するようにもできます。

```
Link: <https://code.jquery.com>; rel=preconnect
```

どちらの方式も同じ処理を実行しますが、指定する手間の程度は異なります。HTMLの中で `<link>` タグを使うのは、ほとんど手間がかかりません。Link レスポンスヘッダーを追加するほうが複雑ですが、こちらのリソースヒントのほうがドキュメント内にあるよりも早く見つけられます。筆者は index.html の場合にブラウザに対して code.jquery.com への接続をできるだけ早く確立するために両方の方法をテストしました。図10.19に、CDNからのjQueryの読み込みについてのテスト結果を示します。

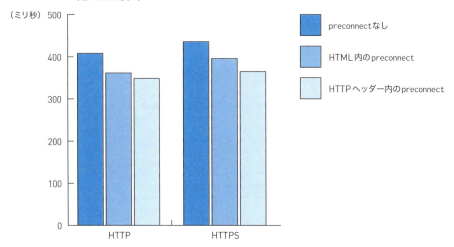

図10.19 リソースヒントpreconnectの効果（jQueryをCDNから読み込む場合、HTTPとHTTPS）

　このテクニックはWebサイトの性能を高める可能性がありますが、各自でテストを実施してそれぞれの状況での効果を測定してください。FirefoxとChromiumベースのブラウザ（Chrome、Opera、Androidブラウザ）はpreconnectをサポートしていますが、すべてのブラウザがサポートしているわけではないのでサイトユーザー全員がこの利点を享受できるわけではありません。

> **MEMO** リソースヒント dns-prefetch
>
> 効果の程度は劣りますが、より広くサポートされているリソースヒントが dns-prefetch です。preconnect との違いは、rel属性あるいはLinkヘッダーで、キーワード preconnect の代わりに dns-prefetch を指定する点だけです。また、特定のドメインへのフル接続ではなく、ドメインのIPアドレスを解決するためのDNSルックアップのみを実行します。筆者自身のテストではこのヘッダーを使う利点は認められませんでしたが、遅延が深刻な問題となっている状況では一定の効果が得られる可能性があります。

10.4.2　prefetchとpreload

　アセットを指定してダウンロードするために2つのリソースヒント prefetch と preload が用意されています。どちらも似たような機能を提供しますが、違いもあります。prefetch の説明から始めます。

prefetch

　リソースヒント prefetch は、対応ブラウザに対して指定アセットをダウンロードしてブラウザキャッシュに格納するように指示します。「同じページのリソースをリクエストとしてプリフェッチする」、あるい

は「ユーザーの移動先を予測しそのページのアセットをリクエストする」のいずれかの目的で使えます。後者については、ユーザーに不必要なアセットをダウンロードさせることになりかねないので、特に注意してください。prefetchの構文はpreconnectとほぼ同じで、唯一の違いは`<link>`タグのrel属性の値です。

```
<link rel="prefetch" href="https://code.jquery.com/jquery-2.2.3.min.js" as="script">
```

次のようにpreconnectとほぼ同じくHTTPヘッダーでも指定できます。

```
Link: <https://code.jquery.com/jquery-2.2.3.min.js>; rel=prefetch ;as=script
```

たとえば、上で示したようにサンプルサイトのindex.htmlの中でjQueryに対してこのリソースヒントを使うとトップページのロード時間を約20％短縮できます（図10.20）。

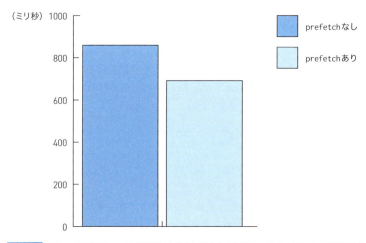

図10.20　jQueryのプリフェッチの有無によるサンプルサイトのトップページのロード時間の比較（Chromeの「Regular 4G」を使用）

このように、こうした状況でprefetchを使うと明確な効果があります。jQueryを指定した`<script>`要素はページの末尾にあるため、このページのHTMLの構文解析がほとんど終了した時点で初めて認識されダウンロードされます。HTMLの`<head>`にprefetchを追加すると、ブラウザはこのファイルのダウンロードをいち早く開始します。jQueryへの参照を見つける時点までにprefetchによってファイルをすでに取得してブラウザキャッシュに格納しているため、サイトのロード時間が短縮されます。

> **MEMO** prefetchをテストするためのヒント
>
> prefetchのテストには注意が必要です。Chromeを使ってNetworkパネルで[Disable Cache]をオンにすると、プリフェッチ対象のアセットが2回ダウンロードされるので、prefetchによって性能が低下したように見えることがあります。効果を測定し確認するには、キャッシュを消去してからキャッシュを再度有効化して測定する必要があります。

prefetchの動作は保証されておらず、ブラウザごとに固有の規則があるので、このリソースヒントが常に有効というわけではありません。サポートしていないブラウザは（他の未サポートのHTMLの機能と同様）これを無視します。そのため未サポートのブラウザも通常どおりの動作をします。

preload

リソースヒントのpreloadは、prefetchとよく似ていますが、指定されたリソースを実際にダウンロードすることを保証する点が異なります。prefetchのような曖昧さがありません。ただしpreloadは、prefetchに比べてブラウザのサポートが限られており、この執筆時点でサポートしているのはChromiumベースのブラウザだけです。

preloadもこれまでのリソースヒントと同じように使えます。

```
<link rel="preload" href="https://code.jquery.com/jquery-2.2.3.min.js" as="script">
```

HTTPヘッダーについても同様です。

```
Link: <https://code.jquery.com/jquery-2.2.3.min.js>; rel=preload; as=script
```

preloadの主な違いは、要求するコンテンツの種類をas属性で指定することです。script、style、font、imageが、それぞれJavaScript、CSS、フォント、画像に対応します。

> **MEMO** 第11章で紹介するHTTP/2の「サーバープッシュ機能」を使うと、HTMLドキュメントのレスポンスと一緒にリソースを前もって「プッシュ」できます。

上の例では、前項でprefetchを使って行ったのとほぼ同じようにpreloadを使ってCDN上のjQueryを取得します。性能上の利点はprefetchの場合とほぼ同じですが、対応しているブラウザではリクエストのpreloadの指定が必ず有効になる点が異なります。ChromeのNetworkパネルでpreloadが機能していることが確認できます（図10.21）。

Name	Method	Status	Domain	Size	Time	Timeline – Start Time	
localhost	GET	200	localhost	2.1 KB	26 ms		
jquery-2.2.3.min.js	GET	200	code.jquery.com	34.6 KB	104 ms		← preloadを指定して要求したアセット
css?family=Lato:40...	GET	200	fonts.googleapis.com	933 B	106 ms		
styles.min.css	GET	200	localhost	4.5 KB	33 ms		
jquery-2.2.3.min.js	GET	200	code.jquery.com	0 B	106 ms		← キャッシュから取得したアセット

図10.21　リソースヒントpreloadによってjquery-2.2.3.min.jsが読み込まれたことがNetworkパネルに示されている。2行目はpreloadでjQueryライブラリを読み込んだもので、5行目がキャッシュから取得したときのもの。後者のサイズが0バイトであることに注目

どのリソースヒントにも言えることですが、追加の前と後で必ずページの性能を比較するべきです。サポートしているブラウザが多いものを選ぶのならばprefetchを選択してください。ブラウザによるサポートがそれほど重要ではなく、コンテンツを前もって読み込むことを重視するならpreloadを選択してください。

10.5　まとめ

リソースヒントの世界を巡る旅を終え、学んだことを確認してこの章を締めくくることにしましょう。第9章までの各章では章ごとのトピックがはっきりとしていましたが、この章では一見無関係にも思えるいくつかの概念を採り上げました。しかし、いずれもWebサイトに関する「アセット配信のチューニング」という共通の目的を持っています。この章で説明したことを確認しておきましょう。

- 圧縮に関しては、過度の圧縮や圧縮済みファイルの再圧縮を行わないようにする。データの遅延を大きくしてしまう恐れがある
- Brotli圧縮はgzipよりも優れた点のある新しいアルゴリズムだが、設定によっては遅延を大きくしてしまう。この圧縮アルゴリズムは将来有望ですでに対応しているブラウザもある
- Cache-Controlヘッダーの指定によりキャッシュをうまく利用することで、サイト再訪者に対するサーバーの性能向上がはかれる
- Cache-Controlの設定によって、古いキャッシュが残る場合があるため、コンテンツを更新した場合はキャッシュを無効化する必要がある
- CDNがホストするアセットを利用するとWebサイトの読み込み速度を改善できる。ただし、こうしたサービスもダウンの可能性があるため、ユーザーを見捨てることがないようにローカルに置いたアセットにフォールバックする
- CDNがホストするアセットを利用すると、より高い性能と引き換えに読み込むコンテンツに対する制御を手放すことになるが、SRIによってそうしたアセットの完全性を検証すればユーザーの安全性を犠牲にせずに済む

- リソースヒントは、Webページ読み込みの高速化、特定のページアセット配信のチューニング、ページへのアクセスに備えた事前のレンダリングといった目的に利用できる

次章では比較的新しい規格であるHTTP/2について検討します。HTTP/2によってWebサイト性能をさらに高められる理由と最適化手法に与える影響を見ましょう。

11
HTTP/2の利用

- 11.1 なぜHTTP/2が必要なのか
  - 11.1.1 HTTP/1の問題点
  - 11.1.2 HTTP/2によるHTTP/1の問題の解決
  - 11.1.3 Nodeによるシンプルな HTTP/2サーバーの構築
  - 11.1.4 HTTP/2の長所の確認
- 11.2 HTTP/2に対応して変わる最適化テクニック
  - 11.2.1 アセットの粒度とキャッシュの有効性
  - 11.2.2 HTTP/2の場合の性能に関するアンチパターン
- 11.3 サーバープッシュによるアセットの先行送信
  - 11.3.1 サーバープッシュの仕組み
  - 11.3.2 サーバーへの実装
  - 11.3.3 サーバープッシュの性能の測定
- 11.4 HTTP/1とHTTP/2の両方のための最適化
  - 11.4.1 非対応ブラウザに対するHTTP/2サーバーの対応
  - 11.4.2 ユーザー層の確認
  - 11.4.3 ブラウザの機能に応じたアセットの提供
- 11.5 まとめ

CHAPTER 11 この章の内容

- HTTP/1の歴史と問題点
- HTTP/2の進化
- HTTP/2の新機能 —— リクエスト多重化とヘッダー圧縮
- HTTP/1とHTTP/2の最適化手法の相違点
- サーバープッシュによる重要なアセットの配信の高速化
- HTTP/1とHTTP/2の両クライアントに向けた同一サーバーでの最適化

　Webは変わりつつあります。何年もの間、ユーザーも開発者もHTTP/1プロトコルの制約に苦しめられてきました。開発者はこの旧式のプロトコルから性能を限界まで絞り出してきましたが、一歩進んで、HTTP/2を採用する時期が来ています。

　この章では、HTTP/1に内在する問題点とその解決法を説明します。解決にはリクエストの多重化やヘッダーの圧縮などのHTTP/2の新機能を用います。さらに、小規模なHTTP/2サーバーをNodeで記述し、HTTP/2によって得られる効果を実際に確認します。

　HTTP/2はサーバープッシュと呼ばれる機能も備えており、特定のアセットを要求がなくても送信できます。サーバープッシュを上手に使えば、Webサイトの読み込みとレンダリングを高速化できます。この機能の動作と使用法についても説明します。

　HTTP/2はWebサイト最適化の手法にも影響を与えます。サイトユーザーの中にはHTTP/1のブラウザを使っている人が（多数）いる可能性があるため、同一のWebサーバーからHTTP/1のユーザーとHTTP/2のユーザーの両方に対してコンテンツを最適な形で提供する必要があります。これに対応するための考え方を、例をあげながら説明します。

11.1 なぜHTTP/2が必要なのか

　HTTP/2が必要とされるのは、現在のWebサイトの要求に応えられない旧式のプロトコルであるHTTP/1の欠点のためです。新しいプロトコルが必要なわけを知るには、HTTP/1の問題点を理解する必要があります。この節では、そうした問題と、HTTP/2がどう解決しているのかを説明します。その後、Nodeを使ってHTTP/2サーバーを起動します。

11.1.1 HTTP/1の問題点

　HTTPは1991年のHTTP/0.9の策定により誕生しました。このプロトコルでは、メソッド（GET）だけし

か使うことができませんでしたが、（現在のWebに比べるとはるかに単純な）「HTMLで書かれ、アンカータグを介してリンクされた電子文書の集合体」を表現するために設計されたものでした。HTTP 0.9のプロトコルはこの目標を見事に達成したのです。

時とともに新たな機能やメソッド（フォームデータ送信用のPOSTなど）が追加され、新しく2つのバージョン（v1.0とv1.1）が策定されました。v1.1の初版が発表されたのが1997年で、間もなく大部分のブラウザが対応しました。こうしてHTTP/1は、その後Webで長年使われるプロトコルとなりました。

しかしその後、Webは大きく変わりました。単純なHTMLドキュメントを提供するものから複雑なアプリケーションも提供できるものへと変化したのです（図11.1）。

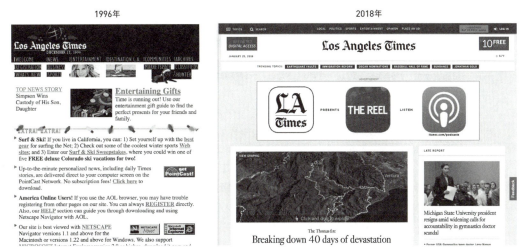

図11.1 1996年（左）と2018年（右）の『ロサンゼルス・タイムズ』のWebサイト

複雑さは増しましたが、Webはより高品質なメディアやコンテンツを利用し、豊かな体験をユーザーに提供できるようになりました。しかし問題があります。コンテンツが際限なく複雑化する一方で、パフォーマンスを落とすことはできません。このために日々新たなテクニックを考案して対処していかなければなりません。この状態は、Web開発者が「Webは静的なテキストドキュメントを提供するだけのものではない」という（大胆な）考えを持ち始めたときから現在までずっと続いているのです。開発者たちはHTTP/1の性能上の問題を切り抜ける巧みな方法を編み出してきましたが、3つの重大な問題がいまだにこのプロトコルに付きまとっています。それは、HOLブロッキング、非圧縮ヘッダー、安全性の欠如です。

HOLブロッキング

HTTP/1によるクライアント／サーバー間通信に付きまとう最大の問題は「HOL（Head of Line）ブロッキング」と呼ばれる現象です。これはHTTP/1プロトコルでは限られた数（通常6個）のリクエストしか同時に処理できないことから生じます。リクエストに対しては受信した順に応答し、最初の一群のリクエストすべてが完了するまで、コンテンツに対する新たなリクエストはダウンロードを開始できません。図11.2にこの問題を図示します。

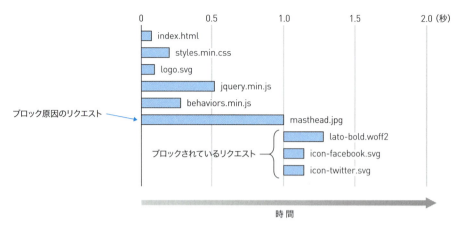

図11.2 HOLブロッキングの例。9個のリクエストのうち最初の6個は並列的に処理されるが、残りは最初の6個のうち最大のもの（masthead.jpg）が完了するまでダウンロードを開始できない。この問題は遅延の原因になる

この問題をフロント側で改善する1つの方法は、ファイルをまとめることです。リクエストの数を減らせばHOLブロッキングの悪影響を最小限に抑えられます。しかしこれはこれはその場しのぎのアンチパターン（不適切な解決策）です。まとめたコンテンツのうちの1つが変更されると、変更部分だけではなく、ひとまとめになっているアセット全体を再度ダウンロードしなければなりません。

このリクエストの制約を回避するもう1つの（その場しのぎの）方法は、「ドメインシャーディング（domain sharding）」と呼ばれるテクニックを使うものです。このテクニックでは、リクエストを複数ドメインに分けることで制限を回避します。2つのドメインでコンテンツを提供すれば、2倍のリクエストを一度に処理できます。このテクニックは実際に効果がありますが、実施するには時間的にも金銭的にも大きな投資が必要です。どんな組織でも使える選択肢ではありません。

この問題はサーバー側で軽減でき、一定の成功を収めました。たとえば、持続的なHTTP接続（キープアライブ接続）を使えば単一の接続を再利用して複数バッチのリクエストを処理することにより負荷が軽減します。しかしこの方法は、HOLブロッキングの問題を解決するわけでないという点で不十分です。「HTTPパイプライン」と呼ばれる手法は、バッチ単位ではなくすべてのリクエストに並列的に対応することでこの問題に対処するために設計され実装もされましたが、重大な問題があり結局成功しませんでした。

非圧縮ヘッダー

前章で説明したように、Webサーバーのアセットを要求する場合、サーバーへのリクエストとサーバーからのレスポンスにはヘッダーが付随します。そうしたヘッダーはアセットに関するリクエストとレスポンスについて各種の記述をするものですが、その大部分は冗長な形式になっています。

この典型的な例が`Cookie`のリクエストヘッダーです。クッキーはユーザーセッションを追跡するためによく使われ、そのためにセッションIDを含んでいます。たとえば60個程度のアセットで構成されるWebページで、各アセットに長さ128バイトのセッションIDを含むクッキーが付属する場合を考えてみてください。リクエスト1つごとに、クッキーのドメインを示す128バイトのデータをサーバーにアップロードする必要があります。数が少なければ大したことはありませんが、このクッキーが付加されたリク

エストが60発生するページがあると考えてみてください。クライアントは総計で7.5Kバイトの余分なデータをサーバーに送信しなければなりません。この状態を図11.3に示します。

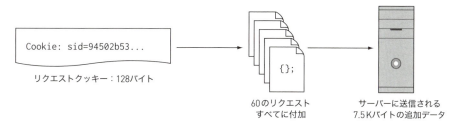

図11.3 セッションIDを含んだ128バイトのクッキーが60のリクエストすべてに付加されて総計7.5Kバイトの追加データがWebサーバーに送信されることになる

これはリクエストヘッダーだけのことではありません。レスポンスヘッダーでも起きることであり、こうしたヘッダーのデータはWebサーバーへの「行きと帰りの両方で」増大します。

これまでの章を読んだ人は「サーバー圧縮で解決されるのでは？」と思うかもしれません。答えはきっぱりと「ノー」です。サーバー圧縮の対象はレスポンスの本体（ボディ）だけであり、レスポンスヘッダーは圧縮されません。レスポンスのボディは確かに送信データの大きな部分を占めますが、レスポンスヘッダーにあるデータも圧縮の検討対象であることも間違いありません。HTTP/1ではこの問題に対処できず、これまたWebサイトの高速化に関心のあるWeb開発者を悩ませる問題となっています。

安全でないWebサイト

パフォーマンスに深い関係のある問題ではありませんが、HTTP/1サーバーはサイトユーザーのためにSSLを実装することが必須ではありません。ハッカーによって日常的にデータが盗まれて成りすましに使われ、ますます危険になっているネット上では、ユーザーの個人情報を守り、安全なWeb閲覧をしてもらうためにWebサイトの安全性を確保することが必要です。

HTTP/1ではSSLの実装が必須とはなっていないため、実装するかどうかはあくまでもオプションです。セキュリティ機能がオプションであれば、実装はなかなかされないものです。人は何かを変えることには消極的で、通常それは強制されるか惨事が起きた場合に行われます。HTTPが策定された当初にこの問題は予見できませんでしたが、サイトの安全性を確保させるために、この要件をさかのぼって適用することはできません。

これはHTTP/1の最大の問題点と言えるでしょう。幸い、HTTP/2ではこの対策がなされています。

11.1.2　HTTP/2によるHTTP/1の問題の解決

HTTP/2はゼロから開発されたわけではありません。HTTP/1の限界に対処するため、2012年にGoogleによってSPDY（スピーディ）という名のプロトコルが策定されました。HTTP/2のドラフト仕様はこのSPDYを出発点としたのです。HTTP/2に対するサポートがかなり広がったため、GoogleはChrome 51以降でSPDYのサポートを打ち切りました。MozillaもFirefoxで対応機能を削除しました。

それでは先ほど概略を説明したHTTP/1の問題点をHTTP/2がどのように解決するのかを見ていきま

しょう。

HOLブロッキングの対策

HTTP/1では一度に処理できるリクエスト数に制限がありましたが、HTTP/2は新たな通信アーキテクチャを実装することで、より多くのリクエストを並列的に処理できます。アセットの送信に複数コネクションを使うHTTP/1とは違って、HTTP/2では単一のコネクションでたくさんのリクエストを並列に処理できます。1つのコネクションは、次のようにストリーム、メッセージ、フレームという3レベルの階層構造を持つコンポーネントで構成されています。

- **ストリームはサーバーとブラウザ間の双方向通信チャネル**——ストリームはサーバーへのリクエスト1つとサーバーからのレスポンス1つで構成される。ストリームはコネクションに包含されるため、同じコネクション内で複数のストリームを使って多数のアセットを並列的にダウンロードできる
- **メッセージはストリームに包含される**——1つのメッセージはHTTP/1におけるサーバーへのリクエスト1つまたはサーバーからのレスポンス1つとほぼ同じで、メッセージがアセットのリクエストや、リクエストされたアセットをWebサーバーから受け取るための仕組みを提供する
- **フレームはメッセージに包含される**——フレームはメッセージ内の区切りを表し、それに続くデータの種類を示す。たとえば、レスポンスメッセージ内のHEADERSフレームは次のデータがそのレスポンスのHTTPヘッダーであることを示す。レスポンスメッセージ内のDATAフレームは次のデータが要求されたアセットの内容であることを示す。PUSH_PROMISEなど、他の種類のフレームもある（PUSH_PROMISEは後述の「サーバープッシュ」で利用される）

このプロセスを図示すると図11.4のようになります。

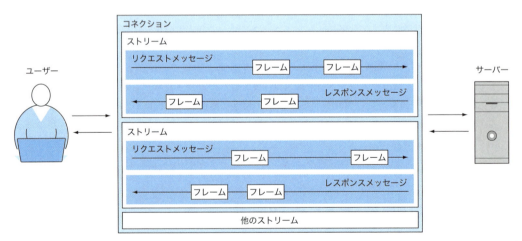

図11.4 HTTP/2リクエストの仕組み。単一のコネクションに複数の双方向ストリームが含まれ、そのストリームの中にはアセットを要求したり受信したりする複数のメッセージが含まれる。各メッセージはフレームで区切られ、フレームにメッセージの内容（ヘッダー、レスポンスのボディなど）を記述する

こうした設計によりHTTP/2サーバーへのリクエストは「軽い」ものになっています。実際、その軽さゆえに、わざわざ結合する意味がなくなり、場合によっては結合によってロード時間が増えてしまうほど

です。このため、次項で詳細を説明するように、画像スプライトやファイルの結合などのテクニックを使わなくてもすむ場合があります（まだまだ広く使われているHTTP/1を利用する場合は依然有用ではあります）。

ヘッダー圧縮

前項で説明したように、HTTP/1のヘッダーは（たとえサーバー圧縮が有効になっていても）圧縮されません。サーバー圧縮ではアセットだけが圧縮されます。ヘッダーが送受信されるデータの大きな部分を占めるわけではありませんが、積み重なると無視できない量になります。

HTTP/2では、HPACKと呼ばれる圧縮アルゴリズムを組み込むことでこの問題を解決しています。HPACKはヘッダーのデータを圧縮するだけでなく、重複を記憶するテーブルを作って冗長なヘッダーを省略します。HTTP/1のリクエストヘッダーの場合、`Cookie`や`User-Agent`などのデータ量が少ないとは言えないヘッダーが、関係するリクエストのすべてに（不必要に）付加されているケースがあります。このため図11.3で見たように、かなりの量の冗長なデータをやり取りすることになります。

HPACKでは、リクエスト間で重複するヘッダーデータを、データベースの索引付きテーブルのような構造を使って管理します。新しいヘッダー値を見つけると圧縮してテーブルに格納し、一意の識別子を付与します。すでに索引に登録されているヘッダーに一致するものを見つけた場合は、それを新たに記憶せずにテーブルの索引の該当する識別子を参照するようにします（図11.5）。

/index.htmlのリクエスト

:method	GET
:host	weeklytimber.com
:path	/index.html
cookie	sid=23efwdf23...
user-agent	Mozilla/5.0...

/css/styles.cssのリクエスト

:method	GET
:host	weeklytimber.com
cookie	sid=23efwdf23...
user-agent	Mozilla/5.0...
:path	/css/styles.css

重複データを排除した索引付きテーブル

1	GET
2	weeklytimber.com
3	/index.html
4	sid=23efwdf23...
5	Mozilla/5.0...
6	/css/styles.css

図11.5 HPACKヘッダー圧縮が行われているところ。ヘッダーは索引付きテーブルに格納される。あとで、同一のヘッダーが同一のページに対するリクエストに見つかると、そのデータの重複を避けるためテーブルの索引に結び付ける。他方、新しいデータを含んだヘッダーは新しい項目としてテーブルに格納される

この処理はリクエストの作成時にクライアント側で行われます。テーブルはサーバーに送られてそこで分解され、レスポンスの組み立てに使われます。そして今度はサーバーがレスポンスヘッダーについて同様の処理を行い、レスポンスを返します。クライアントはサーバーで作られたレスポンステーブルを分解して、ダウンロードされた各レスポンスにヘッダーを付加します。この結果、ヘッダーの重複を排除して圧縮したデータがHTTP/1ヘッダーの場合と同じ流れで提供されることとなり、その前後には影響を及ぼしません。この処理によってWebサイトのロードが（若干ですが）高速になります。

HTTPSは安全保証付き

パフォーマンスとは直接関係のないことですが、HTTP/2に対応するブラウザは、HTTP/2上のいかなる通信も安全でなければならないという基準を満たしています。これはいくぶん議論を呼ぶ要件になっていますが、利点がないわけではありません。HTTP/2を採用しSSLを実装するサーバーが多くなるほど、インターネット全体として安全なものになっていきます。

> **MEMO　SSLのオーバーヘッド**
>
> SSLに対しては、SSL接続を確立するための時間がかかり、TTFBに影響が出てしまうという懸念を持つ人がいます。しかし、HTTP/2ではすべてのデータを単一のコネクションでやり取りするため、この処理が必要になるのは1回だけです（HTTP/1の場合のように何度も行う必要はありません）。さらに現在のハードウェアによってこの処理時間は無視できる程度に小さくなりました。その結果、SSLの処理速度を気にする必要はなくなったと言えます。この点に関して詳しくは https://istlsfastyet.com を参照してください。

SSL証明書のコストは今以上に安価になることはないでしょう。証明書の提供者は信頼できる署名付き証明書をドメイン1つに付き年間5ドルほどの価格で提供しています。これでも高いというならば、Let's Encrypt (`https://letsencrypt.org`) で無料の証明書を入手できます。筆者の感触では、（ホスティングの環境によりますが）Let's Encryptを使う場合の手続きは、有料の証明書をセットアップするのに比べて若干複雑になります。

HTTP/2を使うならば、SSLを使わない手はありません。すぐにサーバーの暗号化に着手しましょう。

11.1.3　NodeによるシンプルなHTTP/2サーバーの構築

それでは、Nodeを使ってHTTP/2サーバーを起動してみましょう。いつものように、Weekly Timber（この章の中では「サンプルサイト」と呼ぶことにします）の担当者から依頼が届きました。

> サイトの動作をもっと速くできないだろうか。

そこであなたは、はっきりとはわからないものの、「HTTP/2を使うとよいのではないか」と考えました。サンプルサイトのHTTP/2サーバーでの動作テストには、npmで**spdy**パッケージをインストールします。これを使うことで、Nodeでシンプルなサーバーを作成できます。SPDYという名前は少々紛らわしいですが、このパッケージはSPDYだけでなくHTTP/2もサポートしていて、こちらが今回の目的に必要なものです。それでは次の`git`コマンドを使ってコードをダウンロードしてください。

```
git clone https://github.com/webopt/ch11-http2.git
cd ch11-http2
npm install
```

このコマンドは、すべてのソースコードをダウンロードし、これから記述するHTTP/2サーバーに必要なspdyパッケージなどをインストールします。すべての用意が整ったら、ルートディレクトリにhttp2.jsという名前で新規ファイルを作成し、リスト11.1の内容を記述します。

リスト11.1　HTTP/2サーバーに必要なモジュールのインポート

```
var fs = require("fs"),              ← ファイル読み込み用にfilesystemモジュールをインポート
    path = require("path"),          ← パスを統一的に扱うためにpathモジュールをインポート
    http2 = require("spdy"),         ← HTTP/2を利用するためSPDYモジュールをインポート
    mime = require("mime"),          ← コンテンツタイプ判別用にMIMEモジュールをインポート
    pubDir = path.join(__dirname, "/htdocs");   ← ファイル提供元のルートディレクトリを設定
```

まずサーバーの動作を記述するために必要なNodeモジュールをインポートし、ファイルの提供元のルートディレクトリも設定します。以前の例とは異なり、ファイルは一段深くなったhtdocsというディレクトリから提供することとし、ここにサンプルサイトを保存します。必要なモジュールをインポートしたら、HTTP/2にはSSLが必須なのでSSL証明書をセットアップする必要があります。必要な証明書はすでにダウンロードしたコードに付属していて、ディレクトリcrtに入っています。リスト11.2にcrtのファイルを指すようにサーバーを設定する方法を示します。

リスト11.2　SSL証明書のサーバーへのセットアップ

```
var server = http2.createServer({    ← HTTP/2サーバーのインスタンスを生成
    key: fs.readFileSync(path.join(__dirname, "/crt/localhost.key")),
    cert: fs.readFileSync(path.join(__dirname, "/crt/localhost.crt"))
                                                   ← SSLに必要な鍵と証明書
```

ここで記述したJavaScriptコードは証明書ファイルの在りかをHTTP/2サーバーに送信し、それによってブラウザとセキュアな通信ができるようにします。リスト11.3がサーバーが行う処理の大部分です。

リスト11.3　HTTP/2サーバーの動作の記述

```
}, function(request, response){         ← リクエストハンドラ
  var filename = path.join(pubDir, request.url),   ← アセットへのファイルシステム上でのパス
      contentType = mime.lookup(filename);         ← アセットのコンテンツタイプ

  if((filename.indexOf(pubDir) === 0) &&
    fs.existsSync(filename) &&                     ← アセットの存在を確認する
    fs.statSync(filename).isFile()){
      response.writeHead(200, {                    ← 「200」のレスポンスをクライアントへ送信する
        "content-type": contentType,               ← Content-Typeレスポンスヘッダーを設定する
        "cache-control": "max-age=3600"            ← アセットを1時間キャッシュする
    });

    var fileStream = fs.createReadStream(filename);
    fileStream.pipe(response);                     ← アセットをユーザーへ送信する
    fileStream.on("finish", response.end);
  }
  else{
```

283

```
    response.writeHead(404);          ── アセットがない場合、「404」のレスポンスを送信する
    response.end();
  }
});

server.listen(8443);                  ── ポート8443を使用する設定でサーバーを起動する
```

このコードを入力した後、ターミナルから次のコマンドでスクリプトを実行します。

```
node http2.js
```

このスクリプトを実行したら、ブラウザで`https://localhost:8443/index.html`にアクセスするとページが表示されます。

> **MEMO** GitHubからダウンロードしたソースコードに付属している証明書には署名がありません。そのため、ローカルサーバー上の顧客のWebサイトを表示しようとアクセスすると、ブラウザにSSLの警告が表示されます。例外的措置として警告を無視すれば問題なく先に進めます。実運用のWebサーバーでは有効な署名入り証明書を使う必要があります。

これまでのところ、すべて順調ですが、使われているプロトコルがHTTP/2であることはどうすれば確認できるのでしょうか。それには、ChromeのNetworkパネルを開き、ページをリロードしてから、列ヘッダーを右クリックして［Protocol］を表示するよう選択します。すると図11.6のように［Protocol］に「h2」と表示されているはずです。

Name	Method	Status	Protocol	Scheme
index.html	GET	200	h2	https
styles.min.css	GET	200	h2	https

アセットがHTTP/2で送信されたことを示す

図11.6 ChromeのNetworkパネルで、アセットがHTTP/2で送信されたことが確認できる。HTTP/1で送信されたアセットはこのフィールドの値がhttp/1.1になる

11.1.4　HTTP/2の長所の確認

サンプルサイトのような場合、この効果は明確に体感できるほどのものではないかもしれません。ローカルマシン上のネットワークのボトルネックがない状態であっても効果を見極めるのは簡単にはできません。しかし、HTTP/1の場合よりも、多くのリクエストが並列に実行されていることは、スクリプト`http1.js`を実行して別のウィンドウで`https://localhost:8080/index.html`を表示しNetworkパネルで比較してみれば確認できます（図11.7）。

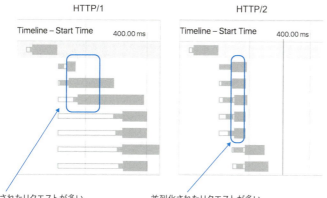

図11.7 HTTP/1（左）とHTTP/2（右）でのアセットのダウンロードへの効果の比較。HTTP/2でのダウンロードはHTTP/1の場合よりも並列化されており、おおむね同時に実行されている

　なお、[Online]の右に表示されている▼をクリックして接続速度を変更し、ローカルマシンで2つのプロトコルの性能を比べてもロード時間にはほとんど差が出ません。このような人工的なボトルネックを設けても、速度の比較はできないようです。どちらのサーバーもリモートではなくローカルマシンで動作していてテスト用のリクエストに応答しているだけです。HTTP/2とHTTP/1の性能を見極める最良の方法は2つのサーバーを同じリモートサーバー1台の上で動作させて比較することです。

　（可能ならば皆さんに試してみていただきたいところですが）筆者がHTTP/1用（`https://h1.jeremywagner.me`）とHTTP/2用（`https://h2.jeremywagner.me`）のサーバーを用意しましたので、比較して見てください。図11.8に、筆者がサンプルサイトの5ページすべてで両方のプロトコルをテストした結果を示します。

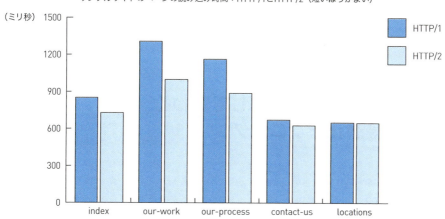

図11.8 HTTP/1とHTTP/2でのサンプルサイト（Weekly Timbe）のページ読み込み時間の比較

　`our-work.html`や`our-process.html`などアセットの多いページでは24％ロード時間が短くなりますし、`index.html`と`contact-us.html`ではそれぞれ15％と7％短くなりました。唯一改善がなかった

locations.htmlは他と比べるとアセットがかなり少ないページです。

　ヘッダー圧縮の効果を定量化するのはさらに難しくなりますが、Chromeで chrome://net-internals
#timeline を開けば、リクエストに関してヘッダー圧縮の効果を確認できます。2列目で［Bytes sent］
だけを残して他のオプションをオフにし、それぞれのプロトコルのページを読み込めばリクエストのサイ
ズを比較できます。図11.9にその様子を示します。

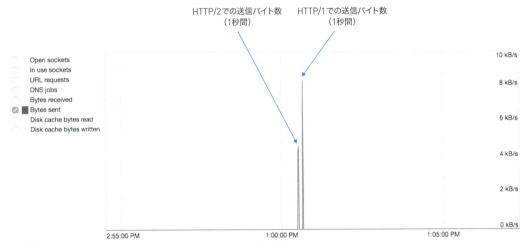

図11.9　HTTP/2セッションとHTTP/1セッションでの送信バイト数の比較

　図11.9でわかるように、HTTP/2を使ったときのほうがヘッダー圧縮のおかげでサーバーへの送信バ
イト数が小さくなっています。［net-internals］のパネルでは正確なサイズは表示されませんが約50％の
改善が認められます。リクエストサイズが小さくなったことで、データが届くまでの待ち時間が短くなり
ます。

　HTTP/2に切り替えるだけで、上で見たような効果が得られます。特別な最適化テクニックやコードの
変更は必要ありません。

11.2　HTTP/2に対応して変わる最適化テクニック

　サイトをHTTP/2で動作させた場合にこれまで説明した最適化テクニックがどう変わるかを見ていきま
しょう。変わるといっても「全部間違いだった」というわけではありません。前に説明したテクニックの一
部は、HTTP/2では「アンチパターン」になってしまいます。必ずしもHTTP/2では遅くなってしまうとい
うわけではありませんが、キャッシュの効果に影響してしまう場合があります。HTTP/2に関する最適化
のルールは次に示すように単純なものになります。

- アセットのサイズを減らすテクニックはHTTP/2でも使うべき。具体的には、縮小化（ミニフィケーション）、サーバー圧縮、画像最適化など。アセットのサイズを減少させるとロード時間が短縮される。これは常に成立する事実
- ファイルを結合するテクニックはHTTP/2では使うのをやめるべき。HTTP/1のクライアント／サーバー通信では遅延の軽減に役立つが、HTTP/2ではリクエストの負荷がずっと小さく、ファイルの結合はキャッシュの効果に悪影響を与えてしまう危険性がある

第1の基準は明らかですが、第2の基準については少し補足が必要です。詳しく見ていきましょう。

11.2.1 アセットの粒度とキャッシュの有効性

これまで紹介してきたパフォーマンス向上テクニックの中には、HTTP/1では効果はあるにしてもマニアック過ぎると思われるようなものもありました。このようなものの中でも、HTTPリクエストの数を減らすためにファイルの連結を行うテクニックは、HTTP/1については有効ですが、HTTP/2については性能を損なう結果を招きかねないものです。

なぜでしょうか。その答えはキャッシュにあります。第10章で説明したように、キャッシュはページへの2回目以降のアクセス時に通信量を減らすのに役立ちます。キャッシュポリシーが適切であればファイルを連結しようがしまいが働くので、キャッシュ自体に問題があるわけではありません。問題なのは、ファイルを連結するとアセットが変わったときにキャッシュの有効性が減ってしまう点です。これはどちらのプロトコルの場合にも言えるのですが、HTTP/1を使う場合には、初回アクセス時のロード時間を最小化するために、キャッシュ有効性をあえて犠牲にしていたのです。

ファイルの連結がキャッシュの効果をなくしてしまう例をあげましょう。アイコンの画像スプライトを使っていて、その中のアイコンひとつだけを変更する必要があるとします。この場合、不可分な全体がブラウザキャッシュから削除されることになります。このことにより、一部分が変更されただけにもかかわらず、そのファイル全体を無効化して新たに取得することになります。この状況を図11.10に示します。

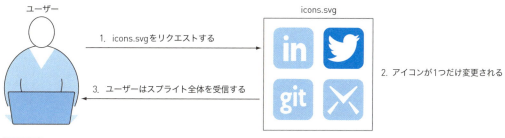

図11.10　ファイルの連結はキャッシュの効率を低下させる恐れがある。画像スプライトの4つのアイコンのうちの1つが変更されると、ファイルの内容の75%が不変であるにもかかわらず変更部分だけでなくそのアセット全体のダウンロードを余儀なくされる

HTTP/1向けの最適化を進めていく中で、この「不完全な最適化」を「高速なWebサイト構築への道にあるちょっとしたデコボコ」として受け入れることにしました。しかしHTTP/2で「軽い」コネクションが使えるようになった今、初回アクセス時のロード時間の短縮と効率のよいキャッシュのいずれを犠牲にするかを悩む必要はありません。両方を取ればよいのです。

11.2.2　HTTP/2の場合の性能に関するアンチパターン

　次に、HTTP/2を使う場合に避けるべきテクニック（アンチパターン）を見ていきましょう。上で説明したように、HTTP/2サーバーの性能を損なうのはキャッシュの効率を落としてしまうアセットの連結です。しかし、連結方法にはいくつかの種類があります。この項では、アンチパターンになってしまうテクニックについて説明します。

CSSおよびJavaScript

　ファイルの連結がよく行われるのはCSSファイルおよびJavaScriptファイルです。HTTP/1の通信ではリクエストの数は少ないほうが良いことがこれを行う第1の理由で、アセットをすべて最初に読み込んでおけばその後のページの読み込みが速くなる場合があることが第2の理由です。

　第2の理由はHTTP/2についても成り立ちますが、リクエストの負荷が小さいため、CSSとJavaScriptを細かく分けるほうが効果的です。CSSの場合、これは簡単です。それぞれのページテンプレートごとにCSSファイルを作ればよいのです。そうすればCSSを細分化して各ページで必要なCSSだけを読み込むことができ、CSSの更新による個別のテンプレートへの影響を低減でき、キャッシュの効果を最大限発揮できます。

　JavaScriptファイルの分割は、Webサイトとそれが必要とする機能に依存します。スクリプトは、適用しているページテンプレートごとに分割できますが、複数のページが機能を共有していることがあるため、あらゆるWebサイトでうまくいくとは限りません。合理的と考えられる範囲で分割してください。すべてのWebサイトに当てはまる正解はありません。

スプライト

　第6章でも説明しましたが、スプライト（CSSスプライト）はHTTP/1での運用にのみ有用です。それ以外の場合、上で見たファイル連結のテクニックと同じ結果をもたらします。

　特殊な状況として、スプライトのサイズが個々のファイルサイズの合計よりも少しだけしか小さくならないような場合があります。こうした状況ではHTTP/1の場合でもスプライト化せず、各画像を別々にしておくようにしてください。スプライトとしてまとめてしまうと、1つでも画像が変更されればキャッシュが無効になるため、4つのファイルを再度ダウンロードするのとほとんど変わらない時間がかかってしまいます。

アセットのインライン化

　説明がやや複雑になりますが、これもやはり連結と言えるでしょう。アセットのインライン化とは、CSSやJavaScript、あるいはバイナリのアセットをHTMLおよびCSS、またはそのどちらかに埋め込むことです。テキストアセットの場合、CSSを<style>タグの内側に貼り付けたり、<script>タグの内側にJavaScriptを貼り付けたりすることになります。SVG画像もそのままHTMLに埋め込んでインライン化できます。

　バイナリアセットは「データURIスキーム」と呼ばれる方法を使うとインライン化できます。この方式ではデータをbase64文字列に符号化したものにコンテンツタイプを付加します。そしてその文字列を

<img>タグなどで指定します（図11.11）。

図11.11 データURIの例。このスキームは先頭がデータURIで、符号化データのコンテンツタイプ、符号化スキーム名、符号化されたデータが続く（この図では一部のみ示した）

　データURIスキームは、外部アセットを参照できる場所ならば基本的にどこでも使えます（`<link>`タグや`<img>`、CSSの`url`など）。ファイルの符号化をするなら、Base64 Decode and Encode（`https://www.base64encode.org`）などが利用できます。

　データURIスキームは良い方法に見えますし、役に立つ状況もありますが効率はよくありません。符号化されたデータは多くの場合、元データよりも大きく、場合によっては33％以上大きくなります。

　さらに悪いことに、アセットをインライン化する方法はすべてキャッシュを効果的に使えないという難点があります。複数のドキュメントで使われるデータをインライン化した場合、ドキュメントごとにそのデータが何度もダウンロードされることになり、キャッシュにはそのデータを内部に含んでいるドキュメントとして格納されるだけになります。

　第4章でCSSのテクニックを説明したとき、トップを飾る重要なコンテンツには、`<style>`タグを使ってCSSをインライン化することを推奨しました。これはやはりHTTP/1によるクライアント／サーバー間のやり取りで描画を速める効果的なテクニックであり、そのような場合には検討するべきです。しかしHTTP/2の場合には必要ないかもしれません。実際、次の節で説明するサーバープッシュと呼ばれるHTTP/2の機能を使うと、ブラウザキャッシュの高い効果を得つつインライン化の利点が得られます。

　同じことばかり繰り返しているように聞こえるかもしれませんが、スプライトやCSSおよびJavaScriptの結合をするべきではないのと同じ理由で、HTTP/2ではアセットのインライン化は推奨されません。わかりやすく言えば、リクエストを減らそうと試みる必要があるのはHTTP/1の場合だけです。HTTP/2の場合のアセットの分割は、開発のしやすさを基準に行ってください。

11.3 サーバープッシュによるアセットの先行送信

　以前は、ページレンダリングの速度を上げたい場合、アセットをHTMLの中にインライン化しました。これにより、ページのサイズや最終的なロード時間が大幅に減るわけではありませんが、Webページのレンダリング時間を短縮できる可能性はあります。

　前に説明したように、アセットのインライン化は、HTTP/1では効果がありますが、インライン化された内容についてキャッシュを効かなくしてしまうことになります。HTTP/1の場合には、見た目のロード

時間の短縮と引き換えに、この欠点を受け入れているわけです。

HTTP/2でのインライン化は「サーバープッシュ」という新機能を使って行います。この節では、NodeによるHTTP/2サーバーでの実現法も含めて説明しましょう。

11.3.1　サーバープッシュの仕組み

サーバープッシュはHTTP/2で使える機能で、これを使うとページアセットの粒度を維持しつつアセットのインライン化が可能になります。まだ明示的にリクエストはされていないものの、ページのレンダリングには必要なアセットを、サーバーが「プッシュ」できる機構です。

ユーザーがページをリクエストすると、サーバープッシュに対応したサーバーは、応答する際に要求されたドキュメントのコンテンツだけでなく、クライアントへ「プッシュせよ」と指定したアセットも送ることができるのです。

今、ユーザーが（HTTP/2サーバーで動作している）サンプルサイトにアクセスして`index.html`をリクエストするとします。当然、サーバーは`index.html`に関するリクエストを受け取り、そのレスポンスを構築します。このとき、サーバー側で、サイトのスタイルシートである`styles.min.css`も応答として送信するよう設定できるのです。これにより（クライアントが`styles.min.css`をリクエストされないうちに送ってしまうので）スタイルがダウンロードされるのをユーザーが待つ時間が短くなります。サーバーは`index.html`のリクエストに応えるのと同時に`styles.min.css`も送信してしまうわけです。図11.12にこの処理の様子を示します。

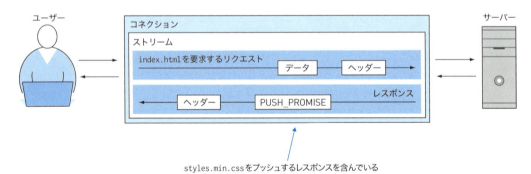

図11.12　サーバープッシュの行われる仕組み：ユーザーが`index.html`を要求する。サーバーはその設定に従い、プッシュ対象の`styles.min.css`を内部に包含した`PUSH_PROMISE`フレームを返す

サーバーがレスポンスでHTMLコンテンツを返すときに他のアセットもクライアントに同時にプッシュされるので、アセットをインライン化したのと同じような効果を持つことになります。指定できるアセット数に制限はありません。いくつでもプッシュできます。

11.3.2　サーバーへの実装

サーバープッシュの基本がわかったので、サーバーでの実装方法を見ていきましょう。サーバープッ

シュを使おうとしても、Webサーバーがどう実装しているのかわからなければ難しいでしょう。この項では、広く使われているWebサーバーでサーバープッシュがどのように使われているかと、皆さんのNode Webサーバーでサーバープッシュを使う方法、さらにはそれが機能しているかどうかを確認する方法を説明します。

サーバープッシュの一般的な実行方法

HTTP/2を実行しているApacheなどのWebサーバーの場合、サーバープッシュは特定のアセットを要求されたときに、次のようなHTTPレスポンスヘッダーLinkを設定することで実行されます。

```
Link: </css/styles.min.css>; rel=preload; as=style
```

第10章で見たリソースヒントpreloadを使ったHTTPヘッダーと同じ書式です。とは言っても、これとリソースヒントのために使う<link>タグとを混同しないように気をつけてください。サーバープッシュとはサーバーの動作であり、それを行わせるためにサイトのHTMLを変更する必要はありません。<link>タグにリソースヒントpreloadを付加する変更をHTMLに加えれば見事にサーバープッシュができると思ったら、それは誤りです。それではユーザーのためにそのリソースをプリロードするだけです。サーバープッシュすることにはなりません。

上に示した方法でサーバープッシュを実装するWebサーバーの場合、<...>の中に指定したアセットを取り出して、ヘッダーが設定されたアセット（通常はHTMLファイル）と同時に提供します。as属性はプッシュするコンテンツ（プッシュコンテンツ）の性質をブラウザに知らせるためのものです。この例の場合、styleはプッシュコンテンツがCSSファイルであることを示すために使われています。

> **MEMO** 他のプッシュコンテンツのタイプをブラウザに知らせる
>
> style以外のコンテンツタイプに関して、ブラウザにプッシュコンテンツの性質を知らせたい場合、この機能のW3C仕様の中で使用するコンテンツタイプを網羅したリストがhttp://mng.bz/r840にあります。

この実装は便利でうまく機能します。リスト11.4は、サーバー上のindex.htmlを要求するクライアントに対してCSSファイルをプッシュする方法を示したものです。

リスト11.4　Apacheでのコンテンツのプッシュ（HTMLファイルをリクエストされた場合）

```
<Location /index.html>
    Header add Link "</ch11-http2/htdocs/css/styles.min.css>; rel=preload; as=style"
</Location>
```

ユーザーがサーバーのindex.htmlにアクセスすると、Linkヘッダーがセットされてstyles.min.cssをプッシュします。サーバープッシュを実行するWebサーバーでこのヘッダーをセットする具体的な方法は、使うサーバーソフトウェアに依存します。たとえば、これから説明するNodeを使った方法では他のサーバーソフトウェアと異なり、サーバープッシュの動作を自分で実装する必要があります。

Nodeでの記述方法

　Node HTTP/2サーバーでは「Linkヘッダーをセットすればサーバープッシュができる」というわけにはいきません。コンテンツをクライアントへプッシュする処理を記述する必要があります。

　幸い、この処理はユーザーにアセットを送信する通常の方法と大きくは異なりません。唯一の違いは、特定アセットのリクエストに対して別個にプッシュレスポンスを作成する点です。たとえば、サンプルサイトには styles.min.css というスタイルシートがありますが、クライアントがHTMLファイルを要求したときは常にこのCSSをクライアントにプッシュすることは妥当です。特にHTMLファイルはすべてこのCSSを参照しているので、これは理にかなっています。

　では実行してみましょう。リスト11.1（283ページ）で記述したWebサーバーのソースファイル http2.js を開いてください。アセットをクライアントへ提供するリクエストハンドラ関数の場所に移動します。クライアントに「200」のレスポンスを送信する response.writeHead の呼び出しの直前にリスト11.5のコードを入力してください。

リスト11.5　NodeのHTTP/2サーバーにおけるサーバープッシュのレスポンスの記述

```javascript
if((filename.indexOf(pubDir) === 0) &&              // アセットがディスクにあることを確認
   fs.existsSync(filename) &&
   fs.statSync(filename).isFile()){
  if(filename.indexOf(".html") !== -1 && response.push){  // リクエストがHTMLファイルを要求するものかどうかチェック
    var pushAsset = "/css/styles.min.css",
        pushAssetFSPath = path.join(pubDir, pushAsset),    // Linkヘッダーの設定に必要な変数の定義
        pushAssetContentType = mime.lookup(pushAssetFSPath);

    response.push(pushAsset, {                       // 指定されたCSSファイルのプッシュを開始
      response:{
        "content-type": pushAssetContentType,        // CSSファイルのコンテンツタイプとそのキャッシュポリシーを指定するレスポンスヘッダー
        "cache-control": "max-age=3600",
        "link": "<" + pushAsset + ">; rel=preload; as=style"  // アセットのLinkレスポンスヘッダー
      }
    }, function(error, stream){                      // プッシュレスポンス用コールバック関数
      if(error){
        return;                                      // プッシュ中にエラーが発生した場合は処理を中止
      }

      pushStream = fs.createReadStream(pushAssetFSPath);  // CSSの読み込み可能なストリームを生成してCSSをプッシュ
      pushStream.pipe(stream);
      pushStream.on("finish", stream.end);           // ストリームをクローズしてプッシュレスポンスの終了を通知
    });
  }
```

　このコードを使うと、ユーザーがHTMLファイルを要求したときは常に styles.min.css をプッシュします。バージョン53以降のChromeでは、アセットがプッシュされたかどうかをNetworkパネルの「Initiator」の列に表示します。サーバーを再起動して https://localhost:8443/index.html にアクセスすると、図11.13のように表示されます。

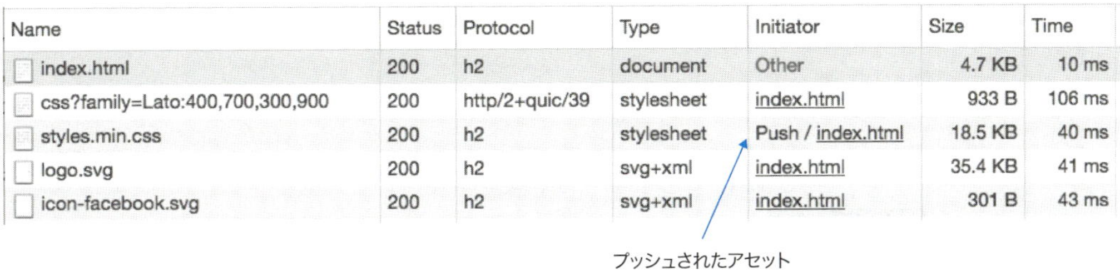

Name	Status	Protocol	Type	Initiator	Size	Time
index.html	200	h2	document	Other	4.7 KB	10 ms
css?family=Lato:400,700,300,900	200	http/2+quic/39	stylesheet	index.html	933 B	106 ms
styles.min.css	200	h2	stylesheet	Push / index.html	18.5 KB	40 ms
logo.svg	200	h2	svg+xml	index.html	35.4 KB	41 ms
icon-facebook.svg	200	h2	svg+xml	index.html	301 B	43 ms

プッシュされたアセット

図11.13 Chrome の Network パネルでは、プッシュされたアセットの Initiator は Push と表示される

他のブラウザではChromeのようにわかりやすくは表示されません。Firefoxはブラウザのキャッシュから読み込んだものとして表示しますし、EdgeはTTFBの測定結果なしで表示します（将来的にはアセットがプッシュされたものかどうかを明示するようになるかもしれませんが）。

> **MEMO** アセットがプッシュされたのかどうかを判別する確実な方法があります。コマンドラインのクライアントである`nghttp`を使えば、HTTP/2のセッションのフレームをすべて表示してくれます。`PUSH_PROMISE`フレームとプッシュされたアセットの内容を見れば、サーバープッシュが機能していることが確実にわかります。`nghttp`について詳しくは https://nghttp2.org/documentation/nghttp.1.html で知ることができますが、たとえば次のコマンドでローカルで実行中のサンプルサイトの`index.html`をリクエストしたときの様子が表示されます。
>
> ```
> nghttp -v https://localhost:8443/index.html
> ```

11.3.3 サーバープッシュの性能の測定

サンプルサイトでサーバープッシュを動かせるようになったので、性能を測定しましょう。しかし、性能の測定は少し神経を使う作業で、ローカル環境では困難と言えるかもしれません。性能を測定するために考えられる方法としては、ネットワーク制限を無効にする、リモートのHTTP/2サーバーでWebサイトをホストして現実のネットワーク条件の下で性能を測定する、などがあります。ローカルでネットワークへの制限を課さずにテストする場合の問題は、実際的な状況ではないことです。

筆者の場合は、リモートのHTTP/2サーバー上にWebサイトを設置して、サーバープッシュのテストを行いました。テストのため、サーバープッシュを有効にしたサンプルサイトを https://serverpush.jeremywagner.me にセットアップし、このWebサイトのCSSをすべてのHTMLページでユーザーにプッシュします。比較のために、同じWebサイトのサーバープッシュなし版を https://h2.jeremywagner.me に置いてあります。この2つのテスト結果を図11.14に示します。

CSSをユーザーにプッシュした場合、プッシュしない場合に比べてTTFP（Time to First Paint：最初のPaintまでの時間）が約19%早くなりました。筆者のブロードバンド接続環境では、約80ミリ秒となります。特に低速のモバイルネットワーク上の機器では速度低下に比例するようにレンダリング速度も低下してしまうことを考えると軽視できません。ほとんどのサーバー上でさほどの手間なしで利用できること

を考えるとサーバープッシュを利用しない手はないと言えるでしょう。

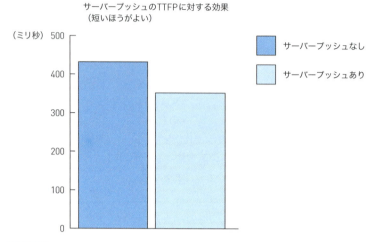

図11.14　顧客WebサイトのCSSのサーバープッシュをする場合としない場合でのTTFPの比較

　サーバープッシュの使い方はそれほど難しいものではありませんが、以下の基本的なガイドラインは覚えておきましょう。

- **プッシュするアセットは1つだけには制限されない**── NodeのHTTP/2サーバーであっても、他のサーバーであっても、複数のアセットをプッシュできます。
- **必要ないものをプッシュしてはならない**── これは自明でしょうが、意味のあるものだけをプッシュしてください。基本的ルールとしては、サイトの全ページで使われるアセットをプッシュすることです。
- **現在のページにないアセットもプッシュできる**── そう、現在のHTMLドキュメントに必要ないアセットでもプッシュできるのです。サイトユーザーが移動すると予測されるページのアセットをプリロードするために、利用してもかまいません。もちろん、これは不確実なものであり、ユーザーの帯域幅を浪費することになりかねません。確固たる理由がない場合はやめておきましょう。

> **MEMO**　サーバープッシュは時に、クライアントがすでにキャッシュしているコンテンツをプッシュすることになってしまう恐れがあります。この潜在的な問題を軽減する助けになるサーバー側でできる仕組みについては、「CSS-Tricks」に筆者が書いた記事 https://css-tricks.com/cache-aware-server-push/ を参照してください。

11.4 HTTP/1とHTTP/2の両方のための最適化

サーバープッシュを実装し、その長所を確認したので、今度は同一のサーバー上でHTTP/2とHTTP/1の両方に向けて同時に最適化する方法を学んで、この章を締めくくりましょう。ブラウザがHTTP/2に対応している、いないにかかわらず、ユーザーが最適化テクニックの恩恵を受けられるようにします。

まず、HTTP/2に対応したサイトにユーザーがHTTP/2非対応ブラウザを使ってアクセスしてきた場合にどうなるかを見ましょう。そしてGoogle Analyticsを使ってHTTP/2非対応ブラウザのユーザーの割合を把握する方法、Nodeサーバーを使って両方のプロトコル向けの最適化テクニックを組み込む方法を説明します。

先へ進む前に、この節では考え方を説明するのだということを明確にしておきましょう。この節の方法は必ずしもこの問題の確実な解決方法を意図したものではなく、解決策があることを示すものです。より効率の良いアプローチを発見したら、ぜひそれを試してみてください。

11.4.1 非対応ブラウザに対するHTTP/2サーバーの対応

HTTP/2に対応していないブラウザがどうやってHTTP/2サーバーと通信できるのでしょうか。実は、HTTP/2サーバーの中にはHTTP/1サーバーが控えているのです。

ユーザーが旧式のブラウザでHTTP/2サーバーにアクセスすると、最初はHTTP/2でのやり取りとして始まりますが、クライアントがHTTP/1ベースであると推測される挙動をすると、HTTP/1でのやり取りを行います（図11.15）。

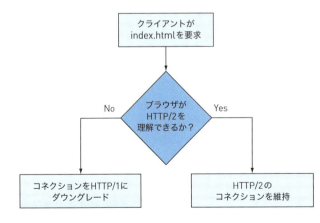

図11.15 HTTP/2のネゴシエーションの流れ。クライアントがアセットを要求し、次にサーバーはブラウザがHTTP/2に対応しているかを確認する。対応していればそのまま進み、そうでなければコネクションをHTTP/1にダウングレードする

このような機能は実はHTTP/2の仕様に含まれています。したがってサーバーが「HTTP/2準拠」と宣言するためには、古いブラウザ用にHTTP/1にダウングレードできなければなりません。

11.4.2 ユーザー層の確認

HTTP/2サーバーがHTTP/1に対応するといっても、HTTP/2用にパフォーマンスを最適化する作業とHTTP/1用に最適化する作業は同じではありません。そのため、かなりの時間をかけてHTTP/1用にも対応する意味があるか確認が必要です。特に、今回のように2組の最適化法を採用する手間をかける意味があるかどうかといった場合、実際のデータ（統計）が大きな意味を持ちます。そのために役に立つのが「Can I Use (caniuse.com)」とGoogle Analyticsです。

Can I Useは特定の機能（たとえばHTTP/2）をブラウザがサポートしているかを網羅したサイトです。上部の検索ボックスに「HTTP/2」と入力して、「HTTP/2 protocol」の下に表示される [Usage relative] をクリックすると図11.16のように表示されます。

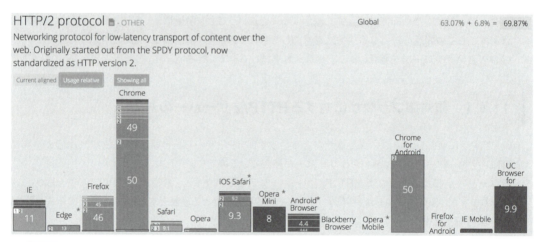

図11.16 「Can I Use」のWebサイトでブラウザのHTTP/2への対応状況を表示

Can I UseではHTTP/2対応のブラウザは緑色で、非対応のものは赤で、部分的対応のものは黄緑で表示されます。たとえば、IE11は部分的サポートです。IE11のところにマウスポインタを載せると、HTTP/2のサポートはWindows 10上のIE11に限定されていることがわかります。

このページでわかるのはこれだけではありません。Google Analyticsのアカウントからサイトユーザーのデータをインポートして、どういったユーザーが、（HTTP/2など）特定の機能も持つブラウザを使っているかがわかります。データをインポートするには、ページ上部の [Settings] ボタンをクリックします。これでページ左側にメニューが開きます。その中にデータをインポート（Import）できるセクションがあります（図11.17）。

[Import] ボタンをクリックしたら、Google Analyticsへのアクセスを許可し、データのインポートをするWebサイトを選択し、インポートを行い、統計を表示します。右上の [Close] ボタンをクリックすると右上にHTTP/2をサポートするブラウザのユーザーの割合を表示します（図11.18）。

図11.17 Google Analyticsからサイトのデータをインポートするボタン

図11.18 Google Analyticsデータをインポートすると、機能のサポート状況を示す数値が「Can I Use」に表示される。[All Web Sit Data]はGoogle Analyticsからインポートしたデータの統計

　サンプルサイト（Weekly Timber）のデータをインポートすると、訪問者の約18％がHTTP/2をまったくサポートしていないブラウザを使っていることがわかります（部分的なサポートの人を含めると、30％強ということになります）。このデータを使って決定を下す必要があります。サンプルサイトにアクセスするユーザーのおおむね2割（あるいはそれ以上）がHTTP/2の機能を（部分的に）使えないのならば、こうしたユーザーのために最適化を行うことは理にかなっているように思われます。とはいうものの、このデータはサイトによって、またデータをインポートした時期によっても変化します。サイトに関してできるだけ多くのデータを入手し、それに基づいた決定をしてください。

11.4.3　ブラウザの機能に応じたアセットの提供

　データを分析した結果、HTTP/2だけでなくHTTP/1についても最適化処理を行うことに決めました。利用されているプロトコルのバージョンを検出して、ブラウザに送信するデータを変えることになります。前に見たように、HTTP/1とHTTP/2での最適化テクニックの唯一の相違点は、アセットの連結に関連するものです。したがってHTMLを含むHTTPのレスポンスを対応プロトコルによって変更し、ブラウザにおけるアセットのロード方法を変えればよいのです。

　取りかかる前に、`jsdom`というNode用パッケージをインストールします。このパッケージを使うと、ブラウザで`window.document`オブジェクトのおなじみのメソッドを使うときとほとんど同じように、Nodeサーバー上のHTMLの内容を変更できます。このプラグインをインストールするには、ターミナルでルートディレクトリに移動してコマンド`npm install jsdom`を実行します。続いてコマンド`git checkout -f protocol-detection`を実行して手元のコードを更新すれば準備が整います。この作業をスキップして完成版のコードを入手するには、コマンド`git checkout -f protocol-detection-complete`を実行してください。

HTTPプロトコルのバージョンの検出

　まずHTTPプロトコルのバージョンを判定しなければなりませんが、これをテストするには、ChromeやFirefoxなどHTTP/2をサポートしているブラウザと、HTTP/2を使えない旧式のブラウザの両方が必要です。筆者の場合、`https://modern.ie`でIE10がインストールされた無料版のWindows 7仮想マシンを入手しました。VMwareなど有料の仮想化プログラムがなくても`https://www.virtualbox.org`でVirtualBoxという無料プログラムを入手できます。手元のコンピュータに旧式のWebブラウザがインストールされていれば、それを代わりに使ってテストしてください。なお、`https://www.browserstack.com`でも色々なブラウザのテストができます。

　バージョンの検出自体は難しくありません。NodeでHTTP/2サーバーを作成するのに使った`spdy`パッケージの`request`オブジェクトには`isSpdy`というプロパティがあり、現在のコネクションでHTTP/2が

使われているかどうかがわかります。http2.jsを開いて、変数contentTypeの宣言の後にリスト11.6の太字部分を追加してください。

リスト11.6　HTTPのバージョンの検出
```
var filename = path.join(pubDir, request.url),
    contentType = mime.lookup(filename),
    protocolVersion = request.isSpdy ? "http2" : "http1";
```

このコードでオブジェクトのプロパティrequest.isSpdyを調べて、その真偽値に従って文字列値"http2"か"http1"をprotocolVersionに代入します。この値に基づいて必要な処理を行うことになります。

HTTP/1を示すクラスの付加

次に、HTTP/1にダウングレードした場合に`<html>`タグにクラスを付加し、CSSの中でアセットの提供方法を変更できるようにします。デフォルトではアセットをHTTP/2に適した方法で提供するようにCSSファイルに記述してあるので、変更が必要なのはダウングレードされた場合だけです。jsdomを使ってドキュメントにHTTP/1のクラスを付加するには、HTTP/2サーバーの一部のコードを変更します（上で指示どおりにコマンドを実行してprotocol-detectionのコードにスイッチした場合は、わかりやすくするためにサーバープッシュのコードは削除されています）。

コードの中で各リクエストにヘッダーを設定しているresponse.writeHeadの呼び出しを見つけてください。その後ろにリスト11.7のコードを挿入します。

リスト11.7　HTTPのバージョンがダウングレードしたときに`<html>`タグにクラスを付加する

```
                ファイルシステムから         HTTP/1が使われており、かつ要求された
                アセットを読み出す           アセットがHTMLファイルかどうかを調べる
    if(protocolVersion === "http1" && filename.indexOf(".html") !== -1){
      fs.readFile(filename, function(error, data){
                                                    jsdomがファイルの内容を読み
        jsdom.env(data.toString(), function(error, window){ 込んで、内容を操作できるよう
          window.document.documentElement.                   にwindowオブジェクトを生成
          classList.add(protocolVersion);           クラスhttp1を<html>タグに付加
          var newDocument = "<!doctype html>" + window.document.
                            documentElement.outerHTML;
          response.end(newDocument);         変更したドキュメントの
        });                                  内容をブラウザに送信
      });
    }
```

これで正しい軌道には乗りましたが、サーバーのコードにはまだ変更を加える必要があります。リクエストがHTTP/1にダウングレードされていて、かつ要求されたアセットがHTMLドキュメントである場合にリクエストの内容を横取りして変更するので、elseを使って他のリクエストを分離する必要があります（リスト11.8）。

リスト 11.8　変更の必要がない他のリクエストの分離
```
else{
  var fileStream = fs.createReadStream(filename);
  fileStream.pipe(response);
  fileStream.on("finish", response.end);
}
```

このelseブロックは必ず、プロトコルのバージョンとHTMLアセットの要求であることを調べる最初のifブロックの直後に配置してください。そうしないとエラーになってしまいます。

完了したらnodeコマンドでサーバーを起動し、HTTP/2対応のブラウザでサイトを開いてください。レスポンスは変わりないことが確認できます。一方、HTTP/2に対応していないブラウザでWebサイトを開くと、`<html>`タグに http1 というクラスが付加されていることがわかるでしょう（図11.19）。

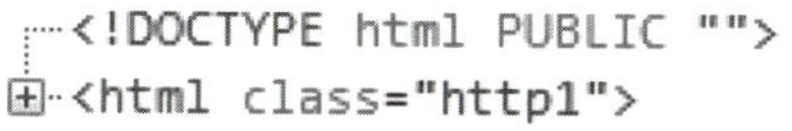

```
<!DOCTYPE html PUBLIC "">
<html class="http1">
```
図11.19　WebサーバーがHTTP/1にダウングレードした場合に、サーバー上で`<html>`タグを変更する

これでアセットの送信方法が制御できます。htdocs/cssにあるstyles.min.cssを開いて最後のほうを見れば、プロトコルバージョンがHTTP/1の場合に画像スプライト（sprite.svg）を使うように記述したスタイルが見つかります。https://localhost:8443/index.htmlにアクセスして、HTTP/2対応の新しいブラウザ（Chromeなど）とHTTP/2非対応のブラウザ（IE10など）でリクエスト数を比較すると、HTTP/2対応ブラウザのほうがSVG画像について4つ多くのリクエストを処理していることがわかるでしょう。HTTP/2非対応ブラウザは代わりに画像スプライトを使って、画像についてのリクエスト数を3つ少なく抑えています。

HTTP/1ユーザーのための連結スクリプトによる置換

サーバー側でリクエストを減らす方法はこれだけではありません。次はスクリプトの結合を行い、HTTP/1でのリクエストの数を減らしましょう。サンプルサイトには合計7つのスクリプトがあります。ただし、そのうちの1つはCDNでホストしているjQueryなので、実際には6つのスクリプトの送信を最適化することになります。

HTTP/1の並列リクエストの最大数は通常6ですから、スクリプトを結合して1つにして送信すればパフォーマンスが改善されるかもしれません。リスト11.9に各ページで使われている`<script>`タグを示します。

リスト 11.9　Weekly Timberサイトのスクリプト
```
<script src="https://code.jquery.com/jquery-2.2.4.min.js"
integrity="sha256-BbhdlvQf/xTY9gja0Dq3HiwQF8LaCRTXxZKRutelT44="
crossorigin="anonymous">
</script>
<script src="js/jquery.colorbox.min.js"></script>
<script src="js/colorbox-init.min.js"></script>
<script src="js/scooch.min.js"></script>
<script src="js/carousel.min.js"></script>
<script src="js/lazyload.min.js"></script>
<script src="js/collapsible-content.min.js"></script>
```
HTTP/1コネクションの場合に連結するべきスクリプト

1つ目のスクリプトはCDNでホストしているjQueryであり、これはこのままCDNのものを参照します。しかし後の6つはHTTP/1でアクセスするユーザーのために連結できます。これらを連結したものはすでにディレクトリjs内にscripts.min.jsという名前で筆者が用意しておきました。ここでの目標は、サイトがHTTP/1でアクセスされたときにjsdomを使ってサーバー上でこのマークアップをリスト11.10の内容になるように変換することです。

リスト11.10　Weekly TimberWebサイトでのHTTP/1に最適なスクリプトの取り扱い

```
<script src="https://code.jquery.com/jquery-2.2.4.min.js"
        integrity="sha256-BbhdlvQf/xTY9gja0Dq3HiwQF8LaCRTXxZKRutelT44="
        crossorigin="anonymous">
</script>
<script src="js/scripts.min.js"></script>
```

※ リスト11.9の連結対象スクリプトをすべて連結したもの

サーバー上のこのマークアップを変更する（短い）コードを記述する必要があります。デフォルトではHTTP/2用に各スクリプトを個別に参照するようにしますが、リスト11.9に示したコードをリスト11.10のように変換する必要があります。これはサーバーのコードの中の、ユーザーがHTTP/1コネクション上でHTMLドキュメントを要求している場合にレスポンスを変換する部分で行います。そのコードはリスト11.11の太字で示した追加の行です。

リスト11.11　HTTPのバージョンに基づいてスクリプトの配信を変換する

```
jsdom.env(data.toString(), function(error, window){
  window.document.documentElement.classList.add(protocolVersion);

  var scripts = window.document.
                  querySelectorAll("script:not([crossorigin])"),
    jQueryScript = window.document.
                  querySelector("script[crossorigin]"),
    concatenatedScript = window.document.createElement("script");
    concatenatedScript.src = "js/scripts.min.js";

  for(var i in scripts){
      scripts[i].remove();
  }

  jQueryScript.parentNode.
  insertBefore(concatenatedScript, jQueryScript.nextSibling);

  var newDocument = "<!doctype html>" +
                  window.document.documentElement.outerHTML;
  response.end(newDocument);
});
```

※ CDN上のスクリプト以外のドキュメント内のスクリプトすべてを取得
※ CDN上のjQueryを参照している<script>要素を取得
※ 連結したスクリプトを参照する新しい<script>要素を生成
※ CDN上にないスクリプトをすべてを削除
※ 連結したスクリプトを参照する新しい<script>要素をドキュメントに挿入

この変更を加えた後、サーバーを再起動します。そしてHTTP/2対応のブラウザでサイトを開き、サイトのスクリプトが元のまま個別の状態であることを確認してください。そしてサイトをIE10などの旧式のブラウザで開くと、図11.20のように確認できます。

```
https://code.jquery.com/jquery-2.2.4.min.js    GET    200
/js/scripts.min.js                              GET    200
```

図11.20 HTTP/1ブラウザ向けに連結されて送信された顧客Webサイトのスクリプト

考慮事項

上で見たような手法は確立されたものではなく、両プロトコルに対応するための1つの方法を示したにすぎません。両プロトコルに対応するよう、同じような手法を用いる場合、次にあげるいくつかの考慮事項を心に留めておいてください。

この方式を採用すると決めたら、プロトコルに合わせた最適化をどう実装するか決めなければなりません。まず、プロトコルが違うことで処理を分ける必要があるかどうかを判断する必要があります。そもそも、HTTP/1を使ってもHTTP/2を使っても同じように動作するような単純なサイトならば処理を分ける必要はありません。また、この点については上で議論しましたが、訪問者のブラウザの機能によって処理を分けるかどうかも要検討です。たとえば、ごく少数を除いて訪問者がHTTP/2に対応したブラウザを使っているのならば処理を分ける必要はないでしょう。

2つ目の判断は、開発者が利用できる技術に依存します。たとえば、PHPサーバーでは環境変数`$_SERVER["SERVER_PROTOCOL"]`を使ってHTTPプロトコルのバージョンを知ることができます。リスト11.12に、この変数を使ってアセットの提供方法を変える例を示します。

リスト11.12 PHPでプロトコルに応じてアセットを提供する

```
                              ←プロトコルのバージョンに関係なく読み込むスクリプト
<script src="https://code.jquery.com/jquery-2.2.4.min.js"
        integrity="sha256-BbhdlvQf/xTY9gja0Dq3HiwQF8LaCRTXxZKRutelT44="
        crossorigin="anonymous">
</script>
                                     ←プロトコルのバージョンがHTTP/1の場合に読み込むスクリプト
<?php if($_SERVER["SERVER_PROTOCOL"] == "HTTP/1.1"){ ?>
  <script src="js/scripts.min.js"></script>
<?php }else{ ?>  ←プロトコルのバージョンがHTTP/2の場合に読み込むスクリプト
  <script src="js/jquery.colorbox.min.js"></script>
  <script src="js/colorbox-init.min.js"></script>
  <script src="js/scooch.min.js"></script>
  <script src="js/carousel.min.js"></script>
  <script src="js/lazyload.min.js"></script>
  <script src="js/collapsible-content.min.js"></script>
<?php } ?>
```

実現方法はサーバー側で使う言語に依存しますが、言語によっては単純明快に記述でき場合もあるでしょう。

11.5 まとめ

　この章では、HTTP/2に関するいくつかの概念と、HTTP/2と旧バージョンであるHTTP/1との違いについて説明しました。登場した主な概念等をまとめておきましょう。

- HTTP/1は当初、単純な機能を提供するために設計されましたが、Web開発者はより複雑な機能を追い求めるようになった。その結果、多重接続の欠如、非圧縮のヘッダーなどが、パフォーマンスの向上に対するネックとなってきた
- HTTP/2はGoogleの実験的なプロトコルSPDYから発展し、並列接続の制限および非圧縮ヘッダーの問題に対処している
- NodeをベースにしてHTTP/2サーバーを簡単に構築できる
- HTTP/2では最適化手法を一部変更する必要がある。ファイルの連結、画像スプライト、アセットのインライン化といったアセットを結合するタイプの最適化のテクニックは、この新バージョンのプロトコルにおいてはアンチパターンとなる
- サーバープッシュによりアセットのインライン化と同等のパフォーマンス向上が得られる。しかも保守性やキャッシュ等に対する悪影響もない
- HTTP/1にしか対応していないブラウザを使っているユーザーが多数いる場合でも、HTTP/2サーバーを使って全ユーザーに対して最適なアセット配信を行うことが可能

　本書も終わりが近づいてきました。最終章は、これまでに説明した最適化手法の多くをgulpと呼ばれるJavaScriptの「タスクランナー」を使って自動化する方法にあてましょう。これによって、この本を読み終えるまでに、Webサイトのパフォーマンスを最高レベルに押し上げるテクニックを身につけるだけでなく、開発作業の自動化手法にも精通することになります。

12

gulpを使った自動化

- 12.1 gulp入門
    - 12.1.1 なぜビルドシステムを使うのか
    - 12.1.2 gulpの動作
- 12.2 基本レイアウト
    - 12.2.1 プロジェクトのフォルダ構成
    - 12.2.2 gulpとプラグインのインストール
- 12.3 gulpタスクの作成
    - 12.3.1 gulpタスクの構造
    - 12.3.2 gulpfileの作成
    - 12.3.3 ユーティリティタスクの作成
- 12.4 その他のgulpプラグイン
- 12.5 まとめ

CHAPTER 12　この章の内容

- gulpを使う理由
- gulpを利用する場合のフォルダの構成方法
- gulpプラグインのインストール
- gulpのタスクとは
- gulpのタスクの記述方法
- gulpベースのビルドシステムのテスト

　Webサイトを最適化する際には、CSSの縮小化、JavaScriptの難読化、画像の最適化などを繰り返し行う必要がありますが、これを手作業で行うのは大変です。幸いなことに、こうした退屈な作業を自動化してくれるgulp（`http://gulpjs.com`）というツールがあります。gulpはNodeベースの「ビルドシステム」で、サイト構築作業を効率化し時間を節約してくれます。

　この章ではgulpについて説明するとともに、典型的なフロントエンド開発の進め方についても紹介していきます。

12.1　gulp入門

　Node.js（Node）が広く利用されるようになるにつれて、Web開発者たちのお気に入りのツールになり、さまざまなツールがNodeを使って作られるようになりました。ユニットテスト用のソフトウェア、パッケージマネージャ、そしてビルドシステムなどの複雑なツールもその例外ではありません。gulpはNodeベースのビルドシステムです。この節ではgulpをなぜ使うのか、gulpはどのように動作するのかを紹介します。

> **注意!**　この章ではgulp 4を使います。本書の執筆（翻訳）時点ではgulp 4のリリースはペンディング状態になっており、gulp 3が最新リリースとなっています。バージョンによってgulpのインストール方法が変わる可能性がありますが、それについても以下で説明します。

12.1.1　なぜビルドシステムを使うのか

　gulpなどのビルドシステムを使うと、多くの煩雑で単純な作業が自動化され、生産的な仕事に集中できます。gulpもビルドシステムの1つで、自らを「ストリーミングビルドシステム」と呼称しています。

「従来の方法でうまくいっているなら、そのままでよいのではないか。ビルドシステムなんて何で使う必要があるんだ」と思う人もいるでしょう。筆者自身も、類似のツールが登場し始めた頃はそのように感じていました。

しかし、Web開発では繰り返しが非常に多いのです。筆者はLESSを何度も何度も使います。LESSファイルに変更を加えるたびに図12.1のようなプロセスを経なければなりません。

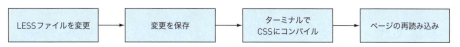

図12.1 LESSをCSSにコンパイルする際のワークフロー（非自動化バージョン）

もちろん、この形の開発を続けることは可能です。しかし、何回も何回もこの工程を繰り返す必要があります。これに対してビルドシステムを使えば、図12.2のようにワークフローを変えることができます。

図12.2 LESSをCSSにコンパイルする際のワークフロー（自動化バージョン）

開発者の作業は「変更して保存」だけで、あとはビルドシステムがやってくれるのです。

ターミナルからコマンドを打つ必要はなくなります。ビルドシステムを一度起動しておけば、CSSの編集に集中できます。変更をするたびに自動的にブラウザの表示内容も変わってくれるのです。

そして、ビルドシステムはLESSファイルのCSSへのコンパイルだけのものではありません。CSSやその他のファイルの縮小化にも、画像の最適化にも、プラグインが対応していればどのような作業にも使えます。gulpを使えばさまざまなタスクの自動化ができます。執筆時点で約2500ものプラグインが公開されており、いずれも簡単にダウンロードして利用できます。

gulpなどのビルドシステムの長所は理解できたでしょうか。それでは実際に使ってみましょう。

12.1.2　gulpの動作

「ストリーミングビルドシステム」であるgulpでは、データが川の流れ（ストリーム）のように変換されていきます。ストリームを連結させて一連のタスクを行います。

ストリームの役割

まず、ストリームがどのように動作するか見ていきましょう。「ストリーム」は入出力に関連してかなり昔から使われている概念です。gulpにおいては、入力のデータをプラグインによって変換しその出力を次の入力として渡す仲介役を演じます。LESSファイルをコンパイルする場合を図12.3に示しますが、これを見ればわかるようにデータが川のように流れ、「ストリーム」を形成しています。

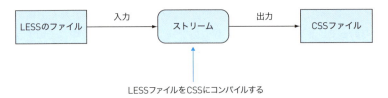

図12.3 ストリームとは

　入力データ（通常はディスク上のファイル）がストリームに流れ込み、それがなんらかのプラグインによって変換されます。変換されたデータは出力され、次のストリームに渡されてさらに処理されます。これが最終的にディスクに書き込まれるまで続きます。図12.4の例では、入力はLESSファイルでそれが処理されてCSSにコンパイルされ、その結果がさらに縮小化されたCSSに変換されています。川の水が流れていくように順番に処理されていきます。

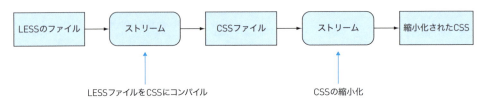

図12.4 複数のストリームを連続して処理する例

　ストリームを次々と接続することで、入力を連続的に変換できます。接続される数に制限はありません。すべての処理が終われば最終結果をディスク上のファイルに書き出すことになります。上記の例では、まずLESSファイルを入力としてそれをCSSにコンパイルしました。続いて、その出力をまた別のストリームとして処理して縮小化を行っています（ストリームからストリームにつなぐことを「パイプする」「パイプでつなぐ」などと言います）。

gulpのタスク

　gulpにおいては基本的な処理の単位を「タスク」と呼びます。そしてストリームはタスクを構成する要素となります。タスクはディスクからデータをストリームに読み込むことから始まり、最終的にファイルシステムの他の場所に書き込むストリームの出力で終了します。図12.5に1つのストリームからなる単純なタスクの概略を示します。

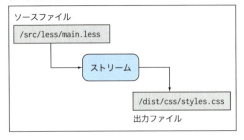

図12.5 gulpのタスクの例。このタスクにはbuildCSSという名前が付いている。LESSのソースファイルmain.lessから始まり、main.lessをコンパイルするストリームにパイプされ、変換の結果はstyle.cssという名前でディスク上にファイルとして保存される

1つのタスクでは1つの作業だけを行うのが普通です。図12.5の例の場合、buildCSSというタスクがCSS関連の処理をしています。HTMLの縮小化はまた別のタスクが行うことになります。画像の最適化、JavaScriptの難読化などについても同様に個別のタスクを作成することになります。

1つのプロジェクトで作成するタスクの数に制限はありません。各タスクを記述するコードはgulpfileと呼ばれるファイル（ファイル名は通常gulpfile.js）に書かれ、ファイルの内容全体でプロジェクト全体の処理方法を記述することになります。

12.2　基本レイアウト

gulpfile に処理方法を記述しますが、このファイルを作成する前にすることがあります。まず、プロジェクトのフォルダ構成を決め、それからgulpや、プロジェクトで必要なgulpのプラグインをインストールします。

12.2.1　プロジェクトのフォルダ構成

まずフォルダの構成を決めましょう。どんなプロジェクトの開始時にもフォルダの構成を決めると思いますが、ビルドシステムを使う場合は考慮しなければならないことがいくつかあります。

前の節で触れましたが、1つのタスクはソースファイルを入力として、出力をディスク上のファイルに書き出します。一般的なプロジェクトでは、ソースフォルダ（src）にあるファイルを編集して、ビルドシステムを使ってコンパイル（あるいはその他の変換処理）を行い、ディストリビューション用のフォルダ（dist）に結果を入れることになります（図12.6）。

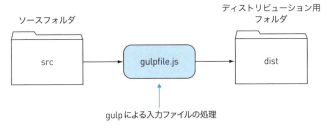

図12.6　ビルドシステムの処理

まず最初にプロジェクト用に新しいフォルダを作成します。名前は任意のものでかまいません。次にそのフォルダに移動して、その下にsrcという名前のフォルダを新しく作ります。このフォルダにファイルを作成したり、作成したファイルを編集したりします。例として第6章などで見た「Weekly Timber」のWebサイトのファイルをここに置いてみましょう。次のコマンドを実行してください。

```
git clone https://github.com/webopt/ch12-weekly-timber.git ./src
```

次にdistという名前のフォルダを作成します。

```
mkdir dist
```

これで次のようなフォルダの階層ができあがっているはずです。

```
/
  src
    img
    js
    less
  dist
```

なお、実際に自分のプロジェクトについて考える場合は、上記のフォルダ構成が「絶対」というわけではありません。ただし一般的には、「自分が作業をするフォルダ」と「ビルドシステムが出力を置くフォルダ」を分けるようにします。

12.2.2 gulpとプラグインのインストール

次にgulpとgulpのプラグインをインストールします。gulpはCLI（Command Line Interface）で利用します。これをグローバルにインストールし、gulpコマンドを実行してgulpfileを処理できるようにします。

```
npm install -g gulp-cli   ## Unix系OSでは先頭にsudoが必要
```

このコマンドを一度実行すればgulpをどこでも実行できるようになるため、別のプロジェクトを開始するときには上記のコマンドを再度実行する必要はありません。

続いて、npmを使ってプロジェクトを初期化します。

```
npm init
```

このコマンドを実行すると、プロジェクト名やバージョン番号などを尋ねられます。この章のサンプルでは、こういった情報はさほど重要ではありませんので、適当な値を指定しておいてかまいません。自分のプロジェクトを作ったり、http://www.npmjs.com/ にnpmモジュールを公開したりする場合は慎重に決定する必要があります。

このコマンドによりpackage.jsonというファイルが作成されます。以降、プロジェクト用にモジュール（プラグイン）などをインストールするたびに、それをこのファイルに記録しておきます。これによりプロジェクトの他のシステムへの移動（コピー）が簡単にできるようになります。npmのコマンドを1つ実行するだけでよいのです。npmのインストール（install）コマンドに--saveオプションを付けると、モジュールの情報をpackage.jsonに書き込みます。

gulp本体のインストール

それではgulpのインストールを行いましょう。

本書の執筆（翻訳）時点のgulpのリリースバージョンは3ですが、近々正式リリースが公開される予定のバージョン4を使うことにします。そこで、まず次のコマンドを実行して現在のリリースバージョンを確認してください。

```
npm show gulp version
```

この結果が4.0.0など、バージョン4であることを示す場合は次のコマンドでgulpのバージョン4をインストールできます。

```
npm install gulp --save
```

3.9.1などバージョン3であることを示すものの場合は、npmを使ってGitHubから開発バージョンの4.0ブランチをインストールする必要があります。次のコマンドを実行してください。

```
npm install gulpjs/gulp#4.0 --save
```

今までに使ったことのない形式ですが、「GitHubのユーザー gulpjsの、リポジトリgulpの#4.0のブランチ」をインストールすることを示しています。gulpのバージョン4がリリースされた後はこのコマンドではインストールできないかもしれません。その場合は`npm install gulp --save`でインストールしてください

必須プラグインのインストール

次にプロジェクトに必要なプラグインをインストールすることにしましょう。次のコマンドを実行してください。

```
npm install gulp-util del gulp-livereload gulp-ext-replace --save
```

インストールされるプラグインの機能を表12.1に示します。

表12.1 gulpの必須プラグイン

プラグイン名	目的
gulp-util	プラグインからターミナルにエラーや注記などを出力
del	ファイルやフォルダの削除（ディストリビューション用フォルダの削除やクリーンビルド用）
gulp-livereload	ファイルを変更したときにブラウザで自動的にリロードする**LiveReload**というプラグインをインストール
gulp-ext-replace	拡張子の変更

HTML縮小化プラグイン

HTMLの縮小化（ミニファイ）の自動化には`gulp-htmlmin`というプラグインを使いましょう。次のコマンドでインストールします。

```
npm install gulp-htmlmin --save
```

CSS関連のプラグイン

　Weekly TimberのサイトではLESSを使ってCSSを生成します。LESSに加えて、PostCSSや関連のプラグイン（表12.2）もインストールしましょう。次のコマンドを実行します。

```
npm install gulp-less gulp-postcss autoprefixer autorem cssnano --save
```

表12.2 CSS関連のgulpプラグイン

プラグイン名	目的
gulp-less	LESSファイルをCSSにコンパイル（SASSのユーザーは代わりにgulp-sassをインストール。Weekly TimberではLESSが使われているので、gulp-lessを用いる）
gulp-postcss	CSSの変換用ライブラリ。このライブラリでCSS関連のさまざまな変換を行える。詳しくはhttp://postcss.org参照
autoprefixer	CSSにベンダープレフィックスを自動的に付加。LESS/SASSのmixinを使わない場合の互換性保持に便利（これを使わないと大量のコピー＆ペーストが必要）
autorem	PostCSSのプラグイン（筆者作）。px単位の記述をremに自動的に変換
cssnano	PostCSSのプラグイン。CSSの縮小化（詳しくはhttp://cssnano.co参照）

JavaScript関連のプラグイン

　JavaScript関連でインストールするプラグインは2つあります（表12.3）。次のコマンドでインストールしてください。

```
npm install gulp-uglify gulp-concat --save
```

表12.3 JavaScript関連のgulpプラグイン

プラグイン名	目的
gulp-uglify	JavaScriptの難読化（不必要な空白文字を削除したり機能を変えずにコードを短くしたりして、ファイルサイズを小さくする）
gulp-concat	JavaScriptファイルの合体。HTTP/2接続では合体の必要はないが、HTTP/1を使う場合はこれを使って複数のスクリプトを簡単にまとめることができる

画像処理用プラグイン

　第6章で説明したようにWebサイトで利用するファイルの中では画像の容量が一番大きくなりがちです。そこで、画像の最適化も自動化したいところです。gulpを使えばこれが可能になります。次のコマンドを実行して関連するプラグイン（表12.4）をインストールしてください。

```
npm install gulp-imagemin imagemin-webp imagemin-jpeg-recompress imagemin-pngquant ➡
imagemin-gifsicle imagemin-svgo --save
```

表12.4　画像最適化関連のプラグイン

プラグイン名	目的
gulp-imagemin	画像最適化用のNodeモジュール（第6章参照）
imagemin-webp	WebPへの変換（PNGやJPGよりも小さくなるケースが多い。第6章参照）
imagemin-jpeg-recompress	imageminのプラグインでJPEG画像の最適化に用いられる
imagemin-pngquant	imageminのプラグインでPNG画像の最適化に用いられる
imagemin-gifsicle	imageminのプラグインでGIF画像の最適化に用いられる
imagemin-svgo	imageminのプラグインでSVG画像の最適化に用いられる

上記のプラグインのインストールが終わったら、次はgulpfileを書く番です。

12.3　gulpタスクの作成

この節ではgulpのタスクについてもう少し説明し、それから具体的なgulpfileの書き方を説明していきます。

12.3.1　gulpタスクの構造

まず、gulpのタスクについて概要を説明しておきます。gulpのタスクは`gulp.task`というメソッドを介して実行されます。このメソッドには通常、タスクを実行する関数を引数として指定します。次のようなコードになります。

```
function minifyHTML(){
    // タスクのコードをここに記述
}

gulp.task(minifyHTML);
```

上記の例では`minifyHTML`という名前の関数を`gulp.task`の引数に指定しています。この中にタスクのコードを書き、それを定義するタスクメソッドにバインドします（結び付けます）。他にもいろいろな使い方がありますが、これがシンプルな使い方です。後ほど説明しますが、順に複数のタスクを実行したり、一度に複数のタスクを並行に実行したりするよう書くこともできます。

ソースファイルの読み込み

gulpの「ストリーム」の入力側（ソース）を指定するのに`gulp.src`というメソッドを使います。このメソッドには入力となるファイル名を示す文字列（あるいは文字列の配列）を引数として指定します。

```
function minifyHTML(){
  return gulp.src("src/*.html");
}
```

上記の例にある`src/*.html`は、「srcフォルダにあるすべてのHTMLファイル」を表すものです。これを含め、gulpでは次のような「グロブ」と呼ばれる表記を使って複数のファイルを指定できます。

- `img/*` ── imgフォルダ内のすべてのファイル
- `img/**` ── imgフォルダ内のファイルと、そのリブフォルダ内のすべてのファイル
- `img/*.png` ── imgフォルダのすべてのPNGファイル
- `img/**/*.png` ── imgフォルダとそのサブフォルダ内にあるすべてのPNGファイル
- `img/**/*.{png,jpg}` ── imgフォルダおよびそのサブフォルダにあるすべてのPNGあるいはJPEGファイル
- `!img/**/*.svg` ── imgフォルダおよびそのサブフォルダにあるSVGファイルを**除外する**

nodeで利用するグロブは上記のようなものがほとんどでしょうが、グロブにはこの他にもさまざまな指定があります。詳しくは`https://github.com/isaacs/node-glob#glob-primer`などを参照してください。

ストリームを介したデータの変換

メソッド`gulp.src`から入力が読み込まれると、今度はプラグインを使ってデータを処理します。これにはメソッド`pipe`を使います。次の例はHTMLを縮小化するプラグイン`htmlmin`にデータを渡す例です。

```
function minifyHTML(){
  return gulp.src("src/*.html")
    .pipe(htmlmin());
}
```

上記のコードには`htmlmin`のインスタンス生成の部分はありませんが、それについてはあとで触れます。ここでの焦点はメソッド`pipe`です。ストリームに対して操作する際には`gulp.src`のあとで`pipe`を使います。`pipe`はデータを渡す先の関数を引数としてとります。上記の例では`gulp.src`から読み込んだデータを`htmlmin()`にパイプしています。`htmlmin()`の処理が終わると縮小化されたHTMLデータを返すので、これをさらにパイプしてファイルに保存するなどの処理を行うことができます。

ディスクへのデータの書き込み

最終的には変換したデータをファイルに書き出すことになります。このためには`pipe`の出力を`gulp.dest`に渡します（destは destination の略）。

メソッド`gulp.dest`には変換結果の保存先を指定する引数を1つ指定します。ここにはグロブではなく、特定のフォルダあるいはファイルを指定します。次の例では縮小化したデータを`gulp.dest`を使って、`dist`という名前のフォルダ（distは distribution の略）に同じファイル名で書き出すことになります。

```
function minifyHTML(){
  return gulp.src("src/*.html")
    .pipe(htmlmin())
    .pipe(gulp.dest("dist"));
}
```

12.3.2　gulpfileの作成

gulpのメソッドについての大まかな説明が終わったので、登場したメソッドを使ってgulpfileを作成していきましょう。gulpは`gulp`コマンドを実行することで起動されますが、まずカレントディレクトリにある`gulpfile.js`というファイル（gulpfile）を探します。このファイルが見つからなければ何もせずに終了します。`gulpfile.js`があれば、そのファイルに記述したタスクが実行されます。

> **MEMO** 最終結果を見たくなったら適当なフォルダを作ってから、`git clone https://github.com/webopt/ch12-gulp.git`を実行してください。

モジュールのインポート

それではプロジェクトのルートフォルダに`gulpfile.js`というファイルを新たに作成することから始めましょう。まず、インストールしたモジュール（プラグイン）をインポートする必要があります。リスト12.1のように記述します。

リスト12.1　gulpfileへの必要なモジュールのインポート

```
var gulp = require("gulp"),           // ビルドシステムのための基本的なモジュール
    util = require("gulp-util"),
    del = require("del"),
    livereload = require("gulp-livereload"),
    extReplace = require("gulp-ext-replace"),
    htmlmin = require("gulp-htmlmin"),    // HTML縮小化モジュール
    less = require("gulp-less"),          // LESSのためのモジュールおよび
    postcss = require("gulp-postcss"),    // PostCSSプラグイン
    autoprefixer = require("autoprefixer"),
    autorem = require("autorem"),
    cssnano = require("cssnano"),
    uglify = require("gulp-uglify"),      // JavaScriptの難読化と連結用のプラグイン
    concat = require("gulp-concat"),
    imagemin = require("gulp-imagemin"),
    jpegRecompress = require("imagemin-jpeg-recompress"),
    pngQuant = require("imagemin-pngquant"),   // 画像最適化のための
    svgo = require("imagemin-svgo"),           // モジュール
    gifsicle = require("imagemin-gifsicle"),
    webp = require("imagemin-webp");
```

全体の構造

基本的なgulpfileの構造はほとんどの場合よく似ており、図12.7に示すようになっています。まずソースファイルを読み込み、タスクの目的に合うようなプラグインにパイプしてHTMLの縮小化や画像の最

適化などの処理を行います。

図12.7 gulpfileの基本的な構造

すべてのタスクが同じパターンで書かれるというわけではありません。後ほど具体例を見ますが、ビルドを「クリーン」したり、ファイルの変更を「ウォッチ」する場合などは異なるパターンになります。

HTMLの縮小化

縮小化は最適化の基本です。これによって「どんな場合でもデータの転送量が大きく削減される」というわけではありませんが、簡単にできるのでやらない手はありません。そしてgulpを使えばさらに簡単になります。

先ほどのリスト12.1では、プラグイン gulp-htmlmini を変数 htmlmin にインポートしました。これを使ってリスト12.2のように縮小化の処理を記述できます。

リスト12.2　HTMLの縮小化

```
function minifyHTML(){           ← タスク関数（目的のタスクを実行する関数）
  var src = "src/**/*.html",     ← 処理対象のHTMLファイを表すグロブ
      dest = "dist";             ← 書き込み先フォルダに縮小化されたHTMLをパイプ

  return gulp.src(src)           ← HTMLファイルの読み込み
    .pipe(htmlmin({              ← ストリームをhtmlminにパイプ
      collapseWhitespace: true,
      removeComments: true       ← プラグインhtmlminに指定するオプション
    }))
    .pipe(gulp.dest(dest))       ← 書き込み先フォルダに縮小化されたHTMLをパイプ
    .pipe(livereload());         ← ブラウザウィンドウをリロードするようLiveReloadを呼び出す
}

gulp.task(minifyHTML);           ← gulpにminifyHTMLのタスク関数をバインド
```

まず、gulp.src によって HTML ファイルを読み込みます。ここから先はデータがパイプされていきます。まずプラグイン gulp-htmlmin で HTML を縮小化します。htmlmin には2つのオプションを指定しています。removeComments を指定することで HTML ファイル内のコメントを削除し、collapseWhitespace によって不要な空白文字を削除しています。指定できるオプションのリストは https://github.com/kangax/html-minifier#options-quick-reference にあります。

縮小化が終了したら、gulp.dest を使って変更をファイルに保存し、モジュール livereload を使ってブラウザでページをリロードします（これについては後ほど説明します）。最後に関数 minifyHTML を gulp のメソッド task にバインドすることで、HTML の縮小化タスクをセットアップします。gulpfile を保存したら、次のコマンドを実行してください。

```
gulp minifyHTML
```

これによって`minifyHTML`のタスクが実行され、次のような出力が表示されます。

```
[13:47:33] Using gulpfile /var/www/ch12-gulp/gulpfile.js
[13:47:33] Starting 'minifyHTML'...
[13:47:33] Finished 'minifyHTML' after 64 ms
```

タスクが終了すると`src`フォルダにあった HTML ファイルがすべて処理されて`dist`フォルダに変換後のファイルが入っているはずです。

これで HTML の縮小化が終わりました。他のタスクもほぼ同じような手順で行っていきます。

LESS 関連ファイルのビルドと POSTCSS の利用

それでは CSS 関連のタスクを行いましょう。プラグイン`gulp-less`を使って`src/less`フォルダにある LESS ファイルをコンパイルし、CSS をプラグイン`gulp-postcss`で最適化し、それを`dist/css`フォルダに書き出します。`gulp-less`、`gulp-postcss`、`autoprefixer`、`autorem`、`cssnano`の各モジュールを利用します。

それでは`gulpfile.js`にリスト 12.3 のコードを追加してください。

リスト 12.3　LESS のコンパイルと CSS の最適化

```
function buildCSS(){                    ← タスク関数（目的のタスクを実行する関数）
  var src = "src/less/main.less",       ← main.less をソースフォルダから読み込み
      dest = "dist/css";

  return gulp.src(src)
    .pipe(less()                        ← LESS ファイルをコンパイラにパイプ
      .on("error", function(err){       ← エラー発生時のコールバック
        util.log(err);                  ← エラーが起こった場合その旨を報告
        this.emit("end");               ← エラー処理の終了
    }))
    .pipe(postcss([                     ← コンパイルされた CSS を PostCSS にパイプ
      autoprefixer({                    ← CSS プロパティに必要に応じて自動的にベンダープレフィックスを追加
        browsers: ["last 4 versions"]   ← ブラウザの最新バージョン用（4種類）にプレフィックスを追加
      }), autorem(),                    ← px 単位の指定を rem 単位に変換
      cssnano()                         ← cssnano による縮小化と最適化
    ]))
    .pipe(gulp.dest(dest))
    .pipe(livereload());
}

gulp.task(buildCSS);                    ← gulp に buildCSS のタスク関数をバインド
```

HTML の縮小化よりは少し複雑ですが、このタスクもそれほど複雑ではありません。「Weekly Timber」のスタイルはすべて LESS で書かれており、そのメインファイルは`main.less`です。これを読み込んでプラグイン`gulp-less`にパイプします。`gulp-less`は LESS を CSS にコンパイルします。また、エラーハンドラによってエラーをキャッチしています。エラーが起こるとプラグイン`gulp-util`のメソッド`log`を使ってコンソールに表示されます。

ここから先は少し複雑です。このプロジェクトでは3つのPostCSSプラグイン（`autoprefixer`、`autorem`、`cssnano`）を使っており、いずれもプラグイン`gulp-postcss`のインスタンスに渡されています。`autoprefixer`はCSSにベンダープレフィックスを自動的に付加するもの、`autorem`はpx単位の指定をrem単位に変換するもの、そして`cssnano`はCSSを縮小化し最適化するものです。すべての処理が終わると縮小化されたCSSがdist/cssフォルダに書き込まれます。この処理を実行するには次のコマンドを実行します。

```
gulp buildCSS
```

実行後dist/cssの下を見ると`main.css`という最適化後のCSSファイルがあるはずです。これでCSSの処理は完了です。

JavaScriptファイルの難読化と連結

JavaScriptの最適化はサイズを小さくするための難読化と連結の2つの段階に分かれます。HTTP/1でもHTTP/2でも配信できるように、連結したものと連結しないものを提供します。

まず難読化から始めましょう。リスト12.4のコードを`gulpfile`に加えます。

リスト12.4　JavaScriptの難読化

```
function uglifyJS(){            ←── タスク関数
  var src = "src/js/**/*.js",   ←── ソースファイルを表すグロブ
    dest = "dist/js";           ←── 難読化したスクリプトを書き込むフォルダ

  return gulp.src(src)
    .pipe(uglify())             ←── ソースファイル（通常複数）をプラグインuglifyにパイプ
    .pipe(gulp.dest(dest))
    .pipe(livereload());
}

gulp.task(uglifyJS);            ←── uglifyJSのタスク関数をgulpにバインド
```

このタスクではsrc/jsフォルダを再帰的に検索してモジュール`gulp-uglify`のインスタンスに次々とファイルを渡していきます。処理が終わると、難読化されたスクリプトをdist/jsフォルダに書き込みます。

次はJavaScriptの連結（concatenation）ですが、これも`uglifyJS`と同様、単純なタスクです。リスト12.5のコードを`gulpfile`に加えてください。

リスト12.5　JavaScriptファイルの連結

```
function concatJS(){                                        ←── タスク関数
  var src = ["dist/**/*.js", "!dist/js/scripts.js"],        ←── ソースファイルを表すグロブ
    dest = "dist/js",                                       ←── 連結されたスクリプトの書き込み先
    concatScript = "scripts.js";                            ←── 連結されたスクリプトを書き込むフォルダ

  return gulp.src(src)
    .pipe(concat(concatScript))                             ←── スクリプトがプラグインgulp-concatにパイプされる
```

```
      .pipe(gulp.dest(dest))
      .pipe(livereload());
}

gulp.task(concatJS);  ●────────── concatJSのタスク関数をgulpにバインド
```

　concatJSのタスクはuglifyJSの処理結果に依存するため、uglifyJSはconcatJSの前に行うようにしなければなりません。後ほど、ウォッチタスクとビルドタスクを定義する際に説明しますが、特別な関数を使う必要があります。

　ソースファイルのグロブで、scripts.jsが除外されている点にも注意してください。このファイルを除外しないと実行のたびにscripts.jsがどんどん大きくなってしまうことになります。

　これ以外はこれまでの処理と同じように進みます。srcで指定したファイルを読み込み、フォルダdist/jsに出力を書き込みます。

画像の最適化

　第6章で説明したように、画像を最適化すると画質をあまり落とさずにかなりサイズを小さくできます。しかし画像の最適化を手動で行うのは大変です。そこでgulpのプラグインimageminのgulp-imageminを使い、この作業を自動化します。

　ここではimagemini関連のタスクを2つ作成します。PNG、JPEG、SVGの画像を最適化するものと、PNGとJPEGをWebPに変換するものです。まず基本的な形式変換を行いましょう（リスト12.6）。

リスト12.6　imageminによるPNG、JPEG、SVGの最適化

```
function imageminMain(){  ●────────── 画像最適化のタスク関数
  var src = "src/img/**/*.{png,jpg,svg,gif}",  ●────── すべての画像ファイルをsrc/img
      dest = "dist/img";  ●────────── 出力先フォルダの指定            フォルダから読み込み

  return gulp.src(src)
    .pipe(imagemin([  ●────────── 画像データをgulp-imageminにパイプ
      jpegRecompress({  ●────────── プラグインimagemin-jpeg-recompressのインスタンス
        max: 90  ●────────── 出力の最高品質を90に設定
      }),
      pngQuant({  ●────────── プラグインimagemin-pngquantのインスタンス
        quality: "45-90"  ●────────── 画質を45〜90に設定
      }),
      gifsicle(),  ●────────── プラグインimagemin-gifsicleのインスタンス
      svgo()  ●────────── プラグインimagemin-svgoのインスタンス
    ]))
    .pipe(gulp.dest(dest))
    .pipe(livereload());
}

gulp.task(imageminMain);  ●────────── imageminMainのタスク関数をgulpにバインド
```

少しだけ複雑になってはいますが、それほどでもありません。まず、`src/img`フォルダからPNG、JPEG、SVG、GIFの形式のすべてのファイルを読み込み、`gulp-imagemin`のインスタンスに渡しています。`imagemin`はプラグインが指定されないと独自のデフォルトプラグインを使いますが、ここでは公開されている数多くのプラグインの中から筆者がこれまで試してみて良いと思ったものをいくつか選択しました。

> **MEMO** `imagemin`を用いた画像最適化用には膨大な数のプラグインが公開されています。プラグインのリストは`https://www.npmjs.com/browse/keyword/imageminplugin`にあります。各プラグインにはさまざまなオプションがあり、自分の用途に合った画像を得ることができます。

この例では`imagemin-jpeg-recompress`、`imagemin-pngquant`、`imagemin-svgo`、および`imagemin-gifsicle`の各プラグインを指定しています。最適化処理が終わると`dist/img`フォルダに書き込まれます。

こうしたプラグインでほとんどの画像形式の最適化が行えますが、WebP形式を使いたい場合は`imagemin-webp`という別のプラグインが必要になります。このプラグインを使うことで、PNGあるいはJPEGの画像をWebPに変換できます。gulpfileにリスト12.7のコードを追加してWebPの処理も行えるようにしましょう。

リスト12.7 WebP画像の変換

```
function imageminWebP(){                    ← WebP画像への変換を行うタスク関数
  var src = "src/img/**/*.{jpg,png}",       ← JPEGおよびPNG形式の画像を
      dest = "dist/img";                       src/imgフォルダから読み込み
                                            ← 出力先フォルダの指定
  return gulp.src(src)
    .pipe(imagemin([                        ← imageminのプラグインに画像データをパイプ
      webp({                                ← プラグインimagemin-webpのインスタンス
        quality: 65                         ← 画質を65/100に設定
      })
    ]))
    .pipe(extReplace(".webp"))              ← プラグインgulp-ext-replaceが拡張子を
    .pipe(gulp.dest(dest))                     .webpに換えてファイルを保存
    .pipe(livereload());
}
gulp.task(imageminWebP);                    ← imageminWebPのタスク関数をgulpにバインド
```

次のコマンドを実行することで、両方のタスクを行います。

```
gulp imageminMain imageminWebP
```

実行後`dist/img`フォルダを見ると最適化された画像があるはずです。もちろんWebPのバージョンも入っています。画像の変換もできるようになりました。これで`gulpfile`の基本的な変換部分は完成です。

12.3.3　ユーティリティタスクの作成

前項までで、HTMLの縮小化、CSSの生成、JavaScriptの難読化、画像の最適化といった基本的なタスクはすべて完成しました。

しかしまだ「自動化」は完成していません。今の状態ではまだターミナルでコマンドを実行しなければなりません。自動化のためには、後2つタスクを加える必要があります。

- **ウォッチタスク** —— ファイルに対する変更を監視(ウォッチ)し、変更があると自動的に必要なタスクを実行しブラウザでページを再ロードする
- **クリーンビルドタスク** —— プロジェクトが完了し、公開準備ができたときに、クリーンビルドを行い、`dist`フォルダにすべてのファイルを準備する

ウォッチタスクの作成

それではウォッチタスクから始めましょう。他のタスク同様このタスクもメソッド`gulp.task`を介して定義しますが、`gulp.watch`という新しいメソッドを呼び出します。このメソッドには2つの引数を指定します。1つはウォッチするファイルを指定するグロブで、もう1つはファイルに変更があったときに実行するタスクの配列です。リスト12.8にウォッチタスクの全体を示します。そして、このタスクがデフォルト(`default`)のタスクとなります。

リスト12.8　ウォッチタスク

```
function watch(){                                      ← ウォッチのタスク関数
    livereload.listen();                               ← LiveReloadのインスタンスにファイルに対する変更を監視させる

    gulp.watch("src/**/*.html", minifyHTML);           ← HTMLに変更があった場合、minifyHTMLを実行
    gulp.watch("src/less/**/*.less", buildCSS);        ← LESSファイルに変更があった場合、buildCSSタスクを実行
    gulp.watch("src/js/**/*.js", gulp.series(uglifyJS, concatJS));
    gulp.watch("src/img/**/*.{png,jpg,svg,gif}",
               gulp.parallel(imageminMain, imageminWebP));
}                                                      ← 画像に変更があった場合には画像の最適化タスクを並列的に実行
gulp.task("default", watch);                           ← ウォッチのタスク関数をgulpにバインド
```
JavaScriptに変更があった場合、uglifyJSとconcatJSをこの順序で実行

このタスクがデフォルトのタスクになるので、`default`というラベルを指定します。gulpにおいて`default`は予約されたラベルで、このラベルが付いたタスクは、gulpfileのあるフォルダでオプションを指定せずに`gulp`コマンドを実行したときに実行されます。

`watch`の先頭にある`livereload.listen`の呼び出しは、プラグイン`gulp-livereload`のインスタンスに対して、ファイルの変更監視プロセスを開始するよう依頼します。

ブラウザ側でもLiveReloadプラグイン(拡張機能)をインストールする必要があります。Chrome用にはChrome Web Store (`https://chrome.google.com/webstore`)でLiveReloadを検索すると見つけられます。このプラグインをインストールするとツールバーにアイコンが加わります(図12.8)。

図12.8 ChromeのツールバーのLiveReloadアイコン。クリックするとファイルの変更があったときにローカルのLiveReloadサーバーからのシグナルを受信するLiveReloadリスナが有効になる

LiveReloadはOperaおよびSafari用のものもあります[1]。これ以外のブラウザについては、ブラウザの拡張機能（エクステンション）のリポジトリあるいはlivereload.comを参照してください。

ウォッチタスクを書いてブラウザ用のLiveReloadエクステンションをインストールしたらターミナルからgulpコマンドを実行すると、ウォッチタスクが起動します。次のような出力が表示されるはずです。

```
[22:36:46] Using gulpfile /private/var/www/ch12-gulp/gulpfile.js
[22:36:46] Starting 'default'...
```

このコマンドを実行するとウォッチタスクの関数に指定されたファイルの変更をずっと監視し続けます。この場合gulpを終了するにはCtrl+Cキーを押してください。

どこかで、うまく動かなくなってしまったら、最終バージョンをダウンロード（git clone https://github.com/webopt/ch12-gulp.git）してgulp buildを実行すれば試すことができます。なお、これまでの章で何度か利用したWebサーバーで試すこともできます（必要に応じてexpressをインストールしたり、http.jsのルートフォルダをdistに変更したりしてください）。

Webサーバーを実行してトップページを表示する一方でgulpを実行し、HTMLファイルなどを編集して保存するとブラウザが自動的にリロードされます。

ただし、ターミナルでgulpのウォッチを実行してしまうと他の操作ができなくなってしまうので、gulpあるいはWebサーバーをバックグラウンドで実行するか、別のターミナルを開いてサーバーを実行する必要があります（なお、バックグラウンドで実行すると環境によってはエラー出力などが表示されなくなってしまう場合があります）。

さて、リスト12.8ではseriesとparallelという新しいメソッドが使われています。最後にこれについて説明しましょう。どちらも実行したいタスクを複数指定できますが、seriesは指定されたタスクを順に実行するのに対して、parallelは指定されたタスクを同時に実行します。imagemin関連のタスクは並列に実行され、uglifyJSとconcatJSは順番に実行されます（concatJSはuglifyJSの処理が終わってから実行しなければなりません）。

これですべてが自動的に行われるようになりました。何らかの変更を行うと自動的にdistフォルダにあるファイルも更新され、ブラウザの表示も自動的に変更を反映したものに変わります。こうした自動化によって最適化が自動的に行われるだけでなく、その他の面でも開発の効率が上がります。

---

[1] ［訳注］2018年1月現在、Firefoxの最新版では動作しないようです。また訳者の環境では、Chromeの最新版ではページを自動的にリロードできるときと真っ白なウィンドウになってしまうときがありました。

ビルドタスクの作成

最後にビルド（build）タスクを作成しましょう。これまでの手順に比べても簡単です。gulp.taskの第1引数に"build"を指定し、実行したいタスクを順番に指定します。たとえば次のようになります。

```
gulp.task("build", gulp.parallel(minifyHTML, buildCSS, uglifyJS,
           imageminMain, imageminWebP, gulp.series(uglifyJS, concatJS)));
```

コマンドラインからgulp buildを実行すると、このタスクが実行され、ファイルに記述されたとおりにサブタスクが実行されます。これによりsrcフォルダにあるファイルから最適化されたファイルが生成され、構造を保ったままdistフォルダに最適化後のファイルが保存されます。

クリーンタスクの作成

srcフォルダのファイルが不要になったので削除した場合、余計なファイルがdistフォルダに残ってしまうことになります。このような場合など、buildを実行する前にdistフォルダの内容をすべてクリアしたくなる場合があります。このような場合にクリーンビルド（clean build）を行います。

すでに上記でnpmを使ってdelというプラグインをインストールしました。これはgulpのプラグインではなく、Nodeのモジュールでフォルダを削除してくれるものです（gulpfileには任意のNodeのコードを書くことができます）。注意が必要なのはVinylファイルオブジェクト（この章に登場する例ではローカルなファイルを表すオブジェクト。ただし一般にはより広くネット上のファイルなども表現できる）を返す必要がある点です。（Vinylについて詳しくはhttps://github.com/gulpjs/vinylを参照してください）。

クリーンタスクは次のようになります。

```
function clean(){
  return del(["dist"]);
}

gulp.task(clean);
```

delモジュールには削除するフォルダの配列を引数として渡します。いったんまっさらの状態に戻してビルドするには、次の2つのコマンドを実行します。

```
gulp clean
gulp build
```

この2つのコマンドを実行することで、distフォルダの下にサイトの公開に必要なすべてのファイルが作成されることになります。

これでWebプロジェクトに必要なすべての作業を自動化できたことになります。

12.4 その他のgulpプラグイン

　最後に、これまで紹介したもの以外でWeb開発に役立ちそうなgulpのプラグインを紹介しておきましょう。

　gulpfileの中には任意のNodeのコードを書けますが、通常はプラグインを使ったほうが必要な機能を簡単に実現できます。ここまで紹介したもの以外にもたくさんのプラグインが公開されています。`http://gulpjs.com/plugins`には2500以上のプラグインがリストされています。その中からいくつかを紹介しましょう。

- `gulp-changed` —— 直前のビルド後に変更したファイルだけを処理するためのプラグイン。画像の最適化など時間のかかるタスクを行う場合に便利。変更があったファイルだけを処理するのでビルド時間を短くできる
- `gulp-nunjucks` —— MozillaのテンプレートエンジンNunjucks用のプラグイン。HTMLを再利用可能な部分に分割するのに利用できる（PHPの`include`や`require`に相当）。あるいはJavaScriptのテンプレートエンジンHandlebarsのような構文を使ってHTMLファイル作成用のテンプレートのように使うことができる。静的なサイトを運営する際にCMSのような機能を持たせたい場合に有用。詳しくは`https://mozilla.github.io/nunjucks`を参照
- `gulp-inline` —— ファイルのインライン化をしてくれるプラグイン。HTTP/2対応のサーバーには非推奨だが、HTTP/1のサーバーおよびクライアントには有用。インライン化するファイルを編集しやすい状態に分割したままで開発を進めることができる
- `gulp-spritesmith` —— スプライト（CSSスプライト）およびそれを利用するためのCSSを、複数の画像ファイルから生成する。HTTP/2ではスプライトは利用するべきではないが、HTTP/1用には有用（第6章参照）
- `gulp-sass` —— SASSファイルからCSSを生成するプラグイン。本書では主にLESSを用いたが、SASSを使うのならばこのプラグインが便利。構文は`gulp-less`に似ている
- `gulp-uncss` —— 第3章で使った`uncss`ツールのラッパー。プロジェクトから使われていないCSSを自動的に削除してくれる

　開発者が必要とするような作業には、必ずプラグインが用意されていると考えて間違いないでしょう。そのすべてを紹介すると1冊の本が書けてしまいそうなので、ここではこのくらいにしておきます。

　もし、自分が使いたいタスクのgulpプラグインが見つからなかった場合は、Nodeを知っていれば自分で作ることもできます。gulpのドキュメント（`http://mng.bz/109I`）を参照してぜひトライしてみてください。

12.5 まとめ

　この章ではWeb開発のプロジェクトに対して、最適化を含め、各種の作業を自動化する方法を紹介しました。手動で行えばかなりの手間と時間がかかってしまう作業も、自動化することで素早く簡単に行うことができます。
　自動化に関連してこの章で採り上げたトピックをまとめてみましょう。

- **gulpは「ストリーム」をベースにしたビルドシステム** ── ストリームはディスク上のソースファイルのデータから始まり、それを処理（変換）し、最終的にディスクにファイルとして書き出す
- **フォルダの構造に留意** ── gulpを利用する場合は、ソースファイルのフォルダと変換後の公開用のファイルを置くフォルダを分ける。こうすることで、編集作業と最適化作業をスムーズに進め、生産性を上げることができる
- **プラグインの利用** ──「必須」というわけではないが、gulpで一般的な作業を行うにはプラグインを使ったほうがはるかに簡単になる
- **タスクの記述** ── gulpのタスク記述はそれほど難しくはなく、多くの場合それほど長くもならない。タスクによってCSSの生成、HTMLの縮小化、JavaScriptの難読化、画像の最適化など、さまざまな作業を行える。また、ファイルの変更を監視し必要な処理を自動的に行うよう設定したり、さらにはブラウザでページを自動的にリロードすることもできる
- **ユーティリティタスクの作成** ── プロジェクトで必要なファイルをビルドするのに、ユーティリティを自作することもできる
- **豊富なプラグイン** ── gulpには2500を超えるプラグインが用意されており、さまざまなタスクを行うことができる。何かをしたいと考えた場合、gulpのプラグインがすでに存在している可能性は高いので、まずは探してみるとよい

　本書では、効率の良いCSSやJavaScriptの書き方、画像やフォントなどの最適化を含め、サイトのパフォーマンスを向上するためのたくさんのテクニックを紹介してきました。Webサイトのパフォーマンス向上はUXの向上に欠かせないものです。パフォーマンス向上によって、ユーザーはWebサイトに気軽にアクセスできるようになり、ユーザーが内容に注目してくれる可能性が高くなります。その結果、サイトへの訪問者が増え、eコマースサイトならば売り上げが増加します。
　本書に書いた内容は、読者の皆さんがWebサイトのパフォーマンスを向上するための**きっかけ**にすぎません。Webサイトのパフォーマンスに関しては考慮しなければならない事柄が非常に多く、また技術の進歩に伴って「ベストプラクティス」も大きく変わります。このため、1冊の本でそのすべてをカバーすることは不可能です。しかし、ベースとなる考え方は変わりません。Webサイトのデータ量を（常識的な範囲で）可能な限り削減し、（HTTP/2などの）最新技術を活用し、訪問者が「キビキビ動いて快適だ」と感じさせるサイトを構築しましょう。
　皆さんのWebサイトが常に「リーン」な状態を保ち、ネットワークの遅延が少なく、ページが素早く表

示されるものになるよう、そして皆さんの目的の達成の助けとなる存在であり続けるよう、祈っています。
　グッドラック！

A
ツールのリファレンス

本書ではさまざまなツールが使われていましたので、この付録Aでまとめて紹介しておきましょう。本書で紹介した順番に並べています。

> **MEMO** Webブラウザが提供している開発者用ツールの説明はここには含まれていません。多くのブラウザでは、Windowsでは F12 キーを、Macでは command + option + I キーを押すことで開発者用ツールを表示できます。

A.1 Webベースのツール

この節ではWebベースのツールを紹介します。

- **TinyPNG**（http://tinypng.com）──画像最適化。PNGやJPEGファイルをわかりやすいインターフェイスで最適化
- **PageSpeed Insights**（https://developers.google.com/speed/pagespeed/insights）──URLを指定するとそのページのパフォーマンスを改善する方法に関するアドバイスを提示する
- **Googleアナリティクス**（https://www.google.com/analytics）──サイトの訪問者に関するデータを提供
- **Jank Invaders**（http://jakearchibald.github.io/jank-invaders）──ツールというよりはゲームだが、スムーズに動作しないアニメーションがどのようなものかがよくわかる
- **モバイルフレンドリーテスト**（https://www.google.com/webmasters/tools/mobile-friendly）──指定されたURLのページを分析してデザインがモバイル端末に対応しているかどうかを報告
- **mydevice.io**（http://mydevice.io）──各種デバイスの画面の解像度とピクセル密度の一覧
- **VisualFold!**（http://jlwagner.net/visualfold）──ページの指定した場所にガイド線を引いてくれるブックマークレット（筆者作）
- **Grumpicon**（http://grumpicon.com）──SVGスプライトからPNGを生成する（他の機能も多数あり）
- **Can I Use**（http://caniuse.com）──各種ブラウザの機能やサポートレベルの一覧表

A.2　Node.jsベースのツール

　この節ではNode.js関連のツールについて説明します。ここであげるツールは`npm install <パッケージ名>`の形式のコマンドを実行してインストールします。また、詳しい情報はhttps://www.npmjs.comで入手できます。

A.2.1　Webサービスおよび関連のミドルウェア

- **express**（http://expressjs.com）── 小規模のWebサーバー機能を提供するフレームワーク。本書では`localhost`で例題のコードを公開するために利用
  - **compression**（https://github.com/expressjs/compression）── ExpressベースのWebサーバーに対して`gzip`圧機能を提供
  - **shrink-ray**（https://www.npmjs.com/package/shrink-ray）── Brotli圧縮をサポートするためのExpressのミドルウェア
  - **mime**（https://github.com/broofa/node-mime）── ローカルファイルシステム上のファイルタイプを検知するモジュール
  - **spdy**（https://github.com/indutny/node-spdy）── HTTP/2に対応したWebサーバーモジュール

A.2.2　画像の処理および最適化

- **svg-sprite**（https://github.com/jkphl/svg-sprite）── SVGスプライトをコマンドラインで生成
- **imagemin**（https://github.com/imagemin/imagemin）── 画像最適化ライブラリ
- **imagemin-jpeg-recompress**（https://github.com/imagemin/imagemin-jpeg-recompress）── imageminのプラグインで、JPEGデータを軽量化する
- **imagemin-optipng**（https://github.com/imagemin/imagemin-optipng）── imageminのプラグインで、PNGデータを軽量化する
- **svgo**（https://github.com/svg/svgo）── コマンドラインのユーティリティで、SVGデータを軽量化する
- **imagemin-webp**（https://github.com/imagemin/imagemin-webp）── imageminのプラグインで、画像のWebP形式への変換を行う
- **imagemin-svgo**（https://github.com/imagemin/imagemin-svgo）── imageminのsvgo用のラッパー
- **imagemin-pngquant**（https://github.com/imagemin/imagemin-pngquant）── imageminのプラグインで、imagemin-optipng同様、PNGデータを軽量化する

- **imagemin-gifsicle** (https://github.com/imagemin/imagemin-gifsicle) —— imageminプラグインでGIFデータを軽量化する

A.2.3　縮小化およびファイルサイズ削減

- **html-minify** (https://github.com/yize/html-minify) —— HTMLファイルを縮小化（ミニファイ）するコマンドラインのツール
- **minifier** (https://github.com/fizker/minifier) —— CSSとJavaScriptのファイルを縮小化するコマンドラインのツール
- **uncss** (https://github.com/giakki/uncss) —— Webサイトを分析して使用されていないCSSを削除する

A.2.4　フォント変換ツール

- **tt2eot** (https://github.com/fontello/ttf2eot) —— TrueTypeフォントをEmbedded OpenTypeに変換
- **tt2woff** (https://github.com/fontello/ttf2woff) —— TrueTypeフォントをWOFFに変換
- **tt2woff2** (https://github.com/nfroidure/ttf2woff2) —— TrueTypeフォントをWOFF2に変換

A.2.5　gulpおよびプラグイン

- **gulp** (http://gulpjs.com) —— JavaScriptベースのタスクランナー
- **gulp-cli** (https://github.com/gulpjs/gulp-cli) —— gulpのコマンドラインインターフェイス
- **gulp-util** (https://github.com/gulpjs/gulp-util) —— gulpプラグイン用のユーティリティ。プラグインからターミナルにエラーや注記などを出力するのに使われる
- **gulp-changed** (https://github.com/sindresorhus/gulp-changed) —— gulp用プラグインで、変更されたファイルをチェックする
- **del** (https://github.com/sindresorhus/del) —— ファイルやフォルダの削除
- **gulp-livereload** (https://github.com/vohof/gulp-livereload) —— ファイルに変更があった場合にブラウザで自動的に再ロードする
- **gulp-ext-replace** (https://github.com/tjeastmond/gulp-ext-replace) —— ファイルの拡張子の変更
- **gulp-htmlmin** (https://github.com/jonschlinkert/gulp-htmlmin) —— HTMLファイルの縮小化
- **gulp-less** (https://github.com/plus3network/gulp-less) —— gulpのプラグインで、LESSファイルをコンパイルする
- **gulp-postcss** (https://github.com/postcss/gulp-postcss) —— gulpのプラグインラッパーで、PostCSSで利用する

- **gulp-uglify**（https://github.com/terinjokes/gulp-uglify）──JavaScriptファイルの難読化。変数や関数名の長さも短くしできるだけファイルサイズを小さくする
- **gulp-concat**（https://github.com/contra/gulp-concat）──複数ファイルを1つのファイルに結合
- **gulp-imagemin**（https://github.com/sindresorhus/gulp-imagemin）──gulpのプラグインラッパーで、imageminで利用する

A.2.6　PostCSSおよびそのプラグイン

- **PostCSS**（https://github.com/postcss/postcss）──CSSの変換を行うNodeプログラム
- **autoprefixer**（https://github.com/postcss/autoprefixer）──CSSのプロパティに自動的にベンダープレフィックスを付加する
- **cssnano**（http://cssnano.co）──CSSの最適化を行う。単純な縮小化だけでなく、解析も行って最適化する
- **autorem**（https://github.com/malchata/node-autorem）──PostCSSのプラグインでCSS中のpx単位指定をrem単位に変更する（著者作）

A.3　その他のツール

- **csscss**（https://zmoazeni.github.io/csscss）──Rubyベースのコマンドラインツールで、CSS内の冗長性を指摘する
- **loadCSS**（https://github.com/filamentgroup/loadcss）──Filament Groupによるライブラリで、CSSをレンダリングをブロックしないようロードする
- **Picturefill**（https://scottjehl.github.io/picturefill）──`<picture>`要素、srcset・sizes属性用のポリフィル（Filament GroupのScott Jehl作）
- **Modernizr**（https://modernizr.com）──JavaScriptの機能検出用ライブラリ。検出の程度をカスタマイズ可能
- **fontTools**（https://github.com/behdad/fonttools）──Pythonベースのフォント関連のライブラリ。フォントのサブセット化用ツールpyftsubsetを含む
- **Font Face Observer**（https://github.com/bramstein/fontfaceobserver）──フォントの読み込みや表示をコントロールするライブラリ。ブラウザベースのFont Loading APIと類似の機能を持つ（Bram Stein作）
- **Alameda**（https://github.com/requirejs/alameda）──JavaScriptのプロミスを利用するためのコンパクトなAMDのモジュール／スクリプトローダー
- **RequireJS**（http://requirejs.org）──Alamedaの旧バージョン（互換性が高い）

- **Zepto**（http://zeptojs.com）──jQueryの軽量な代替ライブラリ。代替ライブラリとしては最も機能が豊富
- **Shoestring**（https://github.com/filamentgroup/shoestring）──jQueryの軽量な代替ライブラリ。Zeptoよりもさらに軽量（Filament Group作）
- **Sprint**（https://github.com/bendc/sprint）──jQueryの軽量な代替ライブラリ。高速な動作が特徴
- **$.ajax Standalone Implementation**（https://github.com/ForbesLindesay/ajax）──jQueryの$.ajaxメソッドのスタンドアローンの実装
- **Fetch API**（https://github.com/github/fetch）──Fetch APIのポリフィル
- **Velocity.js**（http://velocityjs.org）──jQueryのanimateメソッドのrequestAnimationFrameを利用した実装。高速なアニメーションをなじみのAPIで実現

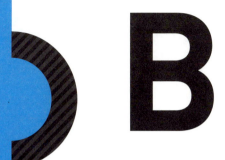

B

よく使われるjQueryの機能と同等のJavaScriptネイティブの機能

第8章で、最小限のもので最大限の効果をあげる「ミニマリズム」をJavaScriptに取り入れることの重要性を説明しました。その1つの方策がjQueryの機能を使わずに、ブラウザが提供しているJavaScriptの機能を使うというものです。この付録Bでは、よく使われるjQuery機能をいくつか採り上げて説明し、同じことを素のJavaScript（ネイティブJavaScript）の機能を使って実現する方法を示します。なお、ここにあげるのはすべてを網羅した参照用のドキュメントではありません。あくまでも出発点として用いてください。

B.1　要素の選択

jQueryの核となるメソッドである`$`を使うと、次のように引数にCSSセレクタを表す文字列を指定して、DOMの要素を簡単に選択できます。

```
$("div");
```

これでページ上のすべての`<div>`要素が選択されます。`$`で指定できるCSSセレクタなら（jQuery特有の独自セレクタを除けば）、素のJavaScriptの`document.querySelector`メソッドや`document.querySelectorAll`メソッドが使えます。この2つの違いは、`document.querySelector`が最初に一致した要素だけを返すのに対し、`document.querySelectorAll`は一致したすべての要素を配列に入れて返すことです。要素を1つしか返さない場合も配列になります。次に例を示します（戻される値を注釈に示します）。

リストB.1　querySelectorとquerySelectorAllの使用例
```
document.querySelector("p:nth-of-type(4)");      ← 最初に一致した<p>要素（その4番目）
document.querySelectorAll("p:nth-of-type(4)");   ← 上と同じものだが、配列に入れて返される
document.querySelector("p");                     ← 最初に一致した<p>要素
document.querySelectorAll("p");                  ← 一致したすべての<p>要素を配列にしたもの
```

このどちらのメソッドも有用なのですが、この他にも表B.1に示すような要素選択メソッドがあり、要素の選択に関してはより高速です。

表B.1　要素選択メソッド

セレクタ	jQueryコード	対応するネイティブコード
ID	`$("#element");`	`document.getElementById("element");`
タグ	`$("div");`	`document.getElementsByTagName("div");`
クラス名	`$(".element");`	`document.getElementsByClassName("element");`

こういった中核の要素選択メソッドは事実上すべてのブラウザでサポートされており、要素がDOM内にある（とわかっている）ときには、要素の選択に最適です。より複雑な選択には、上にあげた`querySelector`メソッドあるいは`querySelectorAll`メソッドを使います。

B.2 DOMのレディ状態の確認

　第8章でも説明しましたが再録しておきます。jQueryで何かをする前には、DOMがレディになっているか（準備が完了しているか）をチェックする必要があります（正しい動作が保証されません）。jQueryを使った一般的な方法を次に示します。

```
$(document).ready(function(){
   // ここにコードが入る
});
```

数バイトでも節約したければ、等価な省略形メソッドを使うこともできます。

```
$(function(){
   // ここにコードが入る
});
```

　jQueryの代わりに素のJavaScriptを使うなら、次のように`addEventListener`を介してイベントDOMContentLoadedをリッスンします。

```
document.addEventListener("DOMContentLoaded", function(){
   // ここにコードが入る
});
```

　これはIE9以降でしかサポートされていないので、より古いブラウザの場合は別の方法を使う必要があります。

```
document.onreadystatechange = function(){
  if(document.readyState === "interactive"){
    // ここにコードが入る
  }
};
```

　jQueryなしで済ませたいがどちらでチェックしたらよいかわからないなら、`document.onreadystatechange`を使います。広くサポートされており、`addEventListener`を使って`DOMContentLoaded`をリッスンするのとほぼ同じ働きをするからです。

B.3　イベントのバインド

　イベントのバインドもjQueryの得意技です。この節ではよく使われるjQueryのイベントのバインド機能を示し、jQueryなしで同様の機能を実現する方法を示します。

> **MEMO**　この節はjQueryやネイティブJavaScript APIで使用できるイベントを漏れなく解説したものではありません。addEventListenerで指定できる利用可能なイベントのリファレンスとしては、MDNのページ（`https://developer.mozilla.org/en-US/docs/Web/Events`）が参考になります。

B.3.1　イベントの単純なバインド

　jQueryではbindメソッドを使って要素に発生するイベントをリッスンできます（bind自体はjQueryバージョン3から廃止され、その代わりに（以下で説明する）onが使われるようになりました。要素がクリックされたときに何かのコードを実行する例を次に示します。

```
$(".click-me").bind("click", function(){
    // ここにクリックイベントのコードが入る
});
```

　jQueryにはbindを使うより少しだけ見やすい短縮形メソッドもあります。次のコードは上と同じ機能をもちます。

```
$(".click-me").click(function(){
    // ここにクリックイベントのコードが入る
});
```

　querySelectorとaddEventListenerを使えば、同じことができます。

```
document.querySelector(".click-me").addEventListener("click", function(){
    // ここにクリックイベントのコードが入る
});
```

　多くの場合、jQueryのbindに指定するのと同じイベント名をaddEventListenerに指定できるはずですが、基本的なイベント以外は、いつも使えると考えてはなりません。使用可能なイベントのリストはMozilla Developer Networkのイベントリファレンスにあるのでチェックしてください。

B.3.2　プログラムからのイベント起動

要素にバインドされているイベントのコードをJavaScriptのコードから起動したいと思うことがときどきあります。要素.click-meにクリックイベントのコードがバインドされており、これをJavaScriptから起動したいとしましょう。jQueryのtriggerメソッドを使えばそれが可能です。

```
$(".click-me").trigger("click");
```

これで.click-meにバインドされたクリックイベントのコードが実行されます。要素にアタッチしたイベントのコードを好きなときに実行したい場合に便利です。jQueryを使わずに、dispatchEventメソッド経由で同じことができます（リストB.2）。

リストB.2　jQueryを使わずに、プログラムからイベントを起動する
```
var clickEvent = new Event("click");          ← クリックイベントのオブジェクトを新たに生成
document.querySelector(".click-me").dispatchEvent(clickEvent);    ← イベントを起動
```

この構文はjQueryほどコンパクトではありませんが、きちんと動作します。新しいEventオブジェクトを生成するといった退屈な作業をなくしてくれるヘルパー関数triggerを定義すれば、この文をリストB.3のように短くできます。

リストB.3　ヘルパー関数trigger
```
function trigger(selector, eventType)
  document.querySelector(selector).dispatchEvent(new Event(eventType));
}
trigger(".click-me", "click");
```

関数triggerは、指定のセレクタ（selector）で要素を選択し、指定されたイベントを起動します。バインドされている要素の外からイベントを起動したくなることは多くはないでしょうが、必要ならばjQueryなしでも実現できます。

B.3.3　まだ存在しない要素をターゲットにする

jQueryではonメソッドを使って、存在しない要素にイベントをバインドすることが可能です。まだ存在していないが、将来生成される可能性のある要素に機能を追加できるわけです。ここではこのメソッドを使い、<ul>内の<li>要素でコードを実行する例を示します。

```
$(".list").on("mouseover", ".list-item", function(){
  // ここにmouseoverのコードが入る
});
```

このコードによって、将来 .list 要素に追加される .list-item 要素でも mouseover イベントにバインドされたコードが実行されます。これが役に立つ場面はいろいろ想像できるでしょうが、同じことが jQuery を使わなくてもリスト B.4 のようなコードで行えます。

リスト B.4　jQuery を使わずに、存在しない要素にイベントをバインドする

```
document.querySelector(".list").addEventListener("mouseover", function(event){
  if(event.target.className === "list-item"){
    // ここに mouseover のコードが入る
  }
});
```

- ターゲットとなった要素が求められているクラスかどうかチェック
- イベントはターゲットとなる要素の親要素にバインドされる

これもまた jQuery ほどコンパクトではありませんが、きちんと機能します。もちろん、クラス以外の属性を使って子要素をターゲットにしたいなら、オブジェクト event.target の中を探し回ってターゲットとなる子要素を特定する他の方法を見つけねばなりません。たとえば、要素を ID で特定するならプロパティ event.target.id を使うでしょうし、タグ名で要素を特定するならプロパティ event.target.tagName を使うでしょう（jQuery の構文ほど便利でもコンパクトでもありませんが）。

B.3.4　バインドされたイベントの削除

jQuery では要素にバインドしたイベントをメソッドの unbind や off を使って、次のように削除できます。

```
$(".click-me").unbind("click");
$(".list").off("mouseover", ".list-item");
```

bind 同様、unbind も jQuery のバージョン 3 から廃止されていますから、この先は off を使うほうがよいでしょう。いずれにせよ、素の JavaScript では removeEventListener を使えば要素にバインドしてあるイベントを削除できます。

```
$(".click-me").removeEventListener("click", boundFunctionReference);
```

removeEventListener を使ってバインドされたイベントを削除する際には、まず要素にバインドした関数を渡さねばなりません。この例では boundFunctionReference が、addEventListener を使って要素にバインドした関数を表しています。

B.4 複数要素のイテレーション

jQueryでは、eachメソッドという、マッチした要素の集合を順次処理（イテレーション）する非常に有用なメソッドを提供しています。マッチした要素の集合ならどのような集合に対しても実行できます。

```
$("ul > li").each(function(){
  $(this); // 順次処理されている現在の要素
});
```

これをjQueryなしでするのは簡単です。リストB.5に示したように for ループを使うだけです。

リストB.5　jQueryを使わずに、要素の集合を順次処理する
```
var listElements = document.querySelectorAll("ul > li");  ← 直接の子要素をすべて選択
for(var i = 0; i < listElements.length; i++){ /  ← listElements内のすべての要素を順次処理
  listElements[i];  ← 順次処理中の現在の要素
}
```

マッチした要素の集合を順次処理するもう1つの方法も for 文を使いますが、形式が違います。

```
for(var i in listElements){
  listElements[i]; // 順次処理中の現在の要素
}
```

ただし、この構文には気をつけてください。集合のすべての要素を巡回して順次処理するだけでなく、lengthなどのプロパティも巡回の範囲に含まれてしまいます。したがって、この構文を使いたくなる場面は多くはないでしょう。

B.5 要素のクラスの操作

jQueryでは、addClass、removeClass、toggleClassの各メソッドを使って要素のクラスを操作できます（リストB.6）。

リストB.6　jQueryで要素のクラスを操作する
```
$(".item").addClass("new-class");      ← クラスnew-classを追加
$(".item").removeClass("new-class");   ← クラスnew-classを削除
$(".item").toggleClass("new-class");   ← クラスnew-classをトグル（なければ追加、あれば削除）
```

素のJavaScriptでは`classList`がこの機能の大部分を提供しています。リストB.7は、リストB.6に示したjQueryのメソッドと等価な操作です。

リストB.7　jQueryを使わずに、要素のクラスを操作する
```
var item = document.querySelector(".item");
item.classList.add("new-class");       ← クラスnew-classを追加
item.classList.remove("new-class");    ← クラスnew-classを削除
item.classList.toggle("new-class");    ← クラスnew-classをトグル（なければ追加、あれば削除）
```

`toggle`メソッドの第2引数に条件を渡すこともできます（リストB.8）。条件が`true`と評価されればクラスが追加されます。`false`なら削除されます。

リストB.8　classListを使用して条件付きでクラスを切り替える
```
var enabled = true;
item.classList.toggle("enabled", enabled);    ← クラスenabledが追加される
enabled = false;
item.classList.toggle("enabled", enabled);    ← クラスenabledが削除される
```

しかし、`classList`はすべてのブラウザでサポートされているわけではなく、IE10以降でも部分的にしかサポートされていません。たとえば、上のコードで示した`toggle`メソッドの第2引数は、どのバージョンのIEでもサポートされていません。この場合でも、選択した要素のプロパティ`className`なら操作できます。このプロパティに文字列を連結するだけで要素にクラスを容易に追加できます。

```
item.className += " new-class";
```

クラスの削除とトグルのほうは厄介です。正規表現を使うか、プロパティ`className`を配列に変換して配列として操作するのが普通です。`classList`がない状況でクラスの単純な追加以上のことをする必要があるなら、ポリフィル（代替プログラム）を検討しましょう。その1つが https://github.com/eligrey/classList.js から入手可能です（縮小化すれば2Kバイト強で、サーバー圧縮をすればさらに小さくなります）。

要素が特定のクラスに属しているかを調べなければならないことがあります。そのような場合にはjQueryの`hasClass`メソッドを使います。

```
$(".item").hasClass("item"); // trueを返す
```

この代わりに`classList`の`contains`メソッドが使えます（リストB.9）。

リストB.9　classListのcontainsで既存クラスをチェックする
```
document.querySelector(".item").classList.contains("item");    ← trueを返す
```

`classList`をサポートしていないブラウザでは、先ほど紹介したポリフィルを使ってください。あるいはクラスの存在をチェックするコードを自分で書いてもよいでしょう。

B.6 スタイルの取得と変更

jQueryではcssメソッドを使って要素のスタイルを取得したり変更したりできます。jQueryを使うと単一のCSSプロパティの取得と設定が可能です（リストB.10）。

リストB.10　jQueryでスタイルを設定する
```
$(".item").css("font-size");              ← 要素の現在のフォントサイズを取得
$(".item").css("font-size", "1.5rem");    ← 要素のフォントサイズを1.5remに設定
```

cssメソッドを使って要素に複数のCSSプロパティを設定することもできます。

```
$(".item").css({
  color: "#f00",
  border: "1px solid #0f0",
  fontSize: "24px"
});
```

> **MEMO**　要素にCSSプロパティを設定する際には、名前に「-」の入ったプロパティがオブジェクトに対して使われた場合に違う表記になることを忘れないでください。たとえばfont-sizeはfontSizeになりますし、border-bottomはborderBottomになります。「-」はJavaScriptの演算子なので変数名には使えません。この表記法は素のJavaScriptについても当てはまります。

jQueryなしでスタイルを取得したり設定したりするのは少し複雑です。要素に設定されているCSSプロパティを取得したい場合は、getComputedStyleメソッドを使います（リストB.11）。

リストB.11　jQueryを使わずに、要素のスタイルを取得する
```
var item = document.querySelector(".item");   ← 要素のフォントサイズを返す
getComputedStyle(item).fontSize;
```

スタイルを設定するにはプロパティstyleを使います。

```
item.style.fontSize = "24px";
```

複数のスタイルを設定したいときはどのようにすればよいのでしょうか。HTMLのstyleを使えば一度に設定可能です。

```
item.setAttribute("style", "font-size: 24px; border-bottom: 1px solid #0f0;");
```

「美しくない」と思うかもしれませんが高速です。次のようなヘルパー関数を作成してもよいでしょう。jQueryのcssメソッドで複数のCSS規則を設定するのと同じ構文を使います。

リスト B.12　jQueryを使わずに、複数のCSSプロパティを設定するヘルパー関数

```
function setCSS(element, props){
  for(var CSSProperty in props){          ← オブジェクトprops内のCSSプロパティについて繰り返す
    element.style[CSSProperty] = props[CSSProperty];
  }                                       ← プロパティをオブジェクトのキーを使って設定
}

setCSS(document.querySelector(".item"), { ← 要素をヘルパー関数に渡す
  fontSize: "24px",
  border: "1px solid #0f0",               ← CSSプロパティとその値をオブジェクト
  borderRadius: "8px"                        にしてヘルパー関数に渡す
});
```

　styleを使えば設定されたプロパティを読み出せますが、値が与えられているのはそれまでに設定されたプロパティだけです。値が設定されていないプロパティの場合は空文字列が返されます。その場合は上で見たgetComputedStyleを使ってください。

B.7　属性の取得と設定

　jQueryのattrメソッドを使うと、属性値の取得と設定ができます（リストB.13）。

リスト B.13　jQueryで属性を設定する

```
$(".item").attr("style");                    ← 属性styleの現在の値を取得
$(".item").attr("style", "color: #0f0;");    ← 属性styleを設定
```

　素のJavaScriptで属性を設定するのも簡単です。

リスト B.14　jQueryを使わずに、属性を設定する

```
var item = document.querySelector(".item");
item.getAttribute("style");                      ← 属性styleの現在の値を取得
item.setAttribute("style", "color: #0f0;");     ← 属性styleを設定
```

　複数の属性を一度に設定したい場合は、リストB.12に示したものと似たコードを使います。

```
function setAttrs(element, attrs){
  for(var attr in attrs){
    element.setAttribute(attr, attrs[attr]);
  }
```

```
}
setAttrs(document.querySelector(".item"), {
  style: "color: #333;",
  id: "uniqueItem"
});
```

　`setAttribute`メソッドと`getAttribute`メソッドはほぼすべてのブラウザでサポートされているため、互換性をあまり気にせずに使えます。

B.8　要素の内容の取得と設定

　jQueryには、要素の内容の取得と設定を行うメソッドとして`html`と`text`の2つがあります。この2つの違いは、`html`がマークアップ付きで内容を取得し、要素の内容の設定に使われた場合にはマークアップを文字通り扱うのに対し、`text`はマークアップを削除し、要素の内容の設定に使われた場合には、テキストは文字どおりに扱うもののマークアップに使われる文字はHTMLエンティティとしてエンコードするという点です。リストB.15はjQueryがこういったメソッドにより要素の内容をどのように取得、設定するかを示したものです。

リストB.15　jQueryで要素の内容を取得／設定する
```
$(".item").html();                          ── 要素の内容を、HTMLも含めて取得
$(".item").html("<p>Hello!</p>");           ── HTMLで内容を設定
$(".item").text();                          ── HTMLを削除して要素の内容を取得
$(".item").text("<p>Hello!</p>");           ── HTMLをエンコードして要素の内容を設定
```

　このメソッドには、対応するJavaScriptのメソッドとして、`innerHTML`と`innerText`があります。リストB.16に示すように使います。

リストB.16　jQueryを使わずに、要素の内容を取得、設定する
```
var item = document.querySelector(".item");
item.innerHTML;                             ── 要素の内容を、HTMLも含めて取得
item.innerHTML = "<p>Hello!</p>";           ── HTMLで内容を設定
item.innerText;                             ── HTMLを削除して要素の内容を取得
item.innerText = "<p>Hello!</p>";           ── HTMLをエンコードして要素の内容を設定
```

> **MEMO** innerHTMLは標準のプロパティとみなされていますが、innerTextは（多くのブラウザがサポートしているものの）標準のプロパティではありません。innerTextはスタイルを考慮に入れており、要素内にある要素がCSSで非表示にされていた場合、innerTextが返す値には非表示要素の内容が含まれません。これが問題なら、代わりにプロパティtextContentを使います（リストB.17）。
>
> **リストB.17　textContentで要素を取得する**
> ```
> item.textContent;           要素のテキストを、非表示の要素のテキストまで含めて、すべて取得
> ```
>
> 要素の内容を取得、設定するのにHTMLを含めたいなら、innerHTMLを使います。また、要素のテキストだけの設定や取得にはtextContentを使いましょう。よくサポートされており、サポートしないのはIE8以下だけです。ちなみに、innerTextはIE6以上でサポートされています。

B.9　要素の置き換え

jQueryのreplaceWithメソッドは、htmlと違って要素に含まれるものだけでなく、**要素全体**を、指定したものと置き換えます。

```
$(".list").replaceWith("<p>リストは好きじゃない。</p>");
```

このコードにより、.list要素は新しく作成された<p>要素で置き換えられます。JavaScriptでは同じ目的に使えるプロパティouterHTMLが使えます。

```
document.querySelector(".list").outerHTML = "<p>リストは好きじゃない。</p>";
```

これ以上大幅には簡単になりません。outerHTMLはIE4以来サポートされています。読み間違いではありません、Internet Explorer 4です。その他のブラウザでも公開時から、あるいはかなり以前からサポートされているため、自信を持って使ってください。プロパティouterTextはinnerTextと同じような動作をしますが、渡された文字列で無条件に要素を置き換えます。

```
document.querySelector(".list").outerText = "<p>リストは好きじゃない。</p>";
```

これは渡された文字列で要素全体を置き換えるもので、タグなどは文字がそのまま表示されるようにエンコードされ、ブラウザによる解釈は行われません。しかしouterHTMLと違って、outerTextは標準のプロパティではありません。Firefoxを除くすべてのブラウザでサポートされていますが、気をつけて使ってください。

B.10 要素の表示と非表示

これは非常に簡単です。jQueryには要素を非表示にするメソッドと表示するメソッドの2つがあります。それぞれ`hide`と`show`という名前です。次のように使います。

```
$(".item").hide();
$(".item").show();
```

同じことが、要素に付随するオブジェクト`style`を使えば達成できます（リストB.18）。

リストB.18　スタイルオブジェクトで要素を非表示にする
```
document.querySelector(".item").style.display = "none";   ── 要素を非表示に
document.querySelector(".item").style.display = "block";  ── 要素を表示
```

もちろん、`display`の値が`block`でよいとは限らないことは意識しておきましょう。`display`の値として`block`ではなく`flex`、`inline-flex`、`inline`、`inline-block`といった値をもつ要素の表示、非表示を切り替えることもあるでしょう。その場合、次のようなグローバルなユーティリティクラスを作っておくのが最善です。

```
.hide{
  display: none;
}
```

こうしておいて、このクラスを`classList`メソッドを使って追加したり削除したりすれば良いのです。要素にクラス`hide`を追加すれば、要素は非表示になります。クラスを削除すれば、要素のプロパティ`display`にもともと設定されていた値が有効になります。こうすれば意図しないレイアウトの乱れが防止できます。

B.11 要素の削除

時には要素を削除する必要が生じます。jQueryはその処理のために`remove`という名前のメソッドを提供しています。次のように使います。

```
$(".item").remove();
```

このコードはDOMからクラス`item`を持ったすべての要素を削除します。ネイティブのJavaScriptにあるメソッドも同じ名前で、同じ働きをします。うまくいくかどうか試してみてください。

```
document.querySelector(".item").remove();
```

上のコードの問題は、`querySelector`がクエリに一致した最初の項目しか返さない点です。`querySelectorAll`を使うことも考えられますが、返される値はオブジェクトの配列です。ですからリストB.19に示すように、クエリに一致する全要素の削除にはループが必要です。

リスト B.19　jQueryを使わずに、DOMから複数の要素を削除する

```
var items = document.querySelectorAll(".item");  ← クラスitemを持つ要素をすべて選択
for(var i = 0; i < items.length; i++){  ← forループを使って要素の集合に対し順次処理
    items[i].remove();  ← 現在処理中の要素がDOMから削除される
}
```

`querySelectorAll`だけでなく、オブジェクトの配列を返すすべての要素選択メソッド（たとえば`getElementsByTagName`や`getElementsByClassName`）でも同様のコードを使用しなければなりません。`getElementById`や`querySelector`だけで済めば、集合に対し順次処理するのではなく選択された要素について`remove`メソッドを直接呼び出せますから、構文がもっとずっとわかりやすくなります。

B.12　さらに先へ

jQueryの代わりにネイティブJavaScriptを使ってできることは、ここに記載したものだけでなく、まだまだたくさんあります。サイト「You Might Not Need jQuery」にはよく使われるjQueryメソッドと、等価なネイティブコードが多数掲載されており、必要とされるブラウザ互換性のレベルも指定できます（http://youmightnotneedjquery.com）。このサイトでも見つからなかったら検索エンジンを使いましょう。他の誰かが解決策を見つけてくれている可能性は大です。

INDEX

記号

$	206
$.ajax Standalone Implementation	330
@font-faceカスケードの作成	164
@import	068
[Headers] タブ	034
[Network] タブ	010
\<head\>	069
\<link\>	069, 086
\<meta\>	066
\<picture\>	119
高DPIディスプレイへの対応	120
属性typeによるデフォルト画像の指定	121
代替画像の指定	146
\<script\>	194
async属性	196

A

Accept-Encoding	248
addClass	208
addEventListener	206, 207
AJAXリクエスト	212
Alameda	199, 200, 329
AMDモジュール	199
Android機器のPCからのデバッグ	043
ASP.NET CDN	264
async属性	196, 198
autoprefixer	310, 329
autorem	310, 329

B

background-image	128
behaviors.js	015
Benchmark.js	202
borderの短縮形	052
Brotli圧縮	248
Brotliとgzipとの性能比較	250
NodeサーバーでのBrotliへの対応	249
ブラウザのサポートの確認	248

C

Cache-Control	254
max-ageディレクティブ	254
no-cache	255
no-store	255
public	256
stale-while-revalidate	255
Can I Use	326
CDN	256
～アセットの検証	266
～アセットの参照	263
～がダウンした場合	264
～に置いたアセットの利用	262
jQuery以外のアセット	264
cdnjs	264
Chrome Developer Tools/DevTools	010
Chromeデベロッパーツール	010, 011
claim	229
classList	208
className	209
compression	327
console.time	041
console.timeEnd	041
Content-Encoding	034, 244
CritcalCSS	092
CSS	
インライン展開	085
繰り返しの排除	056
縮小化	014
セグメント化	059
短縮形	050
チューニング ➡ CSSチューニング	
ベンチマーク	071
リファクタリング	057
csscss	x, 057, 329
cssnano	310, 329

CSS規則	058
CSSスプライト ➡ スプライト	
CSSセレクタ	
浅い〜	053
CSSチューニング	
@importを使わない	068
CSSは<head>内に置く	069
flexboxの利用	073
より速いセレクタの利用	071
CSSトランジション	076
最適化	078
〜のパフォーマンス	078
CSSによる画像の指定	108
SVG	114
高DPIディスプレイへの対応	111
メディアクエリ	109
CSSプリコンパイラ	055
CSSフレームワークのカスタマイズ	061

D

del	309, 328
Developer Tools/DevTools (Chrome)	010
dns-prefetch	269
DNSルックアップ	032
document.querySelector	041
DRY原則	056

E

em	064
EOT	165
〜の圧縮	169
express	327
Express	
インストール	008

F

Fetch API	330
〜のポリフィル	213
file_get_contents	097
flex-basis	075
flexbox	073
〜のスタイル	074
flex-flow	075
FOIT	182
font-display	183, 184
Font Face Observer	189, 329

Font Loading API	185
〜の利用	187
リピーター向けの最適化	187
fonttools	171
インストール	172
fontTools	329
FOUC	069, 183
FOUT	182

G

gem	057
getAttribute	211
GIF	104, 108
Git	ix
インストール	008
Git Bash	x, 008
Google CDN	264
Googleアナリティクス	029, 326
Googleのモバイルフレンドリーガイドラン	066
Grumpicon	133, 326
gulp	304, 328
CSS関連のプラグイン	310
HTML縮小化プラグイン	309
JavaScript関連のプラグイン	310
画像処理用プラグイン	310
ストリーム	305
その他のプラグイン	322
タスク	306
〜とプラグインのインストール	308
パイプする（パイプでつなぐ）	306
必須プラグイン	309
プロジェクトのフォルダ構成	307
gulp.dest	312
gulp.src	311
gulp.task	311
gulp.watch	319
gulp-changed	322, 328
gulp-cli	328
gulp-concat	310, 329
gulp-ext-replace	309, 328
gulpfile	307
gulpfile.js	307, 313
gulp-htmlmin	309, 314, 328
gulp-imagemin	311, 329
gulp-inline	322
gulp-less	310, 328

gulp-livereload 309, 328
gulp-nunjucks 322
gulp-postcss 310, 328
gulp-sass 322
gulp-spritesmith 322
gulp-uglify 310, 329
gulp-uncss 322
gulp-util 309, 328
gulpタスクの作成 311, 319
　　　gulpfileの作成 313
　　　gulpタスクの構造 311
gzip 245

H

HOLブロッキング 277
　　　HTTP/2での対策 280
html 210
htmlmin 312
htmlminify 015, 016
html-minify 328
HTMLによる画像の指定 114, 115, 118
　　　max-widthルール 115
　　　Picturefillによる画像の代替 122
　　　SVG 123
HTMLファイルの縮小化 015
　　　意図しない変更 016
HTTP 004
　　　リクエスト 004
HTTP/1 005
　　　〜とHTTP/2の両方のための最適化 295
HTTP/1の問題点 276
　　　HOLブロッキング 277
　　　安全でないWebサイト 279
　　　非圧縮ヘッダー 278
HTTP/2 .... 005, 276
　　　Nodeによるシンプルなサーバーの構築 ... 282
　　　SSLのオーバーヘッド 282
　　　インライン展開と〜 084
　　　サーバープッシュ 290
　　　長所 284
HTTP/2に関する最適化テクニック 286
　　　CSSおよびJavaScript 288
　　　アセットのインライン化 288
　　　アセットの粒度とキャッシュの有効性 ... 287
　　　スプライト 288
HTTP/2によるHTTP/1の問題の解決 279

HOLブロッキングの対策 280
HTTPS 282
ヘッダー圧縮 281
HTTPリクエスト 005
　　　〜の要素 005
HTTPレスポンス 005

I

imagemin 135, 136, 327
　　　JPEG画像の最適化 136
　　　PNG画像の最適化 139
　　　可逆圧縮WebP画像の作成 144
　　　不可逆圧縮WebP画像の作成 142
imagemin-gifsicle 311, 328
imagemin-jpegrecompress 311
imagemin-jpeg-recompress 138, 327
imagemin-optipng 327, 138
imagemin-pngquant 311, 327
imagemin-svgo 311, 327
imagemin-webp 142, 311, 327
index.html 006
innerHTML 210
iOS機器で表示されているWebページのデバッグ 045

J

JavaScriptネイティブメソッドの利用 205
　　　classListを使った要素のクラス操作 208
　　　DOMのレディ状態の確認 205
　　　Fetch APIによるAJAXリクエストの送信 .. 212
　　　Fetch APIのポリフィル 213
　　　要素の選択とイベントのバインド 206
　　　要素の属性や内容の取得と設定 209
JavaScriptの縮小化 015
JFetch API 212
JPEG 104, 105, 108
　　　画像の最適化 135
jpeg-recompress 136
jquery.js 015
jQuery互換ライブラリ 200, 201
　　　処理性能の比較 202
　　　ファイルサイズの比較 201
jsDelivr 264
justify-content 075

L

LESS	055, 087
ファイル内での@importの意味	069
loadCSS	095, 329

M

marginの短縮形	051
max-width	114
mime	327
minifier	328
minify	015
mixin	055, 131
Mobilegeddon	065
Modernizr	329
mydevice.io	326

N

navigator	227
Networkパネル	010
Node (Node.js)	ix
インストール	007
npm (Node Package Manager)	ix, 008

O

OTF	165
otf2ttf	165

P

package.json	308
paddingの短縮形	051
PageSpeed Insights	026, 326
parallel	320
Performanceパネル (Chrome)	036, 037
Picturefill	122, 329
pipe	312
PNG	104, 108
画像の最適化	138
可逆WebPにエンコーディング	144
PostCSS	329
preconnect	268
prefetch	269
テストするためのヒント	271
preload	086, 271
CSSの非同期読み込み	095
〜のポリフィル	095
pyftsubset	x, 171
フォントのサブセット化	173

Q

querySelector	206, 207, 208
querySelectorAll	206, 207

R

rem	064
removeClass	208
requestAnimationFrame	215, 216
〜の利用	217
RequireJS	329
reset.less	093

S

SASS	055
ファイル内での@importの意味	069
series	320
serviceWorker	227
setTimeout	219
Shoestring	201, 330
jQuery代替で使う場合の注意点	204
shrink-ray	249, 252, 327
sizes	117
skipWaiting	229
spdy	282, 327
Sprint	201, 330
jQuery代替で使う場合の注意点	204
srcset	115
SVG	107
インライン展開	124
画像の最適化	139
svgo	140, 327
svg-sprite	130, 327
SVGフォント	166

T

TinyPNG	020, 326
transition-delay	077
transition-duration	077
transition-property	077
transition-timing-function	077
translateZ	078
tt2eot	328
tt2woff	328
tt2woff2	328

TTBF	169
TTF	165
〜の圧縮	169
ttf2eot	165
ttf2woff	165
ttf2woff2	165
TTFB	031
TTFP	195

U

uncss	054, 328
Unicode	171
unicode-range	175, 176
Unicode文字コード範囲	172
Unix系OS	
パーミッションの問題	009
UX	002

V

Velocity.js	219, 330
viewport	066
VisualFold!	090, 148, 326

W

WebP	108, 142
可逆圧縮WebP画像の作成	144
不可逆圧縮WebP画像の作成	142
〜をサポートしないブラウザのサポート	145
Webサーバー	
ローカルで起動・停止	009
Webサイト	
パフォーマンス	002
複数ページからなる〜	098
ロード（読み込み）の速度	002
Webサイトの最適化	013
画像	019
サーバーの圧縮機能	017
テキストファイルの縮小化	014
Webパフォーマンス	002
〜とUX	002
評価	026
Webページ	
レンダリングの過程	036
ロード方法	006
will-change	078, 079

X

XMLHttpRequest	212, 213

Z

Zepto	201, 330
jQueryの代替	204

あ

アートディレクション	118
浅いセレクタ	053
アセット	225
〜再検証の制御	255
圧縮（圧縮化）	013
サーバーによる〜	017
アニメーション	215, 219
requestAnimationFrame	216
タイマー関数	215

い

イージング効果	077
インライン展開	084, 097
SVG画像	124

う

ウォーターフォールチャート	012
作成	011

か

解像度	012
可逆圧縮画像	106
画像	
〜形式の選択	107, 108
〜の形式と用途	104
レスポンシブな〜	102
画像軽量化（最適化）	134
JPEG画像	135
PNG画像	138
SVG画像	139
画像の最適化	019
画像の遅延読み込み	147
HTMLの記述	148
JavaScriptなしのユーザーへの対応	156
遅延ローダーの作成	150
画素密度	012

き

機器の解像度 089
キャッシュ 252
　　格納したアセットの無効化 260
　　キャッシュ戦略の実装 258
　　最適なキャッシュ戦略の策定 257
　　仕組み 252

く

クリティカルCSS 082
　　〜の仕組み 085
　　〜をモジュール化する方法 099
クリティカルCSSの実装 087
　　境界より下のCSSの読み込み 094
　　クリティカルCSSの抽出 089
　　クリティカルCSSの抽出作業の自動化 092
クリティカルコンポーネント 089, 092
グローバルコンポーネント 089
グロブ 312

さ

サーバー
　　データ圧縮 017
　　ブラウザとの通信 004
サーバープッシュ 290
　　サーバーへの実装 290
　　性能の測定 293
サービスワーカー 224
　　fetchイベント 225, 231
　　インストール 226
　　キャッシュの確認 229
　　スコープ 227
　　〜とCDNでホストされるアセット 237
　　ネットワークリクエストの横取り処理の調整 234
　　ネットワークリクエストの横取りとキャッシュ 231
　　〜の登録 227
　　パフォーマンス上の利点の測定 233
　　より高度な〜 240
サービスワーカーの更新 237
　　ファイルのバージョン管理 238
　　古いキャッシュのクリア 239
サンプルサイトのダウンロードと実行 008

し

縮小化 013, 014
　　CSS 014
　　HTMLファイル 015
　　JavaScript 015
ショートハンドプロパティ 050

す

スクリプトのロード時間の削減 194
　　<script>要素の配置 194
　　async属性の指定 197
　　スクリプトの非同期的な読み込み 196
　　複数のスクリプトでasync属性を安全に使う 198
スクロールが必要な部分のスタイルの読み込み 086
スクロール不要コンテンツ 026, 082
スタイルされていないテキストのちらつき 182
スタイル未指定のコンテンツのちらつき ... 069, 183
ステータスコード 005
スプライト 128, 133
　　考慮点 132
　　指定 131
　　生成 129

せ

セレクタのネスト 055

た

短縮形プロパティの上書き 053

ち

遅延 005, 033

て

データURIスキーム 288
データの転送量を減らす 013
テキストファイルの縮小化 014
デスクトップファースト 062
デベロッパーツール (Chrome) 010
ドメインシャーディング 278

ね

ネットワーク接続のカスタマイズ 045
ネットワーク接続のシミュレーション 010
ネットワークリクエストの分析 030
　　HTTPのヘッダー情報の表示 033
　　タイミング情報の表示 031

は

項目	ページ
パッケージ	008
パフォーマンス	002
パフォーマンス評価ツール	026
Googleアナリティクス	029
PageSpeed Insights	026
ブラウザ組み込みの〜	030

ひ

項目	ページ
非可逆圧縮画像	104
ビューポート	066
ビルドシステム	304

ふ

項目	ページ
フォントカスケード	162
フォントの最適化	162
フォントのサブセット化	170
フォントの変換	165
フォントバリアント	163
フォント読み込みの最適化	181
深いセレクタ	053
ブックマークレット	090
ブラウザ	
サーバーとの通信	004
〜によるページのレンダリング	035
プリコンパイラ	055
ブレークポイント	063
〜の選択に関する注意	065
フレームレート	038
プロトコル	005
プロファイルをとる	011

へ

項目	ページ
ページスピード	003
ページロード時間	013
ベクター画像	107
ヘッダー情報	033
ベンチマーク	040
CSS	071
ベンチマークの際の留意点	041

ほ

項目	ページ
ボーダーの短縮形	052
ボックスモデルのスタイル	074
ポリフィル	086, 095
本書で用いているツール	ix

み

項目	ページ
見えないテキストのちらつき	182
ミックスイン	131
ミニファイ	013
ミニフィケーション	014

も

項目	ページ
モジュールローダー	199
モバイルゲドン	065
モバイルファースト	062
モバイルファーストCSS	064
モバイルフレンドリー	066
〜かどうかの検証	067
モバイルフレンドリーテスト	067, 326

ゆ

項目	ページ
ユーザーエンゲージメント	003

よ

項目	ページ
要スクロールコンテンツ	086

ら

項目	ページ
ラスター画像	104
軽量化	135

り

項目	ページ
リクエスト	004, 005
〜の削減	013
リクエストヘッダー	034
リソース	005
リソースの圧縮	244
Brotli圧縮	248
圧縮するファイルの選択	247
圧縮レベルの設定	245
リソースヒント	268
dns-prefetch	269
preconnect	268
prefetch	269
preload	271
リポジトリ	008
リモートデバッグ	043

れ

項目	ページ
レイテンシ	005, 033
レスポンシブ	066
レスポンシブWebデザイン	061

レスポンシブな画像	102
レスポンス	005
レスポンスコード	005
レスポンスヘッダー	034
レンダーブロッキング	083
レンダリング	035
〜のパフォーマンス	035
〜のブロック	083
ブラウザによるページの〜	035
レンダリング状況の確認	038

ろ

| ロード時間 | 002 |

■監訳者プロフィール

武舎 広幸（むしゃ ひろゆき）
国際基督教大学、山梨大学大学院、カーネギーメロン大学機械翻訳センター客員研究員等を経て、東京工業大学大学院博士後期課程修了。マーリンアームズ株式会社（www.marlin-arms.co.jp）代表取締役。主に自然言語処理関連ソフトウェアの開発、コンピュータや自然科学関連の翻訳、辞書サイト DictJuggler の運営などを手がける。訳書に『マッキントッシュ物語』『暴走する帝国』（以上翔泳社）『ハイパフォーマンス Web サイト』『インタフェースデザインの心理学』（以上オライリー・ジャパン）など多数がある。www.musha.com にウェブページ。

阿部 和也（あべ かずや）
1973年頃より FORTRAN、1980年頃より BASIC でプログラミングを始める。COBOL、PL/I を経て、1988年頃より C プログラミングを開始し、1990年に Macintosh 用ビットマップフォントエディタ「丸漢エディター」を発表。その後、C++ による Mac OS 9 用ビットマップフォントエディタの開発にも従事した。2003年より Perl、PHP、JavaScript によるウェブアプリケーション開発に取り組んでいるが、一貫して文字と言語に興味を持っている。www.mojitokotoba.com にウェブページ、cazz.blog.jp にブログ。

上西 昌弘（うえにし まさひろ）
学生時代から講義や趣味でプログラミングに親しむ。製造業の情報部門で3D CG および AI 技術をベースにした開発業務に長年従事した。コンピュータ関係を中心とした書籍の翻訳に参加するとともに、産業翻訳に携わっている。訳書に『日本海軍空母 vs 米海軍空母 太平洋1942（オスプレイ"対決"シリーズ）』（大日本印刷）などがある。

装丁・本文デザイン	宮嶋章文
DTP	川月現大（有限会社風工舎）

Webサイトパフォーマンス実践入門
高速なWebページを作りたいあなたに

2018年 3月19日　初版第1刷発行

著 者	Jeremy L. Wagner（ジェレミー・ワグナー）
訳・監修	武舎広幸（むしゃ ひろゆき）
	阿部和也（あべ かずや）
	上西昌弘（うえにし まさひろ）
発行人	佐々木 幹夫
発行所	株式会社 翔泳社（http://www.shoeisha.co.jp）
印刷・製本	日経印刷株式会社

- 本書は著作権法上の保護を受けています。本書の一部または全部について、株式会社翔泳社から文書による許諾を得ずに、いかなる方法においても無断で複写、複製することは禁じられています。
- 本書へのお問い合わせについては、iiページに記載の内容をお読みください。
- 落丁・乱丁本はお取り替えいたします。03-5362-3705までご連絡ください。

ISBN 978-4-7981-5509-8　　　　　Printed in Japan